石油高职高专规划教材

油料物性分析与参数测定

李海明　韩宝中　主编

石油工业出版社

内 容 提 要

　　本书首先介绍了石油、天然气和石油产品的基本知识和主要物理性质,然后分别阐述了石油、液体燃料、润滑油、天然气的使用性能及主要参数测定方法,最后简要地介绍了一些常用的石油添加剂及油料的储存管理。

　　本书可作为高职高专油气储运、石油加工、石油化工生产、化工设备维修等专业的教材,也可作为企业培训、成人教育等相关专业的培训教材。

图书在版编目 (CIP) 数据

油料物性分析与参数测定 / 李海明,韩宝中主编 .

北京 : 石油工业出版社,2012.8

(石油高职高专规划教材)

ISBN 978-7-5021-9234-1

Ⅰ . 油…

Ⅱ . ①李…②韩…

Ⅲ . ①石油产品性质－物理性质－性能分析－高等职业教育－教材
　　②石油产品性质－参数测量－高等职业教育－教材

Ⅳ . TE622.5

中国版本图书馆 CIP 数据核字 (2012) 第 197914 号

出版发行：石油工业出版社
　　　　　　(北京朝阳区安华里 2 区 1 号　　100011)
　　　　　网　　址：http://www.petropub.com
　　　　　编辑部：(010)64523579　图书营销中心：(010)64523633
经　　销：全国新华书店
印　　刷：北京中石油彩色印刷有限责任公司

2012 年 8 月第 1 版　2016 年 1 月第 2 次印刷
787 毫米×1092 毫米　开本：1/16　印张：16.25
字数：400 千字

定价：29.00 元

前　　言

　　根据2010年12月油气储运技术专业和城市燃气工程技术专业教学与教材规划研讨会的精神,为满足石油高职高专院校的教学需求,2011年5月各石油高职院校在石油工业出版社组织下,共同参与编写了《油料物性分析与参数测定》这本教材。

　　本书主要包括石油、天然气、石油产品的物性分析、使用性能分析、储存性能分析及主要性能参数的测定方法。其中性能参数的测定方面,各学校可根据培养目标及自身的实验条件自行选择使用。本书具有以下特点:

　　(1)知识结构的科学性。本书体现了油料学和油品分析方法的最新进展,按照高职教育特点对相关知识进行了科学组织,重构了教材体系,有利于学生理论联系实际、科学分析问题及持续学习能力的培养。

　　(2)教材内容的先进性。油料性能参数的测定方法及相关专业术语、单位均采用最新的国家标准、行业标准,在方法中介绍了最新的测定仪器、适用范围及主要技术指标。

　　(3)高职教学的实用性。本书既包括了油料的物性分析,使用性能分析、储存性能分析等相关理论知识,也包括油料主要性能参数的测定方法,极大方便了高职理论教学和实践教学的需求,体现了高职教育理实一体化的理念。

　　本书由辽河石油职业技术学院李海明、天津工程职业技术学院韩宝中担任主编,辽河石油职业技术学院王明国、承德石油高等专科学校李岩芳、天津石油职业技术学院曹慧英担任副主编。具体编写分工如下:第一章由辽河石油职业技术学院李加旭和天津工程职业技术学院孙晓娟编写,第二章由韩宝中编写,第三章由大庆职业学院潘晓梅编写,第四章由李海明编写,第五章、第七章由李岩芳、曹慧英编写,第六章由李海明编写,第八章由王明国编写,第九章由山东胜利职业学院杨帆编写,第十章由孙晓娟编写,第十一章由李岩芳、辽河石油职业技术学院纪荣海编写。全书由李海明统稿。

　　本书在编写过程中得到了参编人员所在院校的大力支持,在此表示感谢!

　　因编者水平有限,书中错误及不妥之处在所难免,敬请读者批评指正。

编者

2012年5月

目　　录

第一章　石油、天然气与石油产品

第一节　石油与天然气

石油与天然气是优质的能源,也是重要的战略物资,其在国民经济发展中有着极其重要的作用。

二千多年前,我国就发现并开始利用石油了,但作为工业规模的油气勘探和开发仅有一百多年的历史。历史上,石油曾被称为石漆、膏油、肥、石脂、脂水、可燃水等,直到北宋科学家沈括才第一次提出了"石油"这一科学的命名。沈括于《梦溪笔谈》中说:"鄜延境内有石油,旧说高奴县出脂水,即此也。"所谓石油,是一种成分十分复杂的天然有机物的混合物,是由各种碳氢化合物与少量杂质、非烃化合物等组成的液态可燃有机矿产,未经加工的石油称为原油。

天然气是一种重要的气态化石燃料,因其具有使用安全、热值高、洁净等优势,被广泛用于城市燃气、化工、汽车等领域。从广义上讲,自然界中一切天然生成的气体均称为天然气,包括气圈、水圈、岩石圈以至地幔、地核中的一切天然气体。而石油工业中所讲的天然气是狭义的,是指与生物成因有关的油田气和气田气,是可燃性气体。目前我国的天然气事业发展很快,西气东输等天然气大动脉以及气化中国工程的启动对于调整我国能源结构、促进环境状况改善具有重大意义。

一、石油与天然气的成因

石油与天然气的成因是地质学界主要研究和长期争论的重大课题之一。19世纪70年代以来,对油气成因的认识基本上分为无机成油、有机成油学说两大学派。无机学说中有宇宙成油说、岩浆说等。有机成油学说中,按成油物质类型可分为动物成油说、植物成油说;按成油环境可分为陆相成油说、海相成油说;按油气形成时间可分为早期成油说、晚期成油说。现在,随着科学的发展和时间的检验,学术界普遍认为,石油和天然气是由沉积有机质(海洋或陆地形成的均可)在成岩作用期间经热解作用而形成的。

(一)油气生成的原始物质

石油与天然气来源于有机质。早在古生代以前,地球上就出现了生物,随着地史的发展,生物广泛地发育起来。地球上的动植物种类繁多,数量很大,化学成分又异常复杂。但就生成油气的主要原始物质而言,仍然以沉积岩中分散的有机质为主。

(二)油气生成的外界条件

有机质为石油、天然气的生成提供了物质基础,但要使有机质保存下来,并向油气转化,必须有适当的外界条件。

1. 古地理环境和大地构造条件

根据对现代沉积相和古代沉积岩的调查研究表明,浅海区、海湾、潟湖以及内陆湖泊的深湖—半深湖、前三角洲地区都是有利的生油气地理环境。这些地方有丰富的有机质;且水体宁静,含氧量少,具有生成油气的还原环境;沉积物来源充足,沉积速度快,有机物能迅速被掩埋起来,利于有机质的保存。

从大地构造角度来说,山间坳陷、山前坳陷、地台区的内部坳陷、边缘坳陷具有长时期的沉降作用,且沉降的幅度不断被沉积物所补偿,并能始终保持有利于生物繁殖的水深环境,保证有机物不断被新的沉积物所覆盖,保持还原环境,减少有机物被氧化消耗。随着有机物埋深加大,地层温度升高,有利于向油气转化。

2. 物理化学条件

有机质向油气转化的物理化学条件主要有细菌、温度、压力、催化剂。

(1)细菌:细菌是地球上分布最广泛、繁殖最快的微生物。细菌能引起多种生物化学作用,尤其是厌氧细菌可以把沉积有机质分解成各种单体化合物和沥青物质。在成岩作用初期阶段,细菌分解作用起主导作用。

(2)温度:温度可以加速化学反应进行,随着埋藏深度不断加大,地层温度不断上升,有机质发生热解形成烃类。高温下,有机质变质作用增强,裂解成为气态物质(甲烷)和石墨。在油气形成过程中,温度起主导作用。

(3)压力:随着沉积有机质埋藏深度加大,压力不断升高。在中等温度($50℃$)下,压力增大到$(300\sim700)\times10^5Pa$时,类脂化合物室内模拟试验时产生烃。压力可以促使加氢作用,使高分子烃变成低分子烃,使不饱和烃变为饱和烃,对形成石油的质量有着很大影响。

(4)催化剂:催化剂是指能够加速有机质向油气转化的物质,它本身在反应前后并不发生变化。室内研究表明,在$150\sim200℃$时,硅酸铝、膨润土对脂肪、氨基酸以及其他类脂化合物、生成烃类化合物具有催化作用。

(三)油气生成的过程

有机质向油气的转化,依据其作用因素和产物的不同,大致可以划分为三个阶段。

1. 生物化学阶段

有机质自沉积埋藏开始至1500m深度范围,压力增大,温度小于$60℃$时,以细菌活动为主。有机质在细菌作用下发生分解,产生大量气态物质,如CH_4、CO_2、N_2等。同时,此阶段后期有极少量碳数较高(C_{15+})的液态烃形成。因此,此阶段只能形成气藏,而不能形成油藏。

2. 热催化生油阶段

随着有机质埋深加大,地层温度、压力不断升高,细菌作用逐渐减弱,地热及无机催化作用起主导作用。此阶段深度大约为$1500\sim6000m$,温度为$60\sim210℃$。其中在温度为$60\sim120℃$,深度为$1500\sim3000m$时,有机质发生催化降解、加氢作用,大量的液态烃和气态烃形成,称之为"生油主带"。有机质开始热解成为大量石油烃和气态烃的温度(约$60℃$)称为"石油门限温度"。在埋深为$3000\sim6000m$,温度为$120\sim210℃$时,温度的作用更为显著,有机质热解产生少量的气态物,先形成的液态烃部分裂解,形成湿气或凝析气。

3. 热裂解生气阶段

当埋深超过6000m,温度超过$210℃$时,有机质和已生成的石油发生降解,早期尚有少量的液态烃,但最终它们均裂解成气态烃(CH_4)和石墨,称为"干气阶段"。

(四)生油(气)层

能够生成工业数量的石油和天然气的岩石,称为生油(气)岩,也称为生油(气)母岩。由生油(气)岩组成的岩层称为生油(气)层,它是自然界生成石油和天然气的场所。生油(气)层由颗粒较细的沉积岩层组成,常有两类岩石:一是碎屑岩,包括泥岩和页岩;二是碳酸盐岩,如泥晶灰岩、介壳灰岩、白云岩、礁灰岩等。生油(气)层的共同特征是:颜色较深,多为灰褐、黑色;颗粒较细,含有较多的分散状有机质(如微体古生物化石)和黄铁矿。生油(气)层常形成于水体较为安静,有机质丰富的深、半深湖相,前三角洲相、浅海相、潟湖相等相带。

二、石油的化学组成

石油是从地下开采出来的油状可燃液体,未经加工的石油称为原油。原油经炼制加工后得到的石油产品简称为油品。石油通常是流动或半流动状的黏稠液体,世界各地所产的石油在性质上有不同程度的差别。从颜色上看,绝大多数石油是黑色的,但也有暗绿色、暗褐色,甚至赤褐、浅黄色乃至无色。以相对密度论,绝大多数石油介于0.8~0.98之间,但也有个别大于1.02或低于0.71的。石油的流动性差别也很大,有的石油50℃的运动黏度仅为1.46mm²/s,有的却高达20392mm²/s。许多石油具有浓烈的气味,这是因为油中含有具有臭味的含硫化合物的缘故。与国外原油相比,我国主要油区原油的凝点及蜡含量较高、庚烷沥青质含量较低、相对密度大多为0.85~0.95,属于偏重的常规原油。

(一)石油的元素组成和馏分组成

1. 石油的元素组成

石油主要由C、H、O、S、N等元素组成,其中C含量为84%~87%,H含量为11%~14%,O、S、N及微量元素一般只占1%~4%,个别情况下,S含量可高达7%(以上含量均为质量分数)。

现已从石油成分中发现了33种微量元素,如Fe、Ca、Mg、S、Al、V、Ni等,虽然含量仅占石油重量的万分之几,但有些元素(如V、Ni)明显来自于生物体,且在不同地区的石油中含量相差较大,被用来进行油源对比,并作为有机成因的证据。

2. 石油的馏分组成

利用组成石油的化合物具有不同沸点的特性,通过加热蒸馏将其切割成不同沸点范围的若干部分,每一部分即为一个馏分。各馏分的质量分数或体积分数表示石油的组成,称为石油的馏分组成,见表1-1。

表1-1 石油的馏分组成

馏分	轻馏分		中馏分		重馏分	
	石油气	汽油	喷气燃料	柴油	润滑油	渣油
温度,℃	<35	30~200	130~280	200~350	350~520	>520

(二)石油中的烃类化合物

烃类化合物是由碳氢元素组成。根据结构可分为以下三类:

(1)烷烃:又叫脂肪烃,通式为C_nH_{2n+2},属于饱和烃。在常温常压下C_{1-4}的烷烃是气态,C_{5-16}是液态,C_{17+}是固态。石油中正构烷烃和异构烷烃均存在。

（2）环烷烃：是碳和氢的环状化合物，属于饱和烃，通式为C_nH_{2n}。根据环的数目分为单环、双环、三环和多环环烷烃，其中以五元环、六元环化合物为主。

（3）芳香烃（也称芳烃）：通式为C_nH_{2n-6}。单环化合物中以苯、甲苯、二甲苯为主，出现于原油的低沸点馏分中，稠环芳香烃存在于重质馏分中。

以上三种烃类化合物在不同地区的原油中含量不同，主要是由于生物的原始物质组成、演化程度及次生变化的差异造成的。

（三）石油中的非烃类化合物

非烃化合物是指含有杂原子O、S、N的有机化合物，它们在石油中含量一般不多，但有时可达30%（质量分数）。

（1）含硫化合物：原油中含硫化合物主要以H_2S、硫醇（RSH）、硫醚（RSR′）、环硫醚等形式存在，含量从万分之几到百分之几不等。硫是石油中的有害杂质，它易生成硫化氢（H_2S）、亚硫酸（H_2SO_3）或硫酸（H_2SO_4）等化合物，对金属设备造成严重的腐蚀。因此，含硫量是评价石油质量的一项重要指标。按含硫量可将原油分为高硫原油（含硫量大于2%）、低硫原油（含硫量小于0.5%）、含硫原油（含硫量0.5%～2%）。我国多为低硫原油和含硫原油。

（2）含氮化合物：原油中含氮化合物含量为万分之几，主要为杂环化合物（如吡啶、喹啉、吡咯、吲哚及其同系物）。其中最富有意义的是卟啉类化合物，它来自于动物的血红素和植物的叶绿素，且卟啉类化合物在180～200℃下易分解，但原油中却含有卟啉类化合物，这为石油有机成因提供了重要的证据。

（3）含氧化合物：原油中含氧量约为千分之几，个别原油可达2%～3%（质量分数），主要为环烷酸、脂肪酸及酚，统称为"石油酸"，还有一些醛、酮化合物。环烷酸在含氧化合物中的含量最高，其碱金属盐极易溶于水，在储集油气的地层水中常含有它，故环烷酸的存在可作为找油的一种直接标志。

石油中，除上述各种烃类、非烃类化合物外，还含有一些高相对分子质量的非烃化合物，它们常构成原油的重质部分，其结构十分复杂，目前尚不太清楚，统称为胶质、沥青质。

（四）石油中各类化合物的分布

大量的研究表明，石油中各族烃类和非烃类的分布规律大致如下。

1. 石油中各族烃类的分布

石油中各族烃类分布的总规律是随着石油馏分沸点的升高，所含各族烃类的相对分子质量增大，碳原子数增加，环状烃的环数增加，结构趋于复杂化。

正构烷烃存在于石油的各个馏分中，它们在汽油、煤油、柴油和润滑油等馏分中分子的碳原子数大致分为$C_{5\sim11}$，$C_{12\sim25}$和$C_{20\sim35}$，异构烷烃也同样分布于各石油馏分中，只是其沸点比相同碳原子数的正构烷烃低一些。

环烷烃的分布情况是：汽油馏分中主要是单环环烷烃，重汽油馏分中开始出现双环环烷烃；煤油、柴油馏分中存在单环、双环和少量三环环烷烃；在润滑油馏分中含有单环、双环、三环及三环以上的环烷烃。上述各种环烷烃均可能存在数量不同、长短不一的烷基侧链。

芳香烃的分布状况是：单环（苯系）芳香烃存在于汽油、煤油、柴油和润滑油馏分中，但是随着馏分沸点的增高，其侧链数和侧链长度也有所增加；双环和三环芳香烃存在于煤油、柴油和更高沸点的馏分中；三环及稠环芳香烃主要存在于高沸点馏分和残渣油中。

从不同烃类在各馏分中的相对含量及分布来看,汽油馏分中烷烃含量最高,环烷烃次之,芳香烃最低。汽油馏分干点一般小于200℃,平均相对分子质量约为100～200。直馏汽油中几乎没有不饱和烃,但二次加工汽油中则含有相当数量的烯烃,甚至二烯烃。

煤油馏分沸点一般为200～300℃,平均相对分子质量约为180～200;柴油馏分沸点约为200～350℃,平均相对分子质量约为180～260;煤油、柴油馏分的烷烃相对含量较多,环烷烃和芳香烃含量比汽油馏分多,同时存在单环、双环和三环的环烷烃和芳香烃,三环以上的芳香烃也有出现,但各种油中的含量差别很大。此外,中间馏分中还可能存在环烷—芳香结构的混合烃。

润滑油馏分沸点范围一般为350～520℃。润滑油馏分中的烃类结构较复杂,包括正构烷烃、异构烷烃及单环、双环、三环及三环以上的环烷烃和芳香烃,还有少量的稠环芳香烃。

在柴油和润滑油馏分中,存在高分子正构烷烃、分支少的异构烷烃或长侧链单环环烷烃和芳香烃。在通常情况下,它们呈溶解状态;当温度降低时,它们会形成白色片状或带状结晶而从油中析出,这一析出物称为石蜡。石蜡相对分子质量约为300～450,分子中碳原子数约为20～25,熔点约为30～70℃,固态石蜡相对密度约为0.865～0.940,熔融态时约为0.777～0.790。在重质润滑油馏分和残渣油中存在着低温下呈细微针状的黄色或褐色结晶,该结晶体称为地蜡。地蜡的相对分子质量约为500～750,分子中碳原子数约为36～55,熔点比石蜡高,为60～90℃。地蜡的组成较为复杂,主要是带正构烷基或异构烷基侧链的双环或三环环烷烃和芳香烃。石油中的石蜡、地蜡影响原油、油品的输送和存储,在石油加工中通常采用不同深度的脱蜡工艺过程,以改善油品的低温性能。

总之,随石油馏分沸点的升高,馏分中的烷烃含量逐渐减少,芳香烃含量逐渐增加,环烷烃含量则随原油类别不同或增加,或减少,或基本不变。

2. 石油中非烃化合物的分布

随着石油馏分沸点的升高,含硫化合物和胶质含量逐渐增加。大部分含硫、含氧、含氮化合物,胶质及全部沥青质都集中在石油的渣油中。石油中的环烷酸分布很特殊,在轻馏分和重馏分中含量都很少,主要集中在煤油、柴油馏分中,通常在300～350℃馏分中含量最多。

石油中除上述各种化合物以外,还常夹杂一些在开采和储运过程中混入的砂石、铁屑、结晶盐等固体机械杂质和水分。它们对石油的储运和加工有严重影响,需要设法除去,同时储运原油和油品时也要严防机械杂质和水分的混入。

三、天然气的化学组成

天然气以碳、氢元素为主,其中碳元素约占65%～80%(质量分数),氢元素约占12%～20%(质量分数),另有少量氮、氧、硫及其他微量元素。与石油相比,天然气的组成较为简单,可以分为烃和非烃两大类。

(一)烃类的组成

天然气的烃类组成一般以甲烷为主,通常占65%～99%(质量分数)以上。此外,还有少量的乙烷、丙烷、丁烷、戊烷、己烷等。甲烷称为轻烃,乙烷及以上的烃类称为重烃。重烃气以乙烷和丙烷为主,有时有少量的环烷烃和芳香烃。重烃在天然气中的含量变化较大,从小于百分之一至百分之几十,如四川川南气田的天然气中重烃含量一般小于1%～4%,川中气田气中重烃含量一般在10%左右。

(二)非烃的组成

天然气中的非烃气体有N_2、CO_2、H_2S、H_2、CO、SO_2及惰性气体。非烃气体的含量一般不高,但在个别情况下也发现CO_2、H_2S及N_2含量很高,甚至以它们为主要成分的气藏。

四、石油与天然气的分类

由于地质构造、生油气条件和年代的不同,世界各地区所产油气的物理性质和化学组成有的差别很大,有的却很相似。组成和性质相似的油气,其输送方案、加工方案也相似,因而根据原油和天然气的特性对其进行分类,对于原油和天然气的输送、储存、加工和销售都是十分必要的。

(一)石油的分类

石油的组成非常复杂,对其确切分类十分困难。目前,石油的分类方法有很多种,通常可以从工业、化学、物理或地质等不同角度进行分类。本节只讨论广泛采用的工业分类法和化学分类法,并介绍我国采用的石油分类方法。

1. 工业分类法

工业分类法又名商品分类法,是化学分类法的补充,在工业上有一定价值。工业分类的依据很多,如分别按密度、含硫量、含氮量、含蜡量和含胶质量分类等。世界各国没有统一的分类标准,前苏联有国家级标准,欧美各国只有公司级标准。下面列举的分类数据,可视为分类的参考标准。

国际石油市场上常用的计价标准是按比重指数(API度)和含硫量进行分类的,其标准分别见表1-2和表1-3。

表1-2   石油按API度分类的标准

类 别	API度	密度(15℃),g/cm³	密度(20℃),g/cm³
轻质石油	>34	<0.855	<0.851
中质石油	20~34	0.855~0.934	0.851~0.930
重质石油	10~20	0.934~0.999	0.930~0.996
特稠石油	<10	>0.999	>0.996

表1-3   石油按含硫量分类的标准

分类根据	按含硫量分类			按含氮量分类		
石油类别	低硫	含硫	高硫	低氮	含氮	高氮
分类标准(质量分数),%	<0.5	0.5~2.0	>2.0	<0.25	—	>0.25
分类根据	按含蜡量分类			按含胶质量分类		
石油类别	低蜡	含蜡	高蜡	低胶	含胶	多胶
分类标准(质量分数),%	0.5~2.5	2.5~1.0	>10.0	<5	5~15	>15

2. 化学分类法

化学分类以石油的化学组成为基础,通常采用石油某几个与化学组成有直接关系的物理性质作为分类依据,最常用的有特性因数分类法和关键馏分特性分类法。

1)特性因数分类法

在20世纪30年代,为了研究石油的分类方法,人们研究总结了数十种石油馏分油的各种性质,发现可以用特性因数K对石油进行分类。根据特性因数K的大小,可以把石油分为石蜡基、中间基和环烷基三类,具体分类标准见表1-4。

表1-4 石油按特性因数分类

特性因数K	>12.1	11.5~12.1	10.5~11.5
石油类别	石蜡基石油	中间基石油	环烷基石油

同一类石油的性质具有明显的共同特点。石蜡基石油含烷烃量通常超过50%(质量分数),其特点是含蜡量高,密度较小,凝点高,含硫、含氮、含胶质量较低。大庆石油和南阳石油是典型的石蜡基石油。环烷基石油密度较大、凝点较低。环烷基中的重质石油,含有大量的胶质和沥青质,又称为沥青基石油。在分类时,沥青基石油属于环烷基石油的范畴。孤岛石油和乌尔禾稠油都属于这一类。中间基石油的性质介于二者之间。

特性因数分类法多年来为欧美各国所普遍采用,它在一定程度上反映了石油组成的特性。但石油的特性因数很难准确求定,同时它不能反映石油中轻、重组分的化学特性,因而美国矿务局在1935年提出"关键馏分特性分类法"。此方法能较好地反映石油中轻、重组分的特性,现已被我国广泛采用。

2)关键馏分特性分类法

关键馏分特性分类法是把石油在特定的简易蒸馏设备中,按规定条件进蒸馏,取得250~275℃和395~425℃两个关键馏分,分别测定两个关键馏分的密度,并对照基属分类标准(表1-5)确定2个关键馏分的基属,最后根据表1-6确定石油的类别。

表1-5 关键馏分的基属分类标准

关键馏分	指标	石蜡基	中间基	环烷基
第一关键馏分	密度(20℃),g/cm³	<0.8207	0.8207~0.8560	>0.8560
	特性因数K	>11.94	11.45~11.94	<11.45
第二关键馏分	密度(20℃),g/cm³	<0.8721	0.8721~0.9302	>0.9302
	特性因数K	>12.2	11.45~12.2	<11.45

表1-6 关键馏分的特性分类

第一关键馏分	第二关键馏分	原油类别
石蜡	石蜡	石蜡
石蜡	中间	石蜡—中间

第一关键馏分	第二关键馏分	原油类别
中间	石蜡	中间—石蜡
中间	中间	中间
中间	环烷	中间—环烷
环烷	中间	环烷—中间
环烷	环烷	环烷

由于关键馏分特性分类法的分类界限,对于沸点较低和沸点较高的馏分取不同的数值,这更适合一般石油组成的实际情况,所以关键馏分特性分类法比特性因数分类法更为合理。

我国现采用关键馏分特性分类和含硫量分类相结合的分类方法,把硫含量分类作为关键馏分特性分类法的补充。我国主要石油的两种分类情况见表1-7,可见关键馏分特性分类法更为合理。用石油特性因数分类,对个别石油(如克拉玛依石油)的分类显得不恰当。克拉玛依石油从窄馏分的特性因数和一系列性质来看,应属于中间基,其关键馏分特性分类也属于中间基,但按特性因数分类却属于石蜡基。

表1-7 几种国产石油的分类

石油名称	硫含量(质量分数),%	密度(20℃) g/cm³	特性因数K	特性因数分类ρ₂₀ g/cm³	第一关键馏分ρ₂₀ g/cm³	第二关键馏分ρ₂₀ g/cm³	关键馏分特性分类	分类命名
大庆混合石油	0.11	0.8615	12.5	石蜡基	0.814	0.850	石蜡基	低硫石蜡基
玉门混合石油	0.18	0.582	12.3	石蜡基	0.818	0.870	石蜡基	低硫石蜡基
克拉玛依石油	0.04	0.8689	12.2~12.3	石蜡基	0.828	0.895	中间基	低硫石蜡基
胜利混合石油	0.83	0.9144	11.3	中间基	0.832	0.881	中间基	含硫中间基
大港混合石油	0.14	0.8896	11.8	中间基	0.860	0.887	环烷—中间基	低硫环烷中间基
孤岛石油	2.03	0.9574	11.6	中间基	0.891	0.935	环烷基	含硫环烷基

(二)天然气的分类

对于天然气来说,不同的分类依据会有不同的分类结果。下面介绍几种常见的分类方式。

1. 按烃类组成分类

按烃类组成,天然气可以分为干气和湿气两类。通常将每一标准立方米天然气中C_5以上重烃液体含量超过13.5cm³的天然气称为湿气,而低于13.5cm³的天然气称为干气。干气的成分主要是甲烷,湿气的成分除含有甲烷外,还有大量的乙烷、丙烷、丁烷和戊烷。

2. 按矿藏特点分类

天然气按矿藏特点可以分为气藏气、油田伴生气、凝析气等。

(1)气藏气:气藏中通过采气井开采出来的天然气称为气藏气,这种气体属于干性气体,主要成分是甲烷。

（2）油田伴生气：指在油藏中与原油呈相对平衡接触的气体，包括游离气和溶解在原油中的溶解气两种。

（3）凝析气：在地层的原始条件下呈气体状态存在，在开采过程中由于压力降低会凝结出一些液体烃类的天然气。

3. 按成因分类

天然气按成因可以分为三大类——有机成因气、无机成因气和混合成因气，有机成因气又分为油型气和煤型气两类。

五、石油与天然气资源的需求、生产状况

（一）我国石油与天然气资源的需求、生产状况

我国是世界上最早发现和利用石油、天然气的国家之一，早在两千多年前的汉代，就有了发现石油并将其用于军事和医药的文献记载。然而，鸦片战争以后，帝国主义的侵略致使中国石油工业的发展极其缓慢，停滞不前。1949年10月1日，新中国成立以后，我国石油工业才走上了一条康庄大道。石油工作者首先在祖国大西北展开石油资源的普查与勘探。1955年在新疆准噶尔盆地发现了储量上亿吨的克拉玛依油田，1959年发现大庆油田，1963年开辟了渤海湾盆地石油勘探新区，相继发现了山东胜利、天津大港两个油田。1978年，全国原油产量突破1×10^8t，跻身于世界产油大国行列，缓解了国家能源供应紧张的状况。

1. 石油消费量

改革开放以后，随着国民经济高速发展，我国能源需求迅速增长。自2003年中国原油需求量超过日本，成为全球第二大油品消费国以来，我国的原油消耗量逐年攀升，进口依存度也越来越高。2006-2010年我国原油需求量见表1-8。

表1-8 2006-2010年我国原油需求量 单位：10^8t

时间	2006年	2007年	2008年	2009年	2010年
原油进口量	1.450	1.630	1.789	2.040	2.393
原油产量	1.838	1.860	1.900	1.885	2.016
原油需求量	3.288	3.490	3.689	3.925	4.409

2. 石油产量

自新中国成立以来，我国原油产量逐年提高。但最近几年，由于一些大油田进入产量递减阶段，我国原油产量提高速度明显放缓。2006-2010年我国原油生产状况见表1-9。

3. 供需矛盾

改革开放以后，随着国民经济高速发展，我国能源需求迅速增长。从1993年我国成为石油净进口国以来，我国石油进口量逐步扩大。2003年进口量为8000×10^4t，2010年进口量达到2.393×10^8t，原油对外依存度达到54.3%。据专家预测，2020年时，我国的石油进口量可能超过3×10^8t。因此，中国石油工业所面临的形势非常严峻。为了解决石油的供需矛盾，维护我国的利益和国民经济的稳定运行，我国石油工业必须实行可持续发展战略。

表1-9　2006-2010年我国原油生产状况　　　　　　　　　　单位:10⁸t

表1-9　2006-2010年我国原油生产状况　　　　　　　　　　单位:10^8t

时间	2006年	2007年	2008年	2009年	2010年
中国石油集团合计	1.066	1.076	1.083	1.031	1.054
中国石化集团合计	0.401	0.410	0.417	0.424	0.425
中国海洋石油总公司	0.278	0.270	0.291	0.318	0.417
陕西延长石油(集团)有限责任公司	0.093	0.103	0.109	0.112	0.120
全国合计	1.838	1.860	1.900	1.885	2.016

(二)世界石油与天然气资源的需求、生产状况

1. 石油消费量

近十年世界石油消费量呈明显的上升趋势,年均增速达1.7%。2004年世界石油日消费量首次突破8000×10⁴桶(约1096×10⁴t),同比增长3.2%,是近十年增速最快的一年;日消费量最大的地区是北美,为2462×10⁴桶(约337×10⁴t)。

从国家看,2004年世界十大石油消费国依次为:美国、中国、日本、德国、俄罗斯、印度、韩国、加拿大、法国和墨西哥,共日消费石油4860×10⁴桶(约666×10⁴t),占世界日消费量的60.2%。其中,美国日消费量为2052×10⁴桶(约281×10⁴t),占25.4%;中国日消费量为668×10⁴桶(92×10⁴t),占8.3%。由于经济快速增长对能源的强劲需求,中国已经连续三年超过日本,跃居世界石油消费第二大国,而且增速惊人,2004年同比增长15.8%。

2. 石油产量

近40年来,随着世界经济的发展,世界石油产量呈稳步上升态势。1965—1979年,国际石油产量呈强劲增长势头,但随后日产量从1979年的6605×10⁴桶(905×10⁴t)下降到1983年的5660×10⁴桶(775×10⁴t);1983年后世界石油产量稳步上升,到1990年日产原油6541×10⁴桶(896×10⁴t)。整个80年代石油产量先跌后涨,呈"V"趋势;1991～1995年产量基本处于稳定状态,未出现明显的大起大落。

近十年世界石油产量总体上不断增长,从1995年日产量6810×10⁴桶(933×10⁴t)到2004年的8026×10⁴桶(1099×10⁴t),平均每年增长1.8%。2004年石油产量增速迅猛,首次突破日产8000×10⁴桶(1096×10⁴t)的大关,2011年世界原油产量稳定在8200×10⁴桶以上。

从地区分布看,世界主要产油地区集中在中东、欧洲、欧亚大陆和北美。2004年合计日产量为5630×10⁴桶(771×10⁴t),占世界日产量的70.1%。从国家看,2011年十大产油国依次是:俄罗斯、沙特阿拉伯、美国、中国、伊朗、加拿大、墨西哥、巴西、伊拉克和科威特。

3. 供需矛盾

根据国际能源署(IEA)报告,2004、2005、2006年世界每天对原油的需求分别为8220×10⁴桶(1126×10⁴t)、8330×10⁴桶(1141×10⁴t)、8470×10⁴桶(1160×10⁴t)。2006年比2005年每天需求增加140×10⁴桶(19×10⁴t),即使所有石油供应国都开足马力全力生产,全球石油供应仍然有1500×10⁴t桶(205×10⁴t)左右的缺口。

第二节 石油加工与石油产品

石油是一种复杂的烃类混合物,它不能直接用作发动机的燃料或润滑油,必须经过必要的加工过程才能得到性能符合要求的石油产品。原油或石油馏分加工或精制成各种石油产品的过程称为石油加工或石油炼制。蒸馏是石油加工的第一道工序,因而也称为一次加工,所谓蒸馏,就是依据烃类分子沸点的差异将原油进行分离的过程,蒸馏是物理过程。原油经过一次加工得到的石油产品无论是质量还是产量都无法满足使用要求,因此还要经过热破坏加工、催化裂化、催化重整、催化加氢、溶剂脱蜡等加工过程,因为这些加工过程是在一次加工后进行的,所以又称为二次加工。

石油经过加工后主要得到以下四类产品:

(1)燃料:如汽油、煤油、柴油、燃料油等,其产量约占全部石油产品的90%以上。

(2)润滑油和润滑脂:约为石油产品总量的5%,但品种极多,性能差异较大。

(3)蜡、沥青和石油焦。

(4)石油化工产品:主要作为有机合成工业的原料或中间体。

同一种原油经过不同的加工方法或不同原油经过相同的加工方法生产的石油产品性质也会不同,有的会存在较大的差别。因此,从事油气储运工作的人员必须对石油炼制方法有所了解,掌握各种石油加工方法的机理、各种方法生产石油产品的性能的特点,才能做好油品的合理储运、科学管理等工作。

一、燃料的生产

要生产出汽油、煤油、柴油等石油燃料,原油要经过预处理、蒸馏和二次加工、产品精制等加工过程。

(一)原油预处理

原油预处理的主要目的就是脱除原油中含有的盐和水。

1. 脱盐、脱水的目的

从油层中采出的石油都伴有水,这些水中都溶解NaCl、$MgCl_2$等盐类。一般来说,油田都设有原油脱盐、脱水装置,使外输原油的含水量降至0.5%以下,含盐量降至50mg/L以下。但是送到炼油厂原油的含水量常常波动很大,有时甚至远远超过上述规定的要求,其原因主要是油田的脱盐、脱水设施不够完善,或是在输送过程中混入水分。

原油中含有的盐类对加工过程危害极大:

(1)在换热器、加热炉等换热设备的管壁上形成盐垢,降低传热效率,增大流动压降,严重时甚至会堵塞管路,导致被迫停工。

(2)腐蚀设备。$CaCl_2$、$MgCl_2$等盐水解生成具有强腐蚀性的HCl,对设备有强腐蚀性。

(3)原油中的盐类大多残留在渣油和重馏分中,这将直接影响某些产品的质量,例如使石油焦的灰分增加、沥青的延伸度降低等。

(4)使二次加工原料中的金属含量增加,加剧催化剂的污染和中毒。

鉴于上述原因,目前国内外炼油厂对原油脱盐脱水的要求一般规定含盐量降到5~

10mg/L,含水量降到0.1%~0.2%(质量分数)。我国几种主要原油进厂时的含盐、含水情况见表1-10,它们都超过了上述要求的指标,因此炼油厂中都设有脱盐、脱水设施。

表1-10　我国几种主要原油进厂时的含盐、含水情况

原油	大庆	胜利	辽河	华北	中原	新疆
含盐量,mg/L	3~13	33~45	6~26	3~18	~200	33~49
含水量(质量分数),%	0.15~1.0	0.1~0.8	0.3~1.0	0.08~0.2	~1.0	0.3~1.8

2. 脱盐、脱水的工艺流程

原油中的盐类大部分是溶于水的,所以原油脱盐的原理就是向原油中加入一定数量的淡水,使盐溶解于水,然后与水一起脱除,因此原油脱盐的实质是除水。脱水的基本原理是利用油水密度的差异,在沉降罐中将油水混合物静止沉降,从而实现油水分离。工业上脱水的方法有:自由沉降、化学沉降、电—化学沉降等。

炼油厂中常见的二级脱盐、脱水工艺流程如图1-1所示。

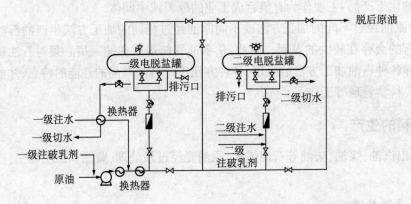

图1-1　炼油厂中常见的二级脱盐、脱水工艺流程

原油经换热后注入破乳剂、软化水,经混合器充分混合后从底部进入一级电脱盐罐,一级脱盐率为90%~95%,脱盐后的原油从顶部排出,经二次注水后从底部进入二级电脱盐罐,在高压电场的作用下进行脱盐、脱水,原油从顶部引出,经换热后送入蒸馏系统,含盐废水从底部排出。二级脱盐的脱盐率可达99%。

(二)原油蒸馏

1. 原油蒸馏的目的

蒸馏是一种利用沸点的不同将液体混合物进行分离的操作过程。石油是由沸点不同的烃类组成的复杂混合物,通过蒸馏的方法可以将石油分离成馏程不同的各个馏分,如30~200℃是汽油馏分,200~350℃是柴油馏分,130~280℃是喷气燃料馏分,350~520℃既是润滑油馏分也可作为催化裂化的原料,大于520℃是减压渣油。蒸馏后得到的各石油馏分还不能直接使用,必须按照石油产品的性能要求进行处理或二次加工,从而得到一系列的石油产品,如汽油、煤油、柴油及润滑油等。

按照蒸馏设备操作压力的不同可分为常压蒸馏、减压蒸馏。用来进行蒸馏操作的设备称为蒸馏塔。在常压下操作的蒸馏塔称为常压塔,在减压下操作的蒸馏塔称为减压塔。

2. 原油蒸馏的工艺流程

1)原油常减压蒸馏工艺流程

常减压蒸馏是炼油厂加工已脱盐脱水原油的第一道工序,其主要任务是把原油分离成馏程不同的石油馏分。典型的原油蒸馏装置主要由加热炉、精馏塔、换热设备组成。

把原油加热到360℃左右,在常压塔内进行常压蒸馏,可以把原油分割成汽油、煤油、柴油、常压重油等馏分。但要在常压下从原油中分离出高沸点的润滑油馏分,必须进一步提高加热温度,而这样会导致高沸点馏分发生热裂解反应,生成大量低价值的小分子烃类,从而大大影响燃料的收率和质量。所以为了对高沸点馏分进行分离,得到润滑油馏分,通常采用降低蒸馏塔压力的方法,降低高沸点馏分沸点,使其在较低温度下沸腾汽化。这种在减压下进行的蒸馏,称为减压蒸馏,减压蒸馏可以对350~520℃的高沸点馏分进行分离。高于520℃的馏分不能再用减压蒸馏的办法进行分离,需要采用二次加工的手段进行处理,以扩大燃料油或化工原料的收率。常减压蒸馏过程的原理流程如图1-2所示。

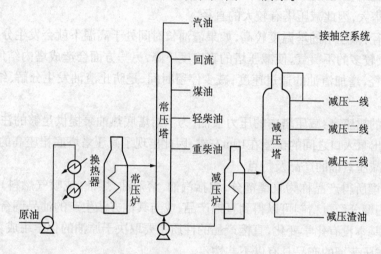

图1-2　常减压蒸馏过程的原理流程

已脱盐脱水的原油经过换热器换热、常压炉加热,温度达到360~370℃,之后进入常压塔。在常压塔内自上而下依次被分离成汽油、煤油、柴油等馏分。常压塔底的常压重油经减压炉加热至410℃左右,进入真空度为$(0.91\sim0.99)\times10^5Pa$的减压塔,分离出常压沸点为350~520℃的直馏润滑油馏分和减压渣油,后者可以作为重油组分或生产沥青的原料。

2)原油常减压蒸馏工艺特点

蒸馏塔一般由塔体、塔板(盘)及工艺接口组成。塔体是圆筒型结构,塔板是气液传质、传热的场所,常见的板型有泡罩塔、浮阀塔、筛板塔等。

(1)常压塔。

常压塔一般有30~50层塔板。原油的馏分分离相对来说是比较容易的,每一侧线只需要5~8块塔板。常压塔一般设3~4个侧线,可以生产汽油、溶剂油、煤油(或喷气燃料)以及轻、重柴油等产品或调和组分。为了调整各侧线产品的闪点和馏程范围,各侧线均设汽提塔;汽提塔一般装有4~6块塔板,从塔下部通入过热水蒸气进行汽提,通过降低油汽分压的方式使侧线产品中轻组分汽提出来,从汽提塔顶返回常压塔,从而达到提高闪点的目的。

常压塔在接近常压的条件下操作,塔的操作温度对产品的质量有很大影响,因此,常压塔的塔顶、塔底、进料等关键点的温度要严格控制。蒸馏塔内由上向下,温度逐渐升高,气、液相中轻组分含量逐渐降低,但由于塔底蒸汽的汽提作用,塔底温度往往比进料段温度略低。

(2)减压塔。

根据任务不同,减压塔可分为燃料型、润滑油型和燃料—润滑油型等三种类型。减压塔的核心设备是减压精馏塔和抽真空系统。为了提高轻质油和润滑油的收率,减压塔总是尽量提高拔出率。和常压塔相比,减压塔有如下特点:

①塔顶不出产品,设抽真空系统。减压塔在$(0.91 \sim 0.99) \times 10^5$Pa的高真空度下工作,因此需在塔顶安装抽真空系统。抽真空系统主要由蒸汽喷射泵和冷凝器组成,由高温、高压水蒸气驱动完成。

②塔板数少或采用填料塔。其目的是为了降低汽化段到塔顶的流动压降,通过减少塔板数(两侧线间3～5块)和降低塔板压降(舌型塔板、筛板或填料)实现。

③减压塔的塔径比常压塔粗。其原因是为了降低汽化段的油气分压,减压塔塔底汽提蒸汽用量比常压塔大,因此减压塔有较大的直径。

④塔底缩径:减压塔的塔温度较高,如果渣油长时间处于高温下就会发生分解、缩合等反应,一方面生成较多的不凝气,使减压塔的真空度下降;另一方面会造成塔内结焦。缩小减压塔底部分的塔径,增加渣油的通过速度,减少停留时间,是防止渣油发生分解、结焦倾向的行之有效的办法。

⑤减压塔的裙座高:减压塔内的压力很低,为了给塔底热油泵提供足够的注入头,塔底液面与塔底油抽出泵入口之间的位差在10m左右,因此出现了减压塔塔底裙座高的现象。

3)原油常减压蒸馏的产品及特点

常减压蒸馏所得产品称为直馏馏分,包括汽油、溶剂油、煤油(或喷气燃料)以及轻、重柴油等馏分;直馏馏分经过精制可以得到直馏产品,或与其他方法生产的油品调合成合格产品。由于蒸馏过程基本没有化学变化,直馏产品的性质主要取决于原油的化学组成。根据原油的性质特点,常减压蒸馏的产品具有以下共性:

(1)烯烃、非烃化合物含量很少。因此,直馏产品在储运、使用过程中不易氧化变质,安定性好,适宜长期储存。国产喷气燃料、军用柴油和各种润滑油大都是直馏产品。

(2)由于国产原油中多数是石蜡基原油,它们的直馏产品中烷烃含量高,环烷烃和芳香烃含量较少。因而直馏汽油的燃烧性能很差,辛烷值太低,不能单独作为成品汽油。烷烃含量多对柴油燃烧性能有利,但其低温流动性差。

(三)原油二次加工

原油经过常减压蒸馏(一次加工)后只能得到10%～40%的汽油、煤油、柴油等轻质油品,其余的是重质馏分油或渣油,而且得到的轻质油品的质量也无法满足生产需要,如直馏汽油的马达法辛烷值只有40～60,而现代汽车要求的辛烷值均在93以上。可见,原油经过一次加工得到的产品,无论从数量上还是质量上都无法满足经济发展的需要。为了解决这种供需矛盾,人们发展了各种对原油一次加工得到的重质馏分油或渣油进行深加工的方法,称为原油的二次加工。二次加工的主要方法有热裂化、减黏裂化、延迟焦化、催化裂化、催化加氢、催化重整、异构化等加工过程。

1. 热裂化

热裂化是最早发展的原油二次加工工艺,是以常压重油、减压馏分油和焦化蜡油等为原料,以生产汽油、柴油、裂化气为目的的工艺过程。目前,热裂化已逐渐被催化裂化过程取代,热裂化装置正逐渐减少。

热裂化通常是在390~400℃、$(20~50)×10^5Pa$条件下进行的一系列化学反应,发生的化学反应主要有:

(1)裂解反应:大分子烷烃裂解成小分子烷烃和烯烃;环烷烃发生断环、断侧链和脱氢反应;带侧链芳香烃进行断侧链和侧链脱氢反应;通过裂解反应可以从重质原料油得到裂解气、汽油和中间馏分油;

(2)缩合反应:即原料、反应生成中间产物中的不饱和烃和某些芳香烃缩合成比原料分子还大的重质产物(如裂化残油、焦炭等);例如,烯烃和芳香烃缩合成高分子多环芳香烃,直至焦炭。

热裂化提高了轻质油收率,如汽油产率约为30%~50%,柴油约为30%(均为质量分数)。但因为裂解反应的特点,使汽油、柴油的质量受到一定的影响:

(1)热裂化汽油、柴油储存安定性差,不宜长期储存。因为裂化反应的特点使生成的汽油、柴油馏分中均含有一定量的烯烃和双烯烃,需要进行加氢精制或在限制比例情况下与直馏、催化汽柴油进行调和,以改进其储存安定性;部分热裂化油品含有酸性成分,需要经过碱洗处理。

(2)热裂化汽油、柴油的抗爆性相差较大。热裂化汽油的辛烷值都较低,一般仅50~60(马达法)左右,经过加氢精制后辛烷值更低。热裂化柴油的十六烷值较高,一般均高于50,经过加氢精制还可提高几个单位,有的可高达68。

2. 减黏裂化

减黏裂化是重质黏稠减压渣油经过浅度热裂化降低黏度,使之通过掺和少量轻质油从而达到燃料油质量要求的一种热加工工艺。减黏裂化在降低黏度的同时,还可降低渣油凝点,并副产少量气体和裂化汽油、柴油馏分。随着我国国民经济的发展,船用和工业炉用燃料油的需求量不断增加,不少炼油厂新建或把热裂化装置改造成减黏裂化装置。它具有工艺简单、投资少、效益高的特点。

减黏裂化的主要产品是减黏渣油和少量汽油、柴油馏分。减黏渣油需进一步用轻油调配,才能符合商品燃料油的规格要求。炼油厂中配伍性较好的稀释油为含芳香烃较多的催化裂化柴油、澄清油及焦化柴油等。

3. 延迟焦化

焦化过程是提高原油加工深度、促进重质油轻质化的重要热加工手段。要从原油中得到更多的轻质油,炼油过程通常采用两种加工过程:一类是加氢过程,即在重质油品裂化成轻质油品时,提高油品中的氢含量,改善轻质油品的质量;另一类是脱碳过程,它利用低氢碳比的重质组分在高温下易于缩合的特点,使难裂化的重组分转化为石油焦,焦化就属于脱碳过程。在焦化过程中,除生成焦化气体、汽油、柴油和焦化蜡油以外,还生成大量工业上需求较多的石油焦。正是由于这个原因,在现代炼油工业中,当其他热加工过程逐渐被催化过程替代后,焦化过程仍然占有相当大的地位。另外,焦化过程工艺简单,对设备要求不高,能够处理任何劣质重油,这也是促进其继续发展的原因之一。

焦化方法主要有釜式焦化、平炉焦化、延迟焦化、接触焦化、流化焦化和灵活焦化等,但目前只有延迟焦化在炼油工业得到了广泛的应用。延迟焦化的特点是将重质渣油以很高的流速,在高热强度下通过加热炉管,在短时间达到反应温度后,迅速离开加热炉,进入焦炭塔的空间,使裂化、缩合反应延迟到焦炭塔内进行,因而称之为"延迟焦化"。

延迟焦化的原料油一般是减压渣油。我国生产普通焦的延迟焦化大都是以大庆油和胜利油的减压渣油为原料。为了满足生产石墨电极等优质焦的特种需要,原料油中还配入一定比例的热裂化渣油或页岩油,其他的焦化原料还有热裂化渣油、裂解焦油等,但量不大。

延迟焦化的产品有焦化气体、汽油、柴油、蜡油和石油焦。焦化产品的收率与原料的密度有关:气体、汽油和焦炭收率随原料密度的增加而增加,而柴油和蜡油的收率随密度的增加而降低。焦化气体的组成特点是甲烷含量高,在30%以上,是制氢的原料。焦化汽油和柴油都是热分解的产物,所以含烯烃较多,安定性差,不能直接作为产品,必须经过酸碱精制或加氢精制。焦化蜡油主要作为催化裂化或加氢裂化的掺炼原料,也可以和其他渣油调和成燃料油。

我国延迟焦化装置生产的石油焦,一般硫含量都低于2%,属于低硫的普通焦,外观为灰褐色的多孔固体。从焦炭塔除出的焦炭都含有8%~12%的挥发分,经1300℃煅烧后的熟焦,挥发分可降至0.5%以下,适于作冶炼工业和化学工业的原材料。

4. 催化裂化

热裂化、减黏裂化、延迟焦化均属于热破坏加工过程,其特点是没有使用催化剂,只是通过高温的方法使原料油发生裂化反应,产品中由于不饱和烃含量多,产品不稳定,质量也不高,所以热破坏加工在实际生产中的应用受到一定的限制。随着催化剂技术的不断进步,各种催化破坏加工工艺得到迅速发展,使反应速度、轻油收率及产品质量得到明显改善。常见的催化破坏加工工艺有催化裂化、催化重整、加氢裂化、烷基化、异构化等,其中催化裂化是所有二次加工过程中所占比例最大的工艺过程,现已成为重油轻质化的最重要的加工手段。

催化裂化是指裂化原料在一定温度、压力下,在催化剂作用下发生裂化反应,生产裂解气、汽油、柴油等轻质产品和焦炭的工艺过程。催化裂化的根本目的是提高原油的加工深度,生产更多的轻质油,并提高产品的质量。

传统的催化裂化原料是重质馏分油,主要是直馏减压馏分油(VGO)、焦化蜡油(CGO)。由于对轻质油品(汽油、柴油)的需求量不断增大及催化裂化技术的进步,更重的油品也可作为催化裂化的原料,包括减压渣油、脱沥青的减压渣油(脱沥青油)、加氢处理后的其他重油等。如果VGO中掺入上述重质油品,称为重油催化裂化。

催化裂化是原料在470~530℃、压力为0.1~0.3MPa 的条件下,在催化剂作用下发生的一系列化学反应,包括裂化、异构化、芳构化、氢转移等反应。工业上广泛使用的催化剂可分为两类:无定型硅酸铝、结晶硅酸铝(又称分子筛)。催化剂表面具有酸性,它们是反应活性的来源,催化剂的类型和质量对催化裂化工艺过程起到决定性作用,直接影响产品的收率和质量。

催化裂化可得到10%~20%的气体(主要是C_3、C_4液化气)、30%~50%(质量分数)的汽油、约40%的柴油及5%~7%的焦炭(焦炭在催化剂再生时烧去,因此实际生产中得不到焦炭产品),轻油收率可达70%~80%(以上均为质量分数)。

催化裂化气是民用燃气的重要来源,也是宝贵的化工原料和合成高辛烷值汽油的原料。如丁烯与异丁烷可合成高辛烷值汽油,异丁烯可合成高辛烷值组分甲基叔丁基醚(MTBE)等,丙烯是合成聚丙烯及聚丙烯腈的原料,干气中的乙烯可用于合成苯乙烯等。

催化裂化汽油占我国成品汽油的80%(质量分数)以上。催化裂化汽油的特点是烯烃含量高、辛烷值高,研究法辛烷值约80~90,硫含量较高。为了满足越来越严格的环保对车用汽油提出的更高的质量指标要求,催化裂化汽油需要脱硫、降低烯烃含量,这是当前炼油技术面临的主要难题。

催化裂化柴油占我国成品柴油的35%(质量分数)以上。随着市场对柴油需求量的不断增大,要求催化裂化尽可能地提高柴汽比。催化裂化柴油的特点是芳香烃含量高、硫含量高、十六烷值低,如大庆重油催化裂化柴油的芳香烃含量近60%(质量分数),十六烷值只有20~30。因此,为了满足清洁柴油的质量要求,对催化裂化柴油需要进行加氢精制,以达到脱硫、脱芳和提高十六烷值的目的。

总之,催化裂化产品的特点是含有较多的异构烷烃和芳香烃,烯烃含量较少(与热裂化相比),见表1-11。因此汽油辛烷值较高,柴油十六烷值较低,需要与其他产品调和后使用,油品的安定性比热裂化产品好,但不及直馏产品。

表1-11　几种汽油组成的比较(质量分数)　　　　　　　　单位:%

油品	烷烃		环烷烃	芳香烃	烯烃
直馏汽油	60.5		32.6	6.9	—
热裂化汽油	50.6		7.4	6.2	35.8
催化汽油	正构烷烃	异构烷烃	16.89	31.9	4.2
	4.4	42.7			

5. 加氢裂化

加氢裂化分为馏分油加氢裂化和渣油加氢裂化。加氢裂化的目的是生产高质量的轻质油品,如柴油、汽油、航空煤油等。馏分油加氢裂化的主要原料有减压馏分油、焦化蜡油、裂化循环油及脱沥青油等。渣油加氢裂化与馏分油加氢裂化有本质的不同,渣油中富集了大量的硫化合物、氮化合物、胶质、沥青质及金属化合物,这些物质易使催化剂结焦、中毒失活,所以渣油加氢裂化过程首先是渣油原料的加氢精制,然后是催化裂化或热裂化。影响加氢裂化的主要因素是催化剂和反应条件。

加氢裂化催化剂由活性组分和载体组成。常用的活性部分有W、Co、Mo、Ni和贵金属Pt、Pd等,选用的载体主要是分子筛。金属活性组分起促进加氢反应作用,载体具有酸性,起促进裂化和异构化作用。可见,加氢裂化催化剂是双功能催化剂,根据不同的原料和产品要求,对两种组分的功能适当选择和匹配,实现不同的加工方案。

加氢裂化的反应条件主要包括温度、压力、氢油比及空速等。在实际生产过程中,一般依据原料轻重、原料性质和选用的催化剂来选择合适的反应条件。

加氢裂化产品的特点是收率高、质量好。产品中不饱和烃含量少,非烃杂质含量也少,所以加氢裂化产品安定性好,无腐蚀。此外产品中环烷烃、异构烃含量多,还含有少量的芳香烃,所以产品具有良好的燃烧性能,石脑油可直接作为汽油或溶剂油等石油产品,喷气燃料结晶点(冰点)低、烟点高；柴油十六烷值高(>60)、着火性能好、硫含量低、凝点低,可作为高速柴油机的优质燃料。

6. 催化重整

所谓重整,是指烃类分子重新排列成新的分子结构。在催化剂的作用下对汽油馏分进行分子重新排列的过程叫做催化重整。催化重整以汽油馏分为原料,用来生产高辛烷值汽油或苯、甲苯、二甲苯等化工原料,同时可以得到一定量的副产氢气。根据所用催化剂的不同,重整过程分别称为铂重整、铂铼重整等。

常用的重整原料油是含环烷烃较多的直馏汽油馏分或经加氢的裂化汽油馏分,其沸点范围随重整目的的不同而不同。为了提高汽油的辛烷值,原料的沸程一般为80~180℃；以制取芳香烃为目的时,则用60~130℃馏分为原料油。

原料油在480~520℃和1.5~2.0MPa的氢气压力下,以铂或铂铼为催化剂,进行芳构化和异构化反应。产品中芳香烃和异构烷烃含量大大增加,正构烷烃、烯烃含量减少,芳香烃的含量可达到25%~60%(质量分数),烯烃的含量则小于2%(质量分数)。因此催化重整产品具有以下特点:

(1)催化重整汽油安定性好、储存中不易变质。

(2)汽油质量好,辛烷值高。汽油研究法辛烷值达105左右,不加铅即可做车用汽油,所以催化重整汽油是无铅高辛烷值汽油的重要组成部分,在发达国家的车用汽油组分中,催化重整汽油约占25%~30%。

(3)副产品价值高,全世界一半以上的轻芳香烃(主要是苯、甲苯、二甲苯)来自催化重整；副产的大量高纯度氢气可直接用于加氢精制、加氢裂化等加氢工艺过程。

(四)油品精制

原油经过常减压蒸馏及二次加工等加工过程得到的汽油、煤油、柴油等都是半成品,其性能不能完全满足产品的质量标准,必须通过油品精制、调合并加入各种添加剂才能成为合格产品。下面介绍几种常用油品的精制方法。

1. 酸碱精制

酸碱精制是最早使用的一种精制方法,其特点是工艺简单、设备投资少、操作费用低,是普遍采用的一种精制方法。现在国内炼油厂采用的是将酸碱精制与高压电场加速沉降分离相结合的、一种经过改进的酸碱精制方法。

酸碱精制包括碱精制、酸精制和静电混合分离等过程。根据油品性质和产品要求不同,灵活选择合适的精制过程。

酸精制就是使石油馏分与酸接触,通过酸与有害物质发生化学反应以达到脱除有害物质目的的过程。最常用的酸是硫酸,通过酸精制可以很好地除去含硫化合物、碱性化合物、胶质、环烷酸、酚类等非烃化合物以及烯烃和二烯烃。但油品中的异构烷烃、芳香烃等组分在酸精制中因与浓硫酸发生化学反应而被除去,这会影响油品的收率和质量。

碱精制就是用10%~30%的氢氧化钠水溶液洗涤各种油品,碱液不与油品中的烃类反应,而只与油品中的酸性非烃类物质(主要有环烷酸、酚类等含氧化合物,硫化氢、硫醇等含硫化合物)和酸洗后残留的酸性物质(如硫酸、磺酸等)反应,生成可溶于碱液的盐而被除去。

酸精制和碱精制往往联合应用,统称为酸碱精制。酸碱精制的工艺流程一般包括预碱洗、酸洗、水洗、碱洗、水洗等步骤,主设备是电分离器。电分离器采用$(1.5 \sim 2.5) \times 10^4 V$的高压直流或交流电场,可以加速沉降分离。

2. 加氢精制

加氢精制是在催化剂的作用下,用氢气处理油品的一种催化精制方法。其目的是除去油品中的含硫、含氮、含氧化合物和多环芳香烃等有害组分,并使烯烃、二烯烃饱和,改善油品的使用性能。

加氢精制的原料有重整原料,二次加工得到的汽油、煤油、柴油、各种中间馏分油及渣油。在高压氢气和催化剂存在的情况下,非烃化合物中的S、N、O等元素可分别转化成H_2S、NH_3、H_2O等从油品中脱除,而其中的烃基仍保留在油品中,油品中的烯烃、二烯烃进行加氢反应,使油品的质量得到很大改善。

加氢精制效果良好、产品收率高、适用范围广,是目前燃料油生产中最先进的精制方法,已逐渐代替其他的精制过程。

二、润滑油的生产

通过减压蒸馏得到的各种润滑油馏分,由于含有很多石蜡、多环芳香烃、非烃化合物和胶质等组分不能直接作为润滑油,必须经过精制、脱蜡等加工过程除去上述组分,才能成为润滑油的基础组分,称为润滑油基础油。润滑油加工过程主要包括脱沥青、脱蜡、精制等生产过程。润滑油基础油生产的一般流程如图1-3所示。

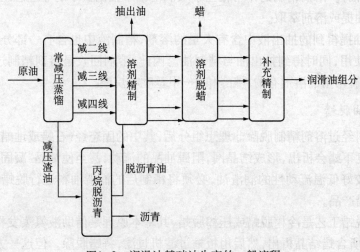

图1-3 润滑油基础油生产的一般流程

(一)溶剂脱沥青

减压渣油中含有制造高黏度润滑油的组分,是生产航空润滑油、过热气缸油的宝贵原料。同时渣油中富集了原油中绝大部分的胶质,沥青质,含硫、氮、氧等元素的非烃化合物以及微量金属化合物,这些物质构成复杂的胶状物质,称为沥青。此类物质属于润滑油的非理想组分,必须设法除去。目前,脱除沥青最广泛的方法是溶剂脱沥青,最常用的溶剂是丙烷,所以又称丙烷脱沥青。

丙烷脱沥青的基本原理是在一定的温度、压力下,丙烷对减压渣油中的烷烃、环烷烃及低分子芳香烃有相当大的溶解度,而对胶质、沥青质却难溶或几乎不溶;利用丙烷的这一特点,使减压渣油和液体丙烷在萃取塔中逆向流动,进行萃取,结果使油和蜡溶于丙烷中,沥青质和胶质因不溶解而被沉降、分离出来。油中的丙烷经回收后可以循环使用。

(二)溶剂精制

从常减压装置得到的润滑油料,包括馏分润滑油料和脱沥青后的残渣润滑油料,含有不同数量的胶质、沥青质、短侧链的中芳香烃和重芳香烃、多环和杂环化合物、环烷酸和其他含硫、氮、氧的非烃化合物。这些物质的存在会使油品的黏度指数变低,抗氧化安定性变差,氧化后会产生较多的沉渣及酸性物质,会堵塞、磨损和腐蚀设备构件,还会使油品颜色变差,必须通过精制方法除去,才能使润滑油的氧化安定性、黏温性能、残炭值、颜色等达到产品质量标准的要求。从润滑油料中需要除掉的组分统称为非理想组分,保留在润滑油料中的少环长侧链环状烃及部分烷烃是润滑油的理想组分。

常用的精制方法有多种,如酸碱精制、溶剂精制、吸附精制和加氢精制等,其中溶剂精制是国内外大多数炼油厂采用的方法。

溶剂精制的基本原理是利用某些对润滑油料中所含理想组分和非理想组分溶解度不同的有机溶剂,对润滑油料进行抽提。作为精制润滑油的溶剂,应对油中非理想组分具有较高的溶解能力,而对理想组分则溶解很少。当把溶剂加入润滑油料后,其中非理想组分便迅速溶解于溶剂中,然后将溶有非理想组分的溶液分出,形成单独一相,称为抽出液或提取液;而把理想组分留在油中,形成精制液或提余液。然后分别脱除溶剂,即可得到精制油(提余油)和抽出油(提取油)。溶剂精制的作用相当于从润滑油中抽出其中的非理想组分,因此这一过程也称作溶剂抽提或溶剂萃取。

经过溶剂抽提得到的抽出液中含有大量的溶剂,精制液中也含有一部分溶剂,必须加以回收以便循环使用,同时得到抽出油与精制油。因此,溶剂回收是溶剂精制过程的一个重要组成部分。目前,常用的溶剂有酚、糠醛和N—甲基吡咯烷酮。

(三)润滑油脱蜡

润滑油原料经过溶剂精制脱除非理想组分后,其中的固态烃(石蜡或地蜡)的含量明显提高。在较低温度下蜡会析出,形成结晶网,阻碍油品的流动,甚至使油品"凝固",失去流动性。为了生产具有较好低温流动性的润滑油,必须将精制后的润滑油料进行脱蜡处理,同时可以得到石蜡或地蜡产品。

最简单的脱蜡工艺是冷榨脱蜡或压榨脱蜡,其基本原理是借助液氨蒸发将含蜡馏分油冷至低温,使油中所含蜡结晶析出,然后用板框过滤机过滤,将蜡脱除。但这一方法只适用于柴油和轻质润滑油料,对大多数较重的润滑油不适用。因为重质润滑油原料黏度大,低温时变得更加黏稠,细小的蜡晶粒和黏稠油浑然一体,难于过滤,达不到脱蜡的目的,为此,出现了溶剂脱蜡工艺。

溶剂脱蜡的基本原理是在含蜡润滑油馏分中加入溶剂,稀释油料使其黏度降低,然后冷至低温(冷却温度根据脱蜡深度决定),使蜡结晶析出,用过滤机除去固态石蜡,得到脱蜡油和含油蜡。脱蜡油中溶剂回收后重复使用,脱蜡油经精制后成为润滑油组分。含油蜡可作为裂化原料或进一步加工生产石蜡或地蜡。

脱蜡溶剂主要由两部分组成,一部分是极性溶剂,如丙酮、甲基乙基酮等,另一部分是非极性溶剂,如苯、甲苯、轻汽油等。

（四）补充精制

补充精制是润滑油精制的延续。

润滑油经溶剂精制、溶剂脱蜡以后，脱蜡油中仍含有少量的有害杂质及残留的溶剂，还需要再经过补充精制，改善油品的颜色与氧化安定性，得到合格的润滑油基础油。补充精制常用的方法有加氢补充精制和白土补充精制。

加氢补充精制是在缓和的加氢条件下，使油中的硫、氮、氧化合物被脱除。发生的主要精制反应有：

（1）含硫的杂环化合物经过脱硫反应变成烷烃和硫化氢。

（2）润滑油中的氮化合物发生脱氮反应，生成相应的芳香烃和氨气，这些氮化合物的存在易使油品颜色加深和氧化安定性变差。

（3）油品中的含氧化合物（主要是环烷酸、酚等）发生脱氧反应，生成水和烷烃。这些含氧化合物的存在影响油品的酸值、抗腐蚀性能等。

随着加氢补充精制技术的发展，国外润滑油加工大部分采用加氢精制。但对特殊润滑油，如军用航空润滑油等，加氢后仍存在个别理化指标不合格及凝点回升等问题，因此国内有些炼厂仍采用白土补充精制。

白土分天然白土和活性白土。由于活性白土的脱色能力强，因而在工业上得到了广泛应用。活性白土是由黏土矿中的膨润土生产的，其主要成分是硅酸铝。白土具有较大的比表面积，有较强的吸附能力。润滑油中残留的少量胶质、沥青质、溶剂、水分等极性物质，能够被白土很好地吸附。利用白土良好的吸附极性物质的性能，可以对油品有很好的精制效果。

加氢补充精制和白土补充精制互有优缺点：加氢补充精制工艺流程简单，精制油收率高，但存在光安定性差、凝点回升等问题；白土补充精制油的光安定性好，但油品收率低，过滤操作时劳动强度大。

（五）滑润油基础油调和

减压馏分油和脱沥青油经过上述溶剂精制、溶剂脱蜡和补充精制就得到了润滑油基础油。由于不同减压馏分油或脱沥青油生产的润滑油基础油黏度不同，因而在调制不同黏度级别的润滑油时，可以选用不同黏度的基础油，以不同的比例进行调和，再根据润滑油的使用性能要求，添加不同类型的添加剂，才能得到润滑油产品。

三、石油产品

石油产品通常不包括以石油为原料合成的各种石油产品。现有石油产品种类繁多，有800余种，且用途各异。为了与国际标准相一致，我国参照国际标准化组织（ISO）ISO/DIS 8681，制定了GB 498—1987《石油产品及润滑剂的总分类》，将石油产品分为六大类，见表1—12。

（一）燃料

燃料包括汽油、柴油、喷气燃料（航空煤油）、灯用煤油、燃料油等。我国的石油产品中燃料约占85%，其中约60%用于各种发动机燃料。GB/T 12692.1—2010《石油产品 燃料（F类）分类 第1部分：总则》将石油燃料分为四组，见表1—13。

表1-12 石油产品的总分类

类别	类别含义	类别	类别含义
F	燃料	W	蜡
S	溶剂和化工产品	B	沥青
L	润滑剂和有关产品	C	焦

表1-13 石油燃料的分类

组别	组别定义
G	气体燃料：主要由甲烷或(和)乙烷组成的气体燃料
L	液化气燃料：主要由C_3和C_4烷烃或烯烃或其混合物组成，并且更高碳原子数的物质液体体积小于5%的气体燃料
D	馏分燃料：由原油加工或石油气分离所得的主要来源于石油的液体燃料
R	残渣燃料：含有来源于石油加工残渣的液体燃料
C	石油焦：由原油或原料油深度加工所得，主要由碳组成的来源于石油的固体燃料

(二)润滑剂

润滑剂包括润滑油和润滑脂，主要用于减少接触机件之间的摩擦、防止磨损，以降低能耗、延长设备寿命。润滑剂的产量约占石油产品总量的2%～5%(质量分数)，但品种却是最多的一大类产品。GB/T 7631.1—2008《润滑剂、工业用油和相关产品(L类)的分类 第1部分：总分组》将润滑剂分为18组，见表1-14。

表1-14 润滑剂、工业用油和有关产品(L类)的分类

组别	应用场合	组别	应用场合
A	全损耗系统	N	电器绝缘
B	脱模	P	风动工具
C	齿轮	Q	热传导
D	压缩机(包括冷冻机和真空泵)	R	暂时保护防腐蚀
E	内燃机	T	汽轮机
F	主轴、轴承和离合器	U	热处理
G	导轨	X	用润滑脂的场合
H	液压系统	Y	其他应用场合
M	金属加工	Z	蒸汽气缸

(三)石油沥青

石油沥青用于道路、建筑及防水等，其产量约占石油产品总量的3%(质量分数)。

(四)石油蜡

石油蜡是石油中的固态烃类,其产量约占石油产品总量的1%~2%(质量分数),作为轻工、化工和食品等工业部门的原料。

(五)石油焦

石油焦可用于制作炼铝、炼钢用的电极等,石油焦产量约为石油产品总量的2%(质量分数)。

(六)溶剂和化工原料

大约有10%的石油产品用作石油化工原料和溶剂,其中包括制取乙烯的原料(轻油)、石油芳香烃和各种溶剂油。

复习思考题

1. 简述石油和天然气的定义。
2. 生成油气的原始有机物质主要有哪些?
3. 试述有利于油气生成的大地构造条件和岩相古地理、古气候环境。
4. 有机质向石油转化可分为哪几个阶段? 各阶段有什么特征?
5. 油气有机成因理论和无机成因理论各有什么观点?
6. 试述石油的组成和性质。
7. 试述天然气的组成和性质。
8. 常见的石油分类方法有哪些?
9. 常见的天然气分类方法有哪些?
10. 目前世界主要产油大国有哪些?
11. 目前世界石油消费大国有哪些?
12. 简要分析国内外石油的生产现状。
13. 从石油的颜色、密度、黏度等方面分析石油的一般性状。
14. 石油产品可以分为哪些类型?
15. 石油燃料具体可分为哪些类型?
16. 原油预处理的目的是什么? 基本方法有哪些?
17. 脱盐、脱水的原理是什么?
18. 什么叫一次加工、二次加工? 石油加工得到哪些产品?
19. 原油常减压蒸馏后可得到哪些石油产品? 馏程是多少?
20. 简述原油常减压蒸馏工艺流程。
21. 二次加工的目的是什么? 其产品的主要特点是什么?
22. 催化裂化过程的特点是什么?
23. 催化裂化工艺过程的组成是什么? 其主要作用是什么?
24. 油品精制包括哪两种? 它们的目的是什么?

25. 润滑油的理想组分和非理想组分分别是什么？
26. 丙烷脱沥青的目的和原理是什么？
27. 溶剂精制的目的是什么？常用的方法有哪些？
28. 溶剂脱蜡的目的是什么？

第二章　油料的主要性质

油料的物理化学性质是科学研究和生产实践中评定油品质量、衡量油库管理水平、控制油品生产过程的重要指标，也是设计和计算石油加工过程及加工工艺装置的重要数据。另外，油料的物理化学性质与其化学组成密切相关，通过物理化学性质，可以大致判断油品的化学组成。因此为了做好油料的集输、储存、管理和应用工作，必须研究油料各种物理化学性质的意义、影响因素和表示方法等问题。

由于油料是各种烃类和非烃类化合物组成的复杂混合物，因此它的物理化学性质是组成它的各种烃类和非烃类化合物的综合表现，也就是多种化合物总体表现出来的性质，与纯化合物的性质不同，有的性质有可加性，有的则没有。测定油料性质时，油料的物理性质往往是条件性的，即都是条件性实验，离开了测定的方法、仪器和条件，这些性质就没有意义。

为了便于油料之间相互比较和对照，常采用标准仪器，在特定的条件下测定其物理性质，若实验条件改变，结果也会改变。石油及油料的各种实验方法都有不同的级别，测定方法也都规定了不同级别的统一标准，其中有国际标准（简称ISO），国家标准（简称GB），行业标准（简称SH、SY），专业标准（简称ZBE）和企业标准（简称QB）等。

由于上述原因，根据试验数据标绘的图表或归纳的公式，在使用中要注意使用范围。本章主要讨论与储运过程密切相关的油料的物化性质，如密度、特性因数、相对分子质量、蒸气压、馏程、黏度、燃烧性能、低温性能等。

第一节　密度、特性因数和平均相对分子质量

一、密度和相对密度

油料的密度和相对密度是表示油料组成特性的参数，在生产和储运工作中有着重要意义，在原料及产品的计量以及计量装置的设计等方面也是必不可少的。有的石油产品，如喷气燃料，在质量标准中对其相对密度有严格的要求，此外，还以相对密度为基础关联出油料的其他重要性质参数，如特性因数K值等。

（一）密度

密度是指单位体积的物质所具有的质量，即物质质量与其体积的比值，常用的单位是g/cm^3，kg/m^3，g/mL，kg/L等。

由于油料的体积是随温度的变化而变化的，密度也随之变化，所以密度应标明温度。我国国家标准GB/T 1884—2000《原油和液体石油产品密度实验室测定法（密度计法）》中规定20℃时原油和液体石油产品的密度为标准密度，用ρ_{20}表示，其他温度下测得的密度称为视密度，用ρ_t表示。

(二)相对密度

相对密度是指油品密度与规定温度下水的密度之比,是量纲一的量。我国和前苏联常把 t℃时油品密度与4℃时纯水的密度之比称为油品的相对密度,用 d_4^t 表示。20℃时的油品密度与4℃时纯水的密度之比表示为 d_4^{20}。欧美各国常把15.6℃(60℉)时油品密度与相同温度下纯水的密度之比称为油品的相对密度,用 $d_{15.6}^{15.6}$ (或 $d_{60℉}^{60℉}$)表示。

另外,欧美各国也常用比重指数表示油品的密度,简称API度,API度数值越大表示密度越小。

当 $d_{15.6}^{15.6}<1$ 时,API度与 $d_{15.6}^{15.6}$ 之间的关系可用式(2-1)表示:

$$\text{API度} = \frac{141.5}{d_{15.6}^{15.6}} - 131.5 \tag{2-1}$$

原油、几种石油产品的相对密度、沸点范围和API度范围见表2-1。

表2-1 原油、几种石油产品的相对密度、沸点范围和API度范围

油品	沸点范围,℃	相对密度 $d_{15.6}^{15.6}$	API度
原油		0.65~1.06	86~2
汽油	<200	0.70~0.77	70~52
煤油	200~300	0.75~0.83	57~39
柴油	200~350	0.82~0.87	41~31
润滑油	>320	>0.85	>35

1. 馏分组成和化学组成对油品密度的影响

同一种原油的不同馏分,随着其沸点的增加,相对分子质量增大,密度也增大。从表2-1中的数据可以看到此规律。相同碳原子数的不同烃类,其密度也不同。从表2-2中的数据可以看出,芳香烃的密度最大,环烷烃次之,正构烷烃最小;因此环烷基原油密度最大,中间基原油次之,石蜡基原油密度最小。

表2-2 纯烃的特性因数

名称	沸点,℃	密度(20℃),g/cm³	特性因数 K
正庚烷	98.43	0.6837	12.77
2-甲基己烷	90.05	0.6786	12.71
甲基环己烷	100.93	0.7694	11.35
苯	80.09	0.8789	9.7
甲苯	110.63	0.8670	10.03
邻二甲苯	144.43	0.8802	10.02

2. 温度对密度的影响

温度升高时,由于油品体积膨胀,因而密度减小。原油和油品在不同温度下的密度,可按

GB/T 1885—1998石油计量表中规定的方法进行换算,在此不作详述。

3. 压力对密度的影响

由于液体是不可压缩的,所以在温度不高的情况下,在一定压力范围内,压力升高,对油品密度的影响可以忽略,只有当压力极大(几十兆帕)时,才考虑压力对密度的影响。值得注意的是:当液体油品被加热时,如果保持体积不变,压力就会急剧增大,例如,把装满油品的一段管路或容器的进出口阀门全部关闭,油品在受热时可能产生极大压力,以致引起容器爆裂,引发安全事故。因此在实际工作中必须加以注意。

二、特性因数

由沸点和相对密度计算得到的表示油料化学组成的参数,称为特性因数,用K表示,它是表征烃类及石油馏分化学组成的一个指标,可由式(2-2)求得:

$$K = 1.216 \frac{\sqrt[3]{T}}{d_{15.6}^{15.6}} \tag{2-2}$$

式中 T——油料的沸点,K。

一般石油及其产品的特性因数为9.7~13.0。含烷烃或烷基侧链较多的石蜡基油品和原油,其特性因数为12.0~13.0,含环烷烃、芳香烃较多的油品和原油的特性因数为10~11。

特性因数对于了解石油的分类、化学性质,确定加工方案以及油品的其他物性是十分有用的。石油馏分的特性因数,结合相对密度或平均沸点可求得油品的其他物理性质,如油品的蒸气压及平均相对分子质量等。

表2-2中列出了几种纯烃的特性因数,由表2-2中数据可以看出:各类烃的特性因数不同,烷烃K值最高,环烷烃次之,芳香烃最低。

三、平均相对分子质量

相对分子质量是油料的一个重要性质,由于油料是由烃类组成的复杂混合物,所以其相对分子质量也称为平均相对分子质量。

石油馏分的平均相对分子质量随其沸点的升高而增大。汽油馏分的平均相对分子质量约为100~120,煤油约为180~200,轻柴油约为210~240,轻质润滑油约为300~360,重质润滑油约为370~470。

油料的平均相对分子质量是设计计算中常用的数据之一,可由实测得到或是由沸点、特性因数等其他参数通过有关图表或经验公式得到。寿德清和向正经过研究,提出两个适用于国产石油馏分平均相对分子质量计算的经验方程,其准确性优于常用的查图法及其他经验方程,见式(2-3)、式(2-4)。

$$M = a + bT + cT^2 \tag{2-3}$$

$$M = a + bT + cTK + d(TK)^2 + e\rho T \tag{2-4}$$

式中 M——石油馏分的平均相对分子质量;

  T——石油馏分的体积平均沸点,K;

  K——石油馏分的特性因数;

ρ——石油馏分的密度(20℃),g/cm³;

a,b,c,d,e——系数,见表2-3。

表2-3　经验方程中系数的取值

系数	式(2-3)取值	式(2-4)取值
a	0.166787×10^{-3}	0.184534×10^{-3}
b	-0.747857	2.29451
c	0.149503×10^{-2}	-0.233246
d	—	0.132853×10^{-4}
e	—	-0.622170

第二节　蒸发性能

石油和油品的蒸发性能是反映其汽化、蒸发难易的重要性质。油品的蒸发性能通常用蒸气压和馏程这两个性质指标来描述。

一、蒸气压

在一定温度下,液体分子由于自身热运动蒸发产生蒸气,当液体同其表面上的蒸气处于平衡状态(即单位时间内汽化和凝结的分子数相等)时,对应的蒸气产生的压力称为该液体在此温度下的饱和蒸气压,简称蒸气压。蒸气压的高低表明液体中分子汽化或蒸发的能力,同一温度下,蒸气压高的液体比蒸气压低的液体更容易汽化。

对于纯烃而言,其蒸气压仅取决于温度,随温度的升高而增大。与纯烃不同,油料是各种烃类组成的复杂混合物,其蒸气压不仅与温度有关,还与油料的组成有关。因而油料的蒸气压无法用公式计算,通常借助于实验的方法获得。

油料的蒸气压通常有两种表示方法:一种是汽化率为零时的蒸气压,即泡点蒸气压,或者叫做真实蒸气压,一般说的蒸气压指的就是这种情况。另一种是雷德蒸气压,它是在特定的仪器中,在规定的条件下测得的条件蒸气压,是油品质量标准中表示油品蒸发性能的指标,也可用它求定油品的真实蒸气压。

雷德蒸气压一般用雷德蒸气压测定器来测定,是在38℃、气相体积与液相体积比为4:1的条件下测得的,在测定过程中,必须严格按照规定的操作条件进行。其测定方法详见GB/T 8017—1987《石油产品蒸气压测定法(雷德法)》。

二、馏程(沸程)

在生产过程中,常常以馏程来简便地表征石油馏分的蒸发和汽化性能。馏程也是汽油、喷气燃料、柴油、灯用煤油、溶剂油等油品的重要质量标准,对于汽油具有重要意义,也是轻油储存中易变的指标。

(一)馏程的定义

油料是一个复杂的混合物,在一定外压下没有恒定的沸点。其蒸气压随汽化率的变化而变化,其沸点随着汽化率的增加而不断升高,所以在外压一定时,其沸点也会逐渐升高,即油料的沸点是某一个温度范围,这一温度范围(沸点范围)就称为馏程,又称为沸程。

(二)恩氏蒸馏(ASTM蒸馏)

在生产控制和工艺计算中,常采用GB/T 6536—2010《石油产品常压蒸馏特性测定法》规定的方法在蒸馏设备中进行简单蒸馏。国外将此类方法称为ASTM(American Society for Testing Material,即美国材料试验学会)蒸馏或恩氏(Engler)蒸馏。具体方法是:将100mL试样在相应组别规定的条件下,用实验室间歇蒸馏仪器进行蒸馏,从冷凝管末端滴下第一滴冷凝液时,校正温度计读数称为初馏点;随着温度逐渐升高,馏出液不断馏出,依次记下馏出液达10mL,20mL,…,直至90mL时的温度,分别称为10%,20%,…,90%馏出温度(点);最后一滴液体(不包括在蒸馏瓶壁或温度测量装置上的任何液滴或液膜)从蒸馏瓶中的最低点蒸发瞬时观察到的校正温度计读数,称为干点,从初馏点到干点的温度范围称为馏程。有时也可根据产品规格要求,以98%或97.5%时的馏出温度来表示终馏温度。

三、平均沸点

在确定石油馏分的各种物理参数时,为简化起见,常用平均沸点来表征其汽化性能,平均沸点有好几种,其意义和用途也不一样,现分别叙述。

(一)体积平均沸点t_v

恩氏蒸馏的10%、30%、50%、70%、90%这5个馏出温度的平均值称为油品的体积平均沸点,即:

$$t_v = \frac{t_{10} + t_{30} + t_{50} + t_{70} + t_{90}}{5} \tag{2-5}$$

式中　t_i——常压下组分i的沸点,℃。

体积平均沸点主要用来计算其他难以直接测定的平均沸点。

(二)质量平均沸点t_w

质量平均沸点为各组分质量分数和相应馏出温度的乘积之和,即:

$$t_w = \sum_{i=1}^{n} w_i t_i \tag{2-6}$$

式中　w_i——组分i的质量分数;

　　t_i——常压下组分i的沸点,℃。

质量平均沸点主要用于计算油品的真临界温度T_c。

(三)立方平均沸点T_{cu}

立方平均沸点为各组分体积分数乘以各组分沸点立方根之和的立方,即:

$$T_{cu} = \left(\sum_{i=1}^{n} V_i T_i^{1/3} \right)^3 \tag{2-7}$$

式中　V_i——组分i的体积分数;

T_i——常压下组分i的沸点，K。

立方平均沸点主要用于确定油品的特性因数和运动黏度。

(四)实分子平均沸点T_m

实分子平均沸点为各组分摩尔分数和相应的沸点乘积之和，即：

$$T_m = \sum_{i=1}^{n} x_i T_i \tag{2-8}$$

式中　x_i——组分i的摩尔分数；

　　　T_i——常压下组分i的沸点，℃。

实分子平均沸点主要用于求油品的假临界温度T_c'和偏心因数ω。

(五)中平均沸点T_{me}

中平均沸点T_{me}为立方平均沸点T_{cu}与实分子平均沸点T_m的算术平均值，即：

$$T_{me} = \frac{T_m + T_{cu}}{2} \tag{2-9}$$

中平均沸点用于确定油品氢含量、临界压力、燃烧热和平均相对分子质量等。

在上述5种平均沸点中，仅体积平均沸点可由石油馏分的馏程测定数据直接算得，其他几种平均沸点可借助体积平均沸点与蒸馏曲线斜率，由相关图表查得。

第三节　流动性能——黏度

原油和油品的流动性能用黏度来评价。在油品输送和流动过程中，黏度对流量和阻力影响很大，是设计输油管路和油库必不可少的重要物性参数。

一、黏度的表示方法

液体在外力作用下流动(或有流动趋势)时，分子间的内聚力要阻止分子间的相对运动而产生一种内摩擦力，这种现象叫做液体的黏性。黏性的大小用黏度来表示，黏度又分为动力黏度、运动黏度和条件黏度。

(一)动力黏度和运动黏度

1. 动力黏度

动力黏度是指液体在单位速度梯度下流动时单位面积上产生的内摩擦力，其物理意义是：两个面积为1m²的液层，距离为1m，相对速率为1m/s时的内摩擦力。

动力黏度的国际单位制为Pa·s，工程中也常用mPa·s、泊(P)、厘泊(cP)表示，其换算关系如下：

$$1Pa \cdot s = 1000mPa \cdot s = 10P = 1000cP$$

$$1mPa \cdot s = 1cP$$

2. 运动黏度

运动黏度是国际标准化组织(ISO)规定统一采用的黏度表示方式。所谓运动黏度是指相同条件下，油料的动力黏度与密度之比，常用"ν"表示。在国际单位制中，运动黏度单位为m^2/s,在物理单位制中,运动黏度单位为cm^2/s,称为斯,用St表示,斯的百分之一称为厘斯(mm^2/s),用cSt表示。其换算关系如下:

$$1St = 100cSt, 1mm^2/s = 1cSt$$

(二)条件黏度——恩氏、赛氏、雷氏黏度

除了动力黏度、运动黏度外,在石油商品的规格中还有恩氏黏度、雷氏黏度和赛氏黏度,它们都是条件黏度,即它们的测定都是用特定的仪器,在规定条件下测定的。

1. 恩氏黏度

恩氏黏度即恩格勒黏度,是指一定体积的试样,在规定条件(50℃、80℃、100℃)下,从恩氏黏度计流出200mL试样所需要的时间(s)与20℃时流出200mL蒸馏水所需要的时间(s)之比,以E或E_t表示,其单位是恩氏度($°E$或$°E_t$)

2. 赛氏黏度

赛氏黏度即赛波特黏度,是指一定量的试样,在规定温度下从赛氏黏度计流出200mL所需的时间,以"秒"为单位,称为赛氏秒。赛氏黏度又分为赛氏通用黏度(用SUS表示)和赛氏重油黏度(或赛氏弗罗黏度,用SFS表示)两种。一般不加任何注明的赛氏秒均指通用型。

3. 雷氏黏度

雷氏黏度是指雷德乌德(Redwood)黏度,是一定量的试样,在规定温度下,从雷氏黏度计流出50mL所需的时间,以"秒"为单位,称为雷氏秒。雷氏黏度又分为适用于商业的雷氏Ⅰ型(用R_1表示)和适用于海军的雷氏Ⅱ型(用R_2表示)两种。

(三)各种黏度之间的换算关系

各种黏度可借助黏度换算图进行换算,也可按表2-4中各式进行换算,注意黏度换算时,温度条件应相同。

表2-4 运动黏度与其他黏度的换算关系表

适用范围	换算式	适用范围	换算式
$SUS > 100$	$\nu = 0.0022S - 1.35/S$	$R_1 > 100$	$\nu = 0.0024R_1 - 0.50/R_1$
$SUS < 100$	$\nu = 0.0021S - 1.88/S$	$R_2 = 33 \sim 90$	$\nu = 0.002458R_2 - 0.50/R_2$
$SFS = 25 \sim 40$	$\nu = 0.0224F - 1.84/F$	$R_2 > 90$	$\nu = 0.02447R_2$
$SFS > 40$	$\nu = 0.00216F - 0.56/F$	$E = 1.35 \sim 3.2$	$\nu = 0.08E - 0.04/E$
$R_1 = 34 \sim 100$	$\nu = 0.0026R_1 - 1.79/R_1$	$E > 32$	$\nu = 0.076E - 0.04/E$

二、影响黏度的因素

(一)化学组成对黏度的影响

黏度既然反映了液体内部的分子摩擦,它必然与分子的大小和结构有密切的关系。一些烃类的黏度见表2-5。

从表2-5中数据可以看出,随着烃类相对分子质量的增大,其黏度也增大;当相对分子质量相近时,烷烃黏度最小,环烷烃黏度最大,芳香烃介于两者之间。

表2-5　一些烃类的黏度(25℃)　　　　　　　　　单位:mPa·s

化合物	动力黏度	化合物	动力黏度	化合物	动力黏度
正己烷	0.298	环己烷	0.895	苯	0.601
正庚烷	0.396	甲基环己烷	0.683	甲苯	0.550
正辛烷	0.514	乙基环己烷	0.785	乙基苯	0.635
正壬烷	0.668	丙基环己烷	0.931	丙基苯	0.796
正癸烷	0.859	丁基环己烷	1.204	丁基苯	0.957

另外,相对分子质量相近(碳数相同)的烃类,环状结构分子的黏度大于链状结构分子的黏度,而且环数越多,黏度越大。表2-6列出了几种含不同环数烃类的运动黏度,可以看出这一规律。

环状烃的侧链长度也影响化合物的黏度:当烃类化合物分子的环数相同时,侧链越长,黏度越大。环状烃类的侧链长度对运动黏度的影响见表2-7。

表2-6　含不同环数烃类的运动黏度(98℃)的影响　　　　　　单位:mm²/s

化合物	运动黏度	化合物	运动黏度
$C_8H_{17}-\underset{\underset{C_8H_{17}}{\overset{C_8H_{17}}{|}}}{C}-C_8H_{17}$	2.49	$C_8H_{17}-\underset{\overset{C_2H_4\bigcirc}{|}}{C}-C_8H_{17}$	2.53
$C_8H_{17}-\underset{\overset{C_2H_4\bigcirc}{|}}{C}-C_8H_{17}$	3.29	$C_8H_{17}-\underset{\overset{C_2H_4\bigcirc}{|}}{C}-C_2H_4\bigcirc$	2.74
$C_8H_{17}-\underset{\overset{C_2H_4\bigcirc}{|}}{C}-C_2H_4\bigcirc$	4.98	$\bigcirc-C_2H_4-\underset{\overset{C_2H_4\bigcirc}{|}}{C}-C_2H_4\bigcirc$	3.82
$\bigcirc-C_2H_4-\underset{\overset{C_2H_4\bigcirc}{|}}{C}-C_2H_4\bigcirc$	10.10		

表2-7　环状烃类的侧链长度对运动黏度(100℃)的影响　　　　单位:s

化合物	赛氏黏度	化合物	赛氏黏度
⬡⬡$-C_{18}H_{37}$	148.0	⬡⬡$-C_{18}H_{37}$	113.5
⬡⬡$-C_{22}H_{45}$	208.0	⬡⬡$-C_{22}H_{45}$	168.0

(二)温度对黏度的影响

温度对油品黏度影响很大。温度升高,油品黏度下降;温度降低,油品黏度升高。因而,没有注明温度的黏度数据是没有任何意义的。油品黏度随温度变化的性质称为黏温性能。黏温性能好的油品,其黏度随温度变化而改变的幅度较小。

1. 油品黏度与温度的关系式

表示油品黏温关系的经验公式和图表有多种,最常用的是Watther经验式:

$$\lg\lg(\nu+a)=b+m\lg T \qquad (2-10)$$

式中　ν——油品在温度T时的运动黏度,mm^2/s;

　　　a——常数,当$\nu=1.0\sim1.5mm^2/s$时$a=0.65$,当$\nu=(1.5\sim1)\times10^6mm^2/s$时$a=0.6$;

　　　b,m——由油品性质决定的常数;

　　　T——温度,K。

当已知油品在2个温度下的黏度时,可用式(2-10)计算该油品在其他温度下的黏度,方法是将已知黏度和温度分别代入式(2-10)中,求得式中常数b,m,然后就可计算此油品在任意温度下的黏度。

2. 油品黏温性能的表示方法

油品黏温性能的表示方法有多种,我国主要采用黏度指数和黏度比来表示。

1)黏度指数

油品的黏度指数(Viscosity Index,简称VI)是世界各国表示润滑油黏温性能的通用指标,也是ISO标准。黏度指数越高,表示油品黏度受温度的影响越小,黏度对温度越不敏感,即黏度指数越高,黏温性能越好,使用的环境温度范围也越宽。对于黏温性质较差的油品,其黏度指数可能是负数。

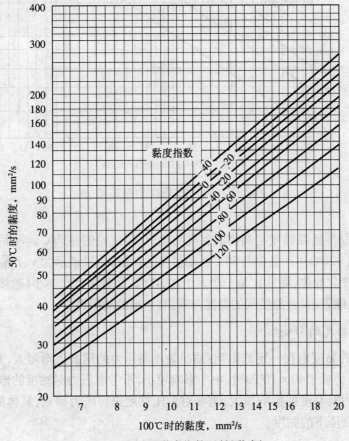

图2-1　油品黏度指数图(低黏度)

油品的黏温性能是由其化学组成决定的。烃类中,正构烷烃的黏温性能最好,环烷烃次之,芳香烃最差。烃类分子中环状结构越多,黏温性能越差;链越长,黏温性能越好。油品的黏度指数可以在已知50℃和100℃运动黏度的情况下,通过图表得到,如图2-1、图2-2所示。

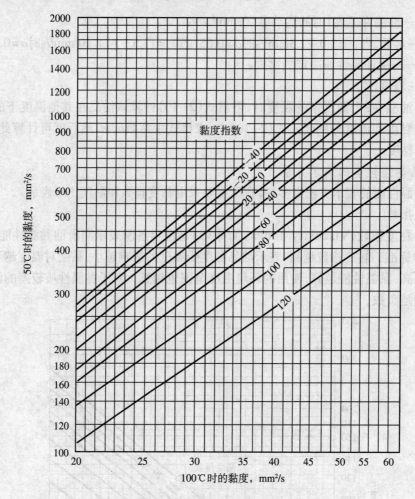

图2-2 油品黏度指数图(高黏度)

2)黏度比

黏度比是油品某低温黏度与某高温黏度的比值,最常见的是50℃运动黏度与100℃运动黏度之比,也有用-20℃运动黏度与50℃运动黏度的比值,分别表示为 ν_{50}/ν_{100} 和 ν_{-20}/ν_{50}。根据黏度随温度的变化规律,黏度比是一个大于1的数值,而且黏度比越小(越接近1),黏温性能越好,但黏度比只能表示2个温度间的黏温关系,有一定的局限性。

(三)压力对黏度的影响

压力对油品的黏度也有一定的影响:油品黏度随压力的增高逐渐增大,且在高压下显著变大。一般,当压力低于 $40×10^5Pa$ 时,由于影响较小,不考虑压力对黏度的影响;当压力高于 $40×10^5Pa$ 时,压力对黏度的影响较大,需要对常压黏度进行压力修正,具体的作法是根据有关经验图表计算高压下的黏度。

第四节 低温性能

油料的低温性能是一个重要的质量标准,它直接影响油料的输送、存储和使用条件。燃料和润滑油通常需在冬季、室外、高空等低温条件下使用,只有具有良好的低温性能,才能顺利地泵送、过滤,以保证正常供油。不同国家和地区采用的测定方法不同,因而油品低温性能有多种评定指标,如浊点、结晶点、冰点、倾点、凝点和冷滤点等。

一、油品凝固的实质

通常油品在低温下失去流动性的原因主要有两种情况:

(1)构造凝固。含蜡原油或油品受冷时,随着温度的降低,油中的蜡会逐渐结晶出来,开始出现少量极细微的结晶中心,随着温度的进一步降低,结晶逐渐长大并连接成网状结晶,同时将处于液态的油品吸附,包围在网状骨架中,从而使整个油品失去流动性,这种现象称为构造凝固。所谓构造凝固这一名词,其含义并不确切,因为蜡的结晶骨架中还包含大量液态油品,其硬度离"固"相相差还很远。

(2)黏温凝固。含蜡很少或不含蜡的油品,在温度下降时,黏度迅速升高,当黏度大到一定程度($>3\times10^5 mm^2/s$)后,油品就会变成无定型的玻璃状物质,失去流动性,这种凝固称为黏温凝固。凝固这一词不是很确切,因为油品仍是可塑性物质,而不是固体。

二、低温性能的评定指标

(一)浊点、结晶点和冰点

浊点、结晶点和冰点是表征煤油、航空汽油和喷气燃料的低温性能指标。

1. 浊点

浊点是灯用煤油的重要指标。所谓浊点,是在规定条件下,当清晰的液体油品因出现结晶而呈雾状或混浊时的最高温度,即蜡晶开始析出时的最高温度,其测定方法详见GB/T 6986—1986《石油浊点测定法》。

2. 结晶点

结晶点是在规定条件下冷却油品,油品中出现用肉眼可以分辨的结晶时的最高温度。达到结晶点时,油品仍然是可流动的,其测定方法详见SH/T 0179—1992《轻质石油产品浊点和结晶点测定法》。

3. 冰点

冰点是在规定条件下冷却油品到出现结晶后,再使其升温,使原来形成的结晶消失时的最低温度,其测定方法详见GB/T 2430—2008《航空燃料冰点测定法》。

同一油品的冰点比结晶点稍高,大约相差1～3℃。冰点是航空汽油和喷气燃料的重要使用性能指标。欧美各国多用冰点作为质量指标,前苏联用结晶点,我国航空汽油和1号、2号喷气燃料以结晶点为指标,3号喷气燃料已采用冰点作为质量指标。

(二)凝点和倾点

凝点和倾点是原油、柴油、润滑油和燃料油的重要使用性能指标,是确定柴油牌号的依据。目前国内正逐步采用以倾点代替凝点、用冷滤点代替柴油凝点。

1. 凝点

对于纯物质,有固定的凝点,而且与熔点的数值相同。油料是一种复杂的混合物,它没有固定的凝点也没有固定的熔点。所谓油品的"凝点",是指油品在严格的仪器、操作条件下测得的油品刚失去流动性时的最高温度。而所谓失去流动性,也完全是条件性的。其测定方法详见GB 510—1983《石油产品凝点测定法》。英、美等国测定凝点的方法与我国的不同,但这两种方法测得的凝点数值大致相同。

2. 倾点

油品的倾点是指油品在规定的试管中不断冷却,直到将试管平放5s而试样并不流动时的最高温度再加上3℃后得到的温度值,实际上就是油品冷却时能够继续流动的最低温度,也称为流动极限。由于它比凝点能更好地反映油品的低温性能,被规定作为国际标准方法。我国已开始采用倾点,并逐渐取代凝点作为油品质量指标,测定方法详见GB/T 3535—2006《石油产品倾点测定法》。

(三)冷滤点

冷滤点是衡量轻柴油低温性能的重要指标,能够反映柴油的低温实际使用性能,最接近柴油的实际最低使用温度。它是指在规定的条件下冷却油样,使油样通过规定的过滤器,当油样冷却到通过过滤器流量不足20mL/min时的最高温度,即为油样的冷滤点。冷滤点能较好地反映柴油的泵送和过滤性能,与实际使用情况有较好的对应关系,所以目前用冷滤点代替凝点指标,其测定方法详见SH/T 0248—2006《柴油和以用取暖油冷滤点测定法》。

三、影响油品低温性能的因素

油品浊点、结晶点和冰点的高低主要受其化学组成的影响。正构烷烃和芳香烃的上述指标均较高,异构烷烃、环烷烃和烯烃的指标较低。同一族烃类,随相对分子质量的增大,上述指标都增高。水在油品中有一定的溶解度,油品会吸收空气中的水分,从而导致油中含有微量的水分。虽然油中含水量极微,但在低温下会成为真正的冰结晶析出,引起结晶点和冰点增高。原油、油品的凝点和倾点与其化学组成有关,油品的沸点越高,特性因数越大,凝点和倾点就越高。

第五节　油品的安全性能

石油和石油产品大都是易燃、易爆、易产生静电,对人体有一定毒害作用的物品。因此研究其安全性能,对于安全使用燃料和了解燃料的使用性能非常重要,与燃料的爆炸、着火、燃烧有关的性质(如闪点、燃点、自燃点等)都是极其重要的质量指标。在储存和使用中,要严格遵守安全管理制度和有关操作规程,以杜绝事故的发生。

一、闪点、燃点和自燃点的定义

(一)闪点

所谓闪点是指在加热油品时,随着油品温度的上升,油品上方空气中油气的浓度逐渐增大,当与火焰接触时能发生瞬间闪火时的最低温度。油品的闪点与沸点密切相关:沸点越低的油品,其闪点也越低,安全性越差。

石油产品闪点的测定方法有开口杯法(GB/T 267—1988)和闭口杯法(GB/T 261—2008),均是条件性实验。由于测定闪点的方法不同,所得闪点的数据也不同,分别称为开口杯闪点和闭口杯闪点,一般同一油品的开口杯闪点高于闭口杯闪点。

(二)燃点

油品在规定条件下加热到能被外部火源引燃并连续燃烧不少于5s时的最低温度,燃点一般比开口杯闪点高20~60℃。

(三)自燃点

自燃点就是油料自行燃烧的温度,把油料加热到足够高的温度,然后使其与空气接触,不需引火,油料即可能因剧烈氧化而产生火焰自行燃烧。能产生自燃的最低温度称为自燃点。

对于同一油品,其自燃点最高,燃点次之,闪点最低;闪点、燃点低的油品,它的自燃点高,反之自燃点高的油品,它的闪点、燃点则低。

二、影响闪点、燃点和自燃点的因素

油品的闪点、燃点、自燃点与油品的馏分组成、化学组成有关。对于同一族烃,相对分子质量越小,其闪点、燃点越低,自燃点越高;相对分子质量越大,则闪点、燃点越高,自燃点越低。对于不同族烃,烷烃的自燃点最低,闪点、燃点最高,芳香烃的自燃点最高,闪点、燃点最低,环烷烃多介于二者之间。因此,轻质油品的闪点、燃点低,自燃点高;反之,重质油品的闪点、燃点高,自燃点低。

三、闪点、燃点和自燃点对安全的影响

闪点、燃点是衡量油品是否容易发生燃烧、爆炸危险的重要安全指标,它关系到油品的储存、运输和使用的安全。油品的危险等级就是根据闪点划分的,见表2-8。根据闪点的高低,可将石油产品分为易燃品和可燃品,即闪点低于45℃的油品为易燃品,高于45℃的为可燃品。

表2-8 石油产品的危险等级

油品名称	闪点,℃	失火等级	备注
溶剂油类、汽油类、苯类	<28	1级	易燃石油产品
煤油类	28~45	2级	易燃石油产品
柴油、重油类	45~125	3级	可燃石油产品
润滑油、润滑脂类	>120	4级	可燃石油产品

原油的闪点很低,被列入一级可燃品之列。在油品的储运过程中严禁将油品加热到闪点温度,从安全角度来说,在比闪点低17℃左右的温度下操作油品才较安全。

自燃点关系着油品加工和使用时的安全,当高温重油从设备、法兰、接头等处漏出时,所引起的火灾往往与油品的自燃点有密切的关系。

因此,从安全防火的角度来看,轻质油品应严禁烟火,以防因外界火源而燃烧爆炸;重质油品则应防止高温漏油,以防高温重油因遇空气而发生自燃,酿成火灾。

第六节 其 他 性 质

石油和油品还有很多特性指标,如颜色、机械杂质、水分、硫含量、酸度、胶质、沥青质含量、蜡含量、残炭、灰分、水溶性酸或碱、腐蚀性等,它们对油品的使用性能影响很大,本节只对部分性能指标进行简单的讨论,不同油品的某些专用性能指标在此不作讨论。

一、含硫量

石油和油品中含有多种硫化物,其数量和类型对原油加工方案的制订、油品的储存安定性、使用性能以及设备腐蚀等影响很大,使用时还会造成环境污染,因而含硫量是原油和油品的重要质量指标,也是必须加以严格控制的指标。

含硫量的测定方法有多种,如硫醇性硫含量、硫含量(实为总硫含量)、微量硫含量、腐蚀等定量或定性的方法。不同油品含硫量的测定方法不同,汽油、煤油、柴油采用GB/T 380—1977测定,喷气燃料等采用GB/T 1792—1988测定硫醇性硫含量,深色石油产品如燃料油、原油、润滑油等用GB/T 387—1990管式炉法及SH/T 0172—2001高温法测定硫含量。

定量测定硫含量的基本原理是用一定方式把油品中的全部硫化物转化为SO_2,然后用一定溶液吸收,并转化为H_2SO_4,用标准碱溶液滴定以计算元素硫的含量。

二、酸度和酸值

酸度和酸值都是定量表示油品中酸性物质含量的指标。油品中的酸性物质主要是环烷酸等少量有机酸和酚类,也可能含有油品精制过程中残留的微量无机酸。酸性物质影响油品质量、安定性、腐蚀设备,应尽量除去。一般汽油、煤油和柴油等轻质油品测定酸度,润滑油和原油测定酸值。酸度和酸值也是油品储存中表明油品是否变质的指标之一。

酸度和酸值的测定原理相同,都是用乙醇将油品中的有机酸抽提出来,再用标准的乙醇碱溶液滴定,来计算酸含量的。用中和100mL油样中酸性物质所需要的KOH毫克数来表示酸度,单位为mgKOH/100mL;酸值以中和1g油品中酸性物质所消耗KOH的质量来表示,单位为mgKOH/g,具体测定方法见GB/T 258—1977《汽油,煤油,柴油酸度测定法》。

油品在储存中,由于氧化变质其酸度和酸值都会有所增大,因此它们也是衡量油品是否变质的重要指标之一。

三、胶质、沥青质和含蜡量

原油中的胶质、沥青质、蜡等物质对石油输送、加工方案确定的影响很大,特别是制定高含蜡、易凝石油加热输送方案时,胶质与含蜡量之间的比例关系会显著影响热处理温度和热处理的效果。对于原油加工方案的制订,这三种物质的含量也至关重要。因此原油通常需要测定胶质、沥青质和蜡的含量,三者含量均以质量分数表示。测定方法是根据胶质、沥青质和蜡在不同溶剂中的溶解度不同、不同吸附剂对它们的吸附能力不同来区分的。所用溶剂和吸附剂不同,同一原油所得结果差别很大,因而是一个条件性很强的数据。只有在同样条件下测定的结果,才能进行比较。我国现在大都采用氧化铝吸附法,大致过程是将一份原油试样溶于正庚烷中,沥青质不溶于正庚烷被沉淀下来,用正庚烷回流以除去沉淀中夹杂的油蜡和胶质等,然后用苯溶解分离出的沉淀,除去苯溶剂后得到沥青质含量;另一原油试样经氧化铝吸附色谱分为油蜡和沥青质加胶质两部分,其中油蜡部分以苯和丙酮混合物作脱蜡溶剂,用冷冻析出法测定蜡含量。从沥青质加胶质的量中减去沥青质含量得到胶质含量。

此外还有硅胶吸附法、快速蒸馏法等。应注意同一原油用不同方法测得的结果有很大差别,不能进行比较。一般在数据后面要注明所采用的测定方法。

四、残炭和灰分

在规定的残炭仪器中,按规定条件蒸发、分解、灼烧后形成的黑色焦状残留物占试样的质量分数称为残炭。其大小间接表明油品在使用中出现结焦和积炭的倾向,也反映了油品,特别是润滑油的精制深度。深度精制后的润滑油中重组分、非烃类化合物及胶质含量少,残炭值就低。润滑油和燃料油等重质油都规定了残炭这一质量标准。柴油规定了10%蒸馏残留物残炭这一指标,它是把试油蒸馏到残余10%后,再测定残留物的残炭。这一数据更能反映柴油在发动机燃烧室中的燃烧结焦情况。

灰分是油品煅烧后的固体残余物,其组成、含量因石油种类、性质和加工方法不同而异。油品中的灰分主要由少量无机盐、金属化合物及机械杂质构成。油品中的灰分会导致油品在使用中引起机械磨损、积炭、积垢和腐蚀,因而是汽轮机油和锅炉燃料等石油产品的重要质量指标。灰分的测定方法详见GB 508—1985《石油产品灰分测定法》。

五、机械杂质和水分

机械杂质和水分是原油和大多数油品的重要质量指标。某些油品(如喷气燃料)中即使含有极少量的机械杂质和水分,也会引起过滤器堵塞、机械磨损加剧等问题。油品中的水分容易使油品变质,引起腐蚀,大大降低了油品质量。原油中含水对于储运中的计量准确性和石油加工中的正常生产都有很大影响。

原油中的机械杂质和水分是开采和储运过程中混入的,油品中的水和杂质除了可能由石油加工中引入的以外,还可能是因储运容器不洁、管理不善造成的。由于烃类都有一定的吸水性,很难保证油品完全无水,因而除航空用油和电器绝缘油外,一般允许含不大于痕迹量(体积分数0.025%以下)的水分。

机械杂质的含量采用溶剂稀释油品,然后用规定滤纸过滤的方法测定,详见GB/T 511—2010《石油和石油产品及添加剂机械杂质测定法》。

六、水溶性酸及碱

油品中的水溶性酸及碱主要是石油加工中精制不良或酸碱洗涤时分离不好所残留下来的无机酸和无机碱。油品在使用中,也可能因高温和氧化生成一些低分子有机酸。这些溶于水的酸及碱会腐蚀设备,降低油品质量,因而油品中绝不允许存在水溶性酸及碱。

水溶性酸及碱的测定方法是用蒸馏水洗涤油品,然后用甲基橙和酚酞分别定性确定水的酸性和碱性,详见GB 259—1988《石油产品水溶性酸及碱测定法》。

七、腐蚀试验

腐蚀试验用来定性检验各种油品在规定条件下对规定金属试片的腐蚀情况。它可以判断油品中是否存在元素硫、硫醇或酸性、碱性物质,同时也可检验在试验条件下油品是否容易生成腐蚀性物质。

不同油品腐蚀试验方法的条件不同。发动机燃料的腐蚀试验方法是:将规定铜片放在50℃的试油中浸泡3h,之后通过目测颜色的变化情况来判断铜片是否被腐蚀,详见GB 5096—1985。喷气燃料的腐蚀性测定方法与前者相同,只是温度为100℃,铜片浸泡时间为2h。

八、博士试验

博士试验是定性检验汽油、煤油、喷气燃料、石脑油和苯类等轻质石油产品中是否含有硫醇的方法,SH/T 0174—1992《芳烃和石油产品硫醇定性试验法》的测定原理是根据铅酸钠与硫醇反应生成有机硫化物,再与元素硫反应生成黑色硫化铅,根据硫黄粉(元素硫)的变色情况,定性判断油品是否含有硫醇。

复习思考题

一、填空题

1. GB/T 1884—2000《原油和液体石油产品密度测定法(密度计法)》中规定_____℃时的密度为石油和液体石油产品的标准密度,用_____表示。在其他温度下测得的石油和液体石油产品的密度称为_____,用_____表示。

2. 油品的密度与油品的_____、_____、_____和_____等条件有关。

3. 由沸点$T(K)$和相对密度$d_{15.6}^{15.6}$计算得到的表示化学组成的参数,称为_____,又称石油烃K值。

4. 一般石油及其产品的特性因数在_____之间。含烷烃或烷基侧链较多的石蜡基油品和原油,其特性因数为_____,含环烷烃和芳香烃较多的油品和原油的特性因数为_____。

5. 油品的蒸发性能通常用_____和_____这两个性质指标来描述。

6. 纯烃的蒸气压取决于_____,随_____的升高而增大。

7. 油品黏温性能的表示方法有多种,我国主要采用_____和_____来表示。

8. 通常油品在低温下失去流动性的原因主要有_____和_____。

9. _____和_____是原油、柴油、润滑油和燃料油的重要使用性能指标。

10. 酸度和酸值都是定量表示油品中_____物质含量的指标。

二、简答题

1. 研究油料物理化学性质有什么重要意义?

2. 表示油料蒸发性能的指标有哪些?

3. 什么是蒸气压? 如何确定油品的蒸气压?

4. 表示油料组成的指标有哪些？

5. 什么是相对密度，我国和前苏联有哪些常用的相对密度表示方法？欧美各国有哪些常用的相对密度表示方法？

6. 影响油料密度的主要因素有哪些？

7. 测定油品密度对油料储运工作有什么重要意义？

8. 什么是特性因数？有什么用途？

9. 油品黏度用什么表示？影响黏度的因素有哪些？

10. 油料黏度与储运工作有什么关系？

11. 简述石油及油品在低温下失去流动性的原因。

12. 什么是浊点、冰点、结晶点、凝点、倾点、燃点、自燃点、残炭 灰分？

13. 油品的安全性指标有哪些？

14. 什么是闪点、燃点和自燃点？它们的化学组成有什么关系？

15. 测定油品的闪点在生产和使用上有哪些意义？

16. 硫对石油加工及产品应用的危害主要有哪些？

17. 石油中存在水分有哪些危害？

18. 防止水分及机械杂质混入，在油品保管工作中必须注意哪些问题？

第三章 石油性质分析与参数测定

石油的物理化学性质是分析油品性能、评价油品质量、衡量油库管理水平、控制石油输送过程的重要指标，也是设计石油输送管道、储油库以及石油加工装置的基本依据。因此，为了做好石油的生产、储存、管理及加工工作，必须了解石油的基本性质，掌握测定石油物性参数的方法。

第一节 石油性质分析

一、石油的一般性质

石油是一种有色、有味、油状黏稠的可燃液体，其性质由于化学组成的不同存在明显的差异。

大多数石油都具有浓烈的臭味，这是由于石油中所含的不同挥发组分引起的。芳香族组分含量高的石油具有一种醚臭味，含硫化物较高的石油则散发着强烈刺鼻的臭味。我国主要油田的含硫量比中东地区石油的含硫量(高于2%)低得多，大庆油田石油含硫量不到1%，胜利油田石油含硫量也大多不超过1%(以上均是质量分数)。

绝大多数石油的颜色是黑色的，但也有暗黑、暗绿、赤褐、浅黄甚至无色。石油的颜色与石油组分的轻重及含有的胶质、沥青质数量的多少有密切关系，胶质、沥青质含量越高则石油颜色越深，所以石油的颜色深浅大致反映了石油中重组分含量的多少。我国玉门、大庆等油田的石油多呈黑褐色；新疆克拉玛依油田石油呈茶褐色；青海柴达木盆地的石油多呈淡黄色；四川、塔里木、东海等盆地的一些凝析气田所产凝析油可从浅黄色到无色。

石油的相对密度一般为0.75～0.95，也有极少数石油大于0.95或小于0.75。石油密度的大小与石油的化学组成、所含杂质数量有关。胶质、沥青质含量高，密度大；低相对分子质量烃含量高，密度小。不同地区、不同地层所产石油密度有较大的差别。我国生产的石油密度变化也较大，大庆(约为0.86)、长庆(约为0.84)、青海尕斯库勒(约为0.84)等地区所产石油多为轻质石油；胜利(约为0.887)、辽河(0.882)等地区所产石油多为中质石油；胜利孤岛(约为0.947)、大港羊三木(约为0.949)、辽河高升(约为0.961)、新疆乌尔禾(约为0.961)等油田所产石油则为重质石油。

石油黏度变化较大，常规石油的黏度一般小于100mPa·s，此外，把黏度为100～10000mPa·s的石油称为稠油，黏度为(10～50)×10³mPa·s的石油称为特稠油，而黏度大于50000mPa·s的石油称为超稠油。石油的黏度与其化学组成有密切关系，一般含烷烃多、颜色浅、密度小的石油黏度较小，反之亦然。

石油的凝点一般为-50～35℃，但也有凝点高于35℃的石油，如辽河油田沈阳采油厂生产的石油凝点高达67℃。通常把凝点高于40℃的石油称为高凝油。凝点的高低与石油中的组分含量有关，轻质组分含量高，凝点则低；重质组分含量高，尤其是石蜡含量高，凝点则高。

石油很难溶于水中,但却能溶于普通的有机溶剂,如苯、氯仿、酒精、乙醚、四氯化碳等。虽然石油几乎完全不能和水相溶解,但仍有少量水分会"包溶"于石油中,一定条件下可自然析出。

二、国内石油的性质分析

我国的主要油田有大庆、胜利、华北(任丘)、中原、大港、辽河、南阳、江汉、玉门、克拉玛依等,其中产量最大的是大庆油田,其次为胜利油田。国内部分石油的一般性质见表3-1。

表3-1　国内部分石油的一般性质

性质	大庆	胜利	辽河	中原	南阳	孤岛	乌尔河	新疆低凝	南海惠州	渤海
API度	33.1	25.8	28.7	30.3	32.1	—	14.7	28.5	39.9	—
密度(20℃)g/cm³	0.8554	0.9860	0.8793	0.8706	0.8609	0.9333	0.9641	0.8800	0.8394	0.8274
运动黏度(50℃)mm²/s	20.19	57.81	17.44	25.74	22.88	219.9	423.3②	29.82	6.44	3.80
闪点(开口),℃	—	80	—	—	39	87	162	—	22(闭)	<28
凝点,℃	30	28	21	32	45	13	21③	−58	28	25
含蜡量,%	26.2	11.02	16.8	—	30.3	4.22	3.71	1.5	19.91	19.56
胶质含量,%	8.6	13.18	11.9	11.7	10.31	18.36	32.87	15.8	4.54	5.28
沥青质含量,%	0	0.15	0	0.12	0.34	2.28	1.47	0	1.34	0.28
酸值,mgNaOH/g	—	0.67	—	0.35	—	1.13	3.64	1.32	0.11	0.05
含硫量,%	0.10	0.74	0.18	0.62	0.12	2.07	0.12	<0.12	0.09	0.10
含氮量,%	0.16	—	0.32	0.15	0.14	0.33	0.22	0.27	0.26	0.09
初馏点,℃	85	35①	91	—①	80	—	—	—	—①	—①
φ(120℃馏出),%	4.0	2.9	2.5	5.4	2.5				5.2	12.9
φ(160℃馏出),%	8.5	5.8	8.0	8.8	8.0				10.6	20.7
φ(200℃馏出),%	12.5	8.4	13.0	12.9	11.5	1.3	0.1①	13.0	16.6	24.5
φ(260℃馏出),%	18.5	14.4	20.0	23.5	18.0	5.9	2.0	21.2	30.2	34.9
φ(300℃馏出),%	24.5	19.4	26.5	31.1	24.0	13.5	5.1	26.6	36.4	42.7
原油分类	低硫石蜡基	含硫中间基	低硫中间—石蜡基	含硫石蜡基	低硫石蜡基	含硫环烷—中间基	低硫环烷—中间基	低硫中间基	低硫石蜡基	低硫中间—石蜡基

①为TBP;②为100℃;③为倾点。

表3-1中数据表明,我国的石油性质有的差别很大,而有些性质又很相似。从石油密度来看,国产石油的标准密度大多数为0.86～0.98g/cm³,但也有个别石油,如青海冷湖石油,密度小到只有0.8042g/cm³。石油的密度大小反映了石油化学组成上的差别,一般密度小的轻质石油,其含硫、含氮量少,胶质、沥青质含量也少,石油中轻组分含量多;密度大的石油正好相反。乌尔禾稠油的轻组分极少,初馏点高达212℃,300℃以前的轻组分含量只有3.24%(质量分数)。

我国石油的50℃运动黏度一般为20~100mm²/s。由于组成不同,特别是胶质、沥青质含量和轻组分含量的影响,黏度的差别也十分悬殊。例如,含轻组分多,胶质、沥青质少的南海惠州石油,其50℃运动黏度为6.44mm²/s,而重质的乌尔禾稠油黏度竟高达20391mm²/s。

不同石油之间的凝点差别,主要与石油的含蜡量有关。含蜡多的石油凝点高,例如,南阳石油含蜡量为30.3%(质量分数),其凝点高达45℃;而含蜡量仅为1.5%的新疆低凝石油,其凝点低至-58℃,这2种石油凝点相差103℃。这个差别从中东石油性质中也可以看得很清楚。

石油含硫、氮等元素的数据,一般与胶质、沥青质含量有关。含硫、含氮量高的石油,通常胶质和沥青质含量也高,如孤岛、胜利石油等。下面分别介绍几种主要国产石油的特征。

(一)大庆石油

大庆油田是我国第一大油田,从1959年投产以来,已累计生产近20×10⁸t石油,从1976年至2002年连续27年稳产5000×10⁴t以上,创造了世界奇迹。从2003年以后,大庆油田石油产量开始下降,但年产量仍保持在4000×10⁴t以上,2011年石油产量为4000×10⁴t。大庆石油的主要特点是含蜡多,凝点高,硫、氮和金属含量低,属于典型的低硫石蜡基石油。

大庆石油的直馏汽油产率和辛烷值都较低,抗爆性差,但感铅性好;喷气燃料馏分的结晶点较高,只能生产2号、3号喷气燃料;煤油和柴油的质量好,可生产-20号、-10号和0号等轻柴油;润滑油馏分的黏温性能好,脱蜡收率较高,不需深度精制即可生产黏温性能良好的润滑油基础油,并可得到重要的副产品——石蜡和地蜡,也可以生产黏温性能好的残渣润滑油;大庆石油常压渣的残炭、硫、氮、金属含量均不高,可直接作为催化裂化原料;石蜡基石油因含胶质、沥青质量少,一般不生产沥青产品。

大庆石油是生产润滑油、裂解原料(生产乙烯)和裂化原料的良好原料。大庆石油含硫量低,加工此类石油对设备腐蚀不太严重。因其含蜡多、凝点高,所以石油输送时必须加热或采用其他降凝措施。任丘、中原、南阳石油等均属于此类石油。

(二)胜利石油

胜利油田是我国第二大油田,从20世纪90年代开始,石油生产连续9年稳产3000×10⁴t以后,产量开始下降,2011年石油产量为2600×10⁴t。胜利油田地质构造复杂,各小区块所产石油差别很大,按密度和硫含量可以分为胜利混合石油和孤岛石油两类。

1. 胜利混合石油

胜利混合石油的硫、胶质、沥青质含量较高,蜡含量比大庆石油稍低,属于含硫中间基石油。其直馏汽油产率较低,但汽油辛烷值比大庆石油相同馏分约高11~18,重整原料产率虽不高,但芳香烃潜含量比大庆石油相应馏分高;喷气燃料馏分的结晶点较低,密度较大,可生产1号、2号喷气燃料;柴油馏分的凝点和十六烷值均较高,经碱洗可生产-10号、0号和10号轻柴油;润滑油馏分经精制脱蜡后,黏温性能较差,用常规方法难以生产出黏温性能好的润滑油;渣油经氧化后可以生产一般道路沥青。

2. 孤岛石油

孤岛石油的特点是硫、氮、胶质、沥青质、重金属含量均较高,密度较大,轻馏分含量少,属于含硫环烷—中间基石油。

孤岛石油的直馏汽油、煤油、柴油收率低,安定性差,必须精制;加氢处理后可生产大密度喷气燃料,润滑油馏分性质很差,难以生产润滑油;渣油收率高达50%以上,是生产优质沥青的好原料。

炼油厂加工孤岛石油遇到较多问题，如轻油收率低、产品质量差、设备管线腐蚀严重、污水及气体对环境污染严重、总的经济效益较差等。

(三)辽河石油

辽河油田已开发兴隆台、欢喜岭等10多个油田，各油田石油含硫量均小于0.5%(质量分数)，但其他性质差别较大。辽河混合石油的密度介于大庆石油和胜利石油之间；含蜡量低于大庆石油，接近胜利石油，凝点比大庆、胜利石油低；小于500℃的馏分总拔出率较高，多数馏分的产率高于大庆石油；芳香烃潜含量高，可生产优质汽油组分；喷气燃料馏分的结晶点低、密度大，能生产1号喷气燃料，属于低硫中间—石蜡基石油。

(四)新疆石油

新疆油区分布在准噶尔盆地、吐鲁番盆地和塔里木盆地。准噶尔盆地主要有独山子、克拉玛依、百口泉等油田；吐鲁番盆地主要有吐哈油田等；塔里木盆地有轮南、塔北、塔中等油区。各油田随分布不同，其石油性质有所差别，但多数新疆石油具有以下特点：

(1)含硫量低，大多数低于0.2%(质量分数)，甚至重油都不超过0.5%。

(2)蜡含量低，这是与其他石油的重要差别，特别是低凝石油，是生产优良中间基或环烷基润滑油基础油的重要原料。

(3)重金属含量低，一般镍含量高于钒含量。

(4)沥青质含量低，即使是重油，沥青质含量也较低。

(5)黏度高，在相同密度情况下，新疆石油黏度比其他石油黏度高一个数量级，相同沸点馏分油黏度也比其他油高，但其凝点低，是生产高黏度、低凝点产品的好原料。

(6)酸值高，这在同类石油中是很突出的特点，给加工带来很多问题。酸值高是因为含大量石油酸所引起的，其中主要是环烷酸，这是一项重要资源。现介绍2种有代表性的石油。

1. 克拉玛依石油

产量较大的克拉玛依石油，按凝点分为混合石油和低凝石油两大类。混合石油的密度、蜡含量、残炭含量都较小，轻馏分含量较多，能生产低结晶点喷气燃料及优质润滑油。

克拉玛依油田某些区块生产的低凝石油，其突出特点是含蜡量低(质量分数一般为1%~3%)、凝点极低(可达-58℃)、含硫很少(质量分数为0.12%)、酸值较高(达1.32 mgKOH/g)，属于低硫中间基石油。

低凝石油所产的汽油抗爆性很好，能直接生产结晶点低于-60℃，芳香烃含量小于9%(体积分数)的优质喷气燃料；煤油、柴油的浊点、凝点大都低于-60℃，可作高寒地区用柴油；润滑油馏分不经脱蜡就可以生产凝点低于-45℃的产品，如-45℃的变压器油、-60℃的仪表油、冷冻机油等都是难得的宝贵资源。为了充分利用资源，低凝石油采取严格的分采、分输、分储和分炼等措施。

2. 乌尔禾重油

重油即重质石油，也称为稠油。一般以石油50℃运动黏度为100~10000mm²/s，API度为20~10为区分指标。我国石油中重油比例日益增大，主要分布在辽河高升、胜利单家寺、新疆乌尔禾和九区等油田及渤海、南海海上油田的部分油区。新疆乌尔禾石油是典型的重质石油，它属于低硫环烷—中间基石油。

乌尔禾重油具有黏度高、密度大、轻组分含量低、胶质含量高、沥青质含量并不高的特点。它不能生产汽油(几乎不含汽油馏分),煤油、柴油收率很低,小于300℃馏分仅为5.1%(质量分数);各馏分密度大、酸值高、黏度大、凝点低(小于340℃各馏分的凝点均小于-60℃),需精制后方可生产低凝柴油;润滑油馏分的凝点低、黏温性能差,可生产对黏度指数要求不高的低凝润滑油产品;不同拔出深度的渣油收率高、胶质含量高,可直接生产合格的道路沥青。

(五)中原石油

中原石油密度中等、凝点较高。含硫量达0.62%(质量分数),胶质、沥青质含量不高,属于含硫石蜡基石油。含轻馏分较多,小于300℃馏分的含量达31.1%(质量分数),是国内少有的。汽油馏分辛烷值较高,初馏点~180℃馏分中芳香烃、烷烃含量较低,环烷烃含量较高,是理想的催化重整原料。

(六)青海冷湖石油

青海冷湖石油是一种少见的特殊轻质石油,其突出特点是相对密度和黏度都很小,分别为0.8042和1.461mm²/s(50℃)。其含硫极少,仅为0.02%(质量分数);轻馏分油含量极高,直馏汽油小于200℃馏分产率达48%,小于300℃馏分含量高达72%(质量分数)。因此只需简单加工,就可以得到收率很高的直馏产品。汽油、煤油和柴油的安定性很好、质量高,不必精制就可直接使用。由于含蜡量低,柴油凝点较低,这是一种难得的轻质石油。

(七)海上石油

我国海上石油主要产区有南海的北部湾、珠江三角洲、惠州、流花、西江等油田及渤海的绥中、埕北等油田。各油田石油性质差别很大,有的石油的相对密度很小,20℃时为0.792,有的很大,达0.9677。现介绍几种有代表性的海上石油。

1. 惠州26-1-1石油

惠州石油密度小(0.8394g/cm³)、黏度小(50℃运动黏度为6.44mm²/s)、硫含量低,按关键组分分类属于低硫石蜡基石油。小于300℃馏分的产率为36.4%,小于500℃馏分总拔出率为80.78%,大于500℃的渣油只有19.22%,是很好的轻质石油。小于180℃馏分(石脑油)收率为13.44%,其中饱和烃质量分数为98.8%,其他杂质含量很少,是优质乙烯裂解原料或合成氨原料,由于其马达法辛烷值只有24,不适合做汽油组分;柴油馏分十六烷值高,安定性好,是生产煤油、柴油的好原料;重馏分油的残炭、硫、氮、重金属含量很少,是催化裂化和乙烯裂解的好原料;渣油可生产建筑沥青。

2. 渤海渤中石油

渤海渤中石油的特点是密度小(0.8274g/cm³)、黏度小(50℃运动黏度为3.80mm²/s),残炭、胶质、硫、氮、镍和钒含量均低,但蜡及盐含量较高,属于低硫石蜡基石油,是我国为数不多的一种优质石油。汽油收率高达24.5%;柴油馏分的十六烷值高,但凝点也高,其中145~350℃馏分是裂解的好原料;350~530℃馏分密度和黏度小,特性因数大,残炭和镍、钒含量低,是理想的催化裂化原料;常压重油可作催化裂化原料。

3. 渤海埕北石油

渤海埕北石油属于重质石油,20℃密度大于0.91g/cm³,50℃运动黏度为91.86mm²/s,密度大、黏度高、残炭高(质量分数达7.03%),酸值也较高(1.73mgKOH/g)。石油中以异构烷烃和环烷烃为主,正构烷烃较少,含蜡量低。汽油、煤油、柴油收率不高,小于320℃馏分的产率为21.55%。渣油经适当氧化,可生产道路沥青,但渣油残炭高、含蜡量低,不宜作为催化裂化的掺炼原料。

三、国外石油的性质分析

我国进口石油主要来自沙特阿拉伯、伊朗、安哥拉、阿曼、伊拉克、科威特、俄罗斯、哈萨克斯坦、也门、苏丹、印度尼西亚、刚果、阿尔及利亚、利比亚、澳大利亚、泰国、喀麦隆、委内瑞拉、越南、巴西、秘鲁、阿根廷、加拿大等国家和地区。种类主要有来自中东的沙特阿拉伯轻质、沙特阿拉伯中质、伊朗轻质、伊朗重质、锡瑞、巴士拉、阿曼、阿帕扎库等石油,来自非洲的卡宾达、纳姆巴、帕兰卡、尼罗、萨里尔、埃斯西德尔、博尼等石油,来自美洲的埃斯卡兰特、纳波、拉塔姆、多拉多、马林、埃尔滨重质等石油,来自北海的俄罗斯出口石油、奥森伯格等石油,来自东南亚的贝莱纳克、班曲马斯、维杜里、辛塔、杜里等的石油。

(一)中东石油

中东石油中,沙特阿拉伯轻质石油API度约为33.1,硫含量通常为1.2%~1.5%,水和沉淀物含量最大约为0.2%,倾点约为0.4℃。伊朗轻质石油API度通常为33.5~34,硫含量约为1.4%。伊朗重质石油API度通常为31~32,硫含量约为1.4%。巴士拉石油产自伊拉克,巴士拉石油API度约为34.0,硫含量约为1.1%,倾点约为-27℃。阿曼石油API度约为33.3,硫含量约为1.0%。

(二)非洲石油

非洲石油中卡宾达、纳姆巴、帕兰卡石油产自安哥拉。卡宾达石油API度约为32.5,硫含量约为0.1%,倾点约为16℃。纳姆巴石油API度约为38.7,硫含量在0.2%左右,倾点约为-4℃。帕兰卡石油API度约为38.4,硫含量在0.2%左右,倾点约为10℃。萨里尔、埃斯西德尔石油产自利比亚,埃斯西德尔石油API度约为36.0~37.0,硫含量约为0.4%。博尼石油产自尼日利亚,API度约为35.8,硫含量在0.1%左右,倾点约为-18℃。

(三)美洲石油

美洲石油中埃斯卡兰特石油产自阿根廷,API度约为24.1,硫含量约为0.2%,倾点约为-1℃。纳波石油产自厄瓜多尔,API度约为19.0,水分和沉淀物含量约为0.4%,硫含量约为2.0%。多拉多石油产自哥伦比亚,API度约为30.8,水分和沉淀物含量约为0.05%,硫含量约为0.9%。马林石油产自巴西,API度约为19.2,硫含量约为0.8%。埃尔滨重质石油产自加拿大,API度约为21.1,水分和沉淀物含量约为0.2%。

(四)其他地区石油

从表3-2中可以看出,哈萨克斯坦石油的品质较好,具有密度相对较小,黏度低,非烃杂质含量低、凝点低、残炭少、酸值低、含盐低、含硫低等特点,其品质明显优于以阿曼石油为代表的中东含硫中间基石油,也优于俄罗斯的含硫中间基石油,适宜我国炼油企业加工。

北海石油中俄罗斯出口石油API度一般最大为31.1,硫含量最大为1.8%,水和沉淀物含量最大为1.2%。奥森伯格石油来自挪威,API度约为37.8,硫含量约为0.3%。

表3-2 部分国外油田石油的理化性质和加工收率

石油性质		哈萨克斯坦石油	阿曼石油	俄罗斯石油
相对密度(20℃)		0.8283	0.852	0.8379
硫含量,%		0.09	1.15	0.66
酸值,mg/g		0.05	0.47	0.05
凝点,℃		−14.4	−29	−20
盐含量,mg/L		6.8	—	28
残炭,%		1.28	—	1.85
实沸点累计收率,%	0~130℃	23.2	12.5	21.07
	130~175℃	48.6	20	27.62
	175~330℃	62.7	45.1	59.02

东南亚石油中维杜里、辛塔、杜里石油产于印度尼西亚,其中维杜里石油API度约为33.5,硫含量约为0.07%;辛塔石油API度约为32.7,硫含量约为0.1%;杜里石油API度约为21.5,硫含量约为0.1%。班曲马斯石油产自泰国,API度约为42.5,硫含量约为0.1%。

第二节 石油的参数测定

为了做好石油的生产、储存、管理及加工工作,必须掌握测定分析石油物性参数的方法原理、仪器设备及影响因素等基本知识,并且能够按照操作规程正确测定石油的物性参数。本节主要介绍石油的密度、运动黏度和含水率的测定方法及操作要领。

一、石油密度的测定

(一)任务目标

(1)掌握密度的实验室测定方法与原理,熟悉相应的测试仪器。

(2)能够进行测定油品密度的操作。

(二)任务准备

1. 知识准备

1)基本概念

密度是指规定温度下,单位体积内所含物质的质量,其单位符号为kg/m³或g/cm³,以20℃和101.325kPa条件下的密度为标准,其他温度下测得的密度称为视密度。一般而言,温度升高,油品体积膨胀,则密度减小。但由于液体几乎是不可压缩的,在温度不高的情况下,压力对液态油品密度的影响便可以忽略不计,只有在极高的压力下才考虑外压的影响。油品密度的实验室测定方法主要有密度计法、比重瓶法和U形振动管法,这里主要介绍密度计法。

2)测定依据

标准:GB/T 1884—2000《石油和液体石油产品密度实验室测定法(密度计法)》。

适用范围:适用于测定透明或不透明液体石油、石油产品及相关混合物的密度。

方法要点:将玻璃密度计沉入液体,排开一部分液体,并受到方向向上的浮力作用。当排开液体的重量等于密度计本身的重量时,密度计处于平衡态,产品密度越大,则密度计处于平衡状态时直立得越高;反之,液体石油产品密度越小,则沉入越深。当密度计量筒中的试样处于规定温度并达到平衡后,读取密度计刻度读数,并按照GB/T 1885—1998《石油计量表》把观察到的密度计读数换算成标准密度。

2. 仪器准备

(1)玻璃密度计。玻璃密度计的技术要求见表3-3。

(2)密度计量筒。该量筒由透明玻璃、塑料或金属制成,边缘带有斜嘴,其内径比密度计外径大25mm,高度应使密度计在试样中漂浮时,密度计底部距量筒底部至少有25mm。

(3)程控恒温浴。程控恒温浴可容纳密度计量筒,并使试样完全浸没在恒温浴介质表面以下,试验温度可保持在±0.25℃以内。

(4)温度计。应选用经检定合格分度值为0.1~0.2℃的全浸式水银温度计。

(5)玻璃或塑料搅拌棒。

表3-3 玻璃密度计的技术要求(20℃)　　　　　　　　单位:g/cm³

型号	密度范围	每支单位	刻度间隔	最大刻度误差	弯月面修正值
SY-02	0.600~1.100	0.02	0.0002	±0.0002	+0.0003
SY-05	0.600~1.100	0.05	0.0005	±0.0003	+0.0007
SY-10	0.600~1.100	0.05	0.0010	±0.0006	+0.0014

(三)任务实施

1. 试样准备

加热油样(雷德蒸气压大于50kPa的挥发性油品除外)使其能充分流动,然后将试样混合,以使测试的试样尽可能代表整个样品。但为避免轻组分损失,加热温度不宜过高,且样品应在原来的取样容器和密闭系统中混合。

2. 实验步骤

(1)根据所测试样的性质及实验具体要求,设定程控恒温水浴温度。

(2)将调好温度的试样,小心地沿内壁转入密度计量筒中,避免试样飞溅和生成空气泡,当试样表面有气泡聚集时,可用一片清洁的滤纸除去。

(3)将量筒平稳置于浴槽中,利用搅拌棒做垂直旋转运动搅拌试样,以使量筒中试样的密度和温度达到均匀。

(4)将选好的清洁、干燥密度计小心地放入搅拌均匀的待测试样中,让密度计自由地漂浮,注意液面以上的密度计干管浸湿不得超过两个最小分度值,因为干管上多余的液体会影响所得读数,待其稳定后,读取测定结果。对于透明液体,先使眼睛稍低于液面的位置,慢慢地升到表面,先看到一个不正的椭圆,然后变成一条与密度计刻度相切的直线,密度计读数为液体弯月面上缘与密度计刻度相切的那一点。试样为透明液体与不透明液体时密度计刻度读数分别如图3-1、图3-2所示。

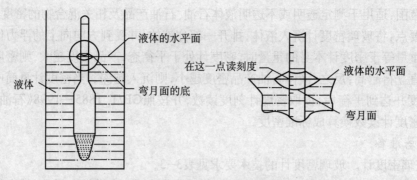

图3-1 试样为透明液体时密度计刻度读数

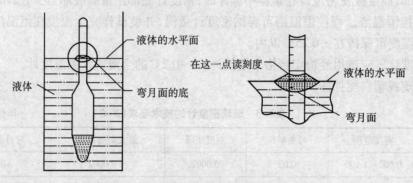

图3-2 试样为不透明液体时密度计刻度读数

(5)记录读数,同时测量试样的温度,温度计保持全浸(水银线),温度读准至0.1℃,将密度计在量筒中轻微转动一下,再放开,按上述步骤再测定一次,立即再用温度计小心搅拌试样,读准至0.1℃,若这个温度读数和前次读数相差超过0.5℃,应重新读取密度和温度,直到温度变化稳定在0.5℃以内。

(6)记录连续两次测定温度和对应视密度的结果。

3. 任务报告

1)数据精密度的判断

重复性:同一操作者用同一仪器在恒定的操作条件下,对同一种测定试样,按实验方法正确地操作所得连续测定结果之间的差,不应超过表3-4中的数值。

表3-4 油品密度测定的精密度

石油产品	温度范围,℃	重复性,kg/m³	再现性,kg/m³
透明低黏度	-2～24.5	0.5	1.2
不透明	-2～24.5	0.6	1.2

再现性:不同试验室的不同操作者,对同一被测物质的两个独立试验结果之差不应超过表3-4中的数值。

2)数据处理

将重复实验测定的2～3个结果的算术平均值作为测定结果,密度报告到0.1kg/m³或0.0001g/cm³,并注明温度条件,将实验数据填入表3-5中。

表3-5　油品密度测定结果数据表

油品类别或名称	测定温度,℃		视密度,kg/m³(g/cm³)		标准密度,kg/m³(g/cm³)		
	t_1	t_2	t_1	t_2	t_1	t_2	平均值

4. 任务实施中的注意事项

(1)密度计量筒规格必须符合规范要求,否则影响测定结果的准确度。

(2)密度计在使用前必须擦拭干净,擦拭后不要用手握最高分度线以下部位以免影响读数,在取(放)密度计时,切忌悬臂拿取密度计细端,以免折断密度计。

(3)测定前应事先消除试样内或其表面存在的气泡,否则会使结果偏小。

(4)将密度计浸入试样时,需轻轻放入,达到平衡位置时放开,在整个测定过程中不得与量筒擦壁。

(5)读数时,眼睛必须与液体主液面或弯月面上边缘保持水平,并立即记录当时的温度。

(6)由于密度计读数是按液体下弯液面测定的,所以对于不透明液体应按图3-2给出的弯月面修正值,对观察到的密度计读数做弯月面修正,记录到0.1kg/m³(0.0001g/cm³),最后按不同的测试油品,参照GB/T 1885—1998《石油计量表》把修正后的密度计读数换算到20℃下的标准密度。

二、油品运动黏度的测定

(一)任务目标

(1)了解黏度计的结构和特点。

(2)能进行油品的黏度测定。

(3)会进行测定结果的修正与计算。

(二)任务准备

1. 知识准备

1)基本概念

液体分子间做相对运动时与固体做相对运动一样,会产生摩擦阻力,阻力越大,液体的流动性能就越差,这种液体的内摩擦现象,通常用黏度来表示。

黏度作为油品的重要评价和质量指标,其表示方法一般分为两大类,一类为绝对黏度,包括运动黏度和动力黏度;另一类为条件黏度,包括恩氏黏度、赛氏黏度和雷氏黏度。本节重点介绍常用运动黏度的测试方法。

2)测定依据

标准:GB 265—1988《石油产品运动黏度测定法和动力黏度计算法》。

适用范围:适用于测定液体石油及石油产品的运动黏度。所测液体石油产品属于牛顿流体,即黏度与剪切应力、剪切速率无关。一般石油产品在常温和高温下的流动都符合牛顿内摩擦定律,只有在低温下某些油品的黏度才会出现反常。

方法要点:本方法是在某一恒定的温度下,测定一定体积的液体在重力作用下流过一个标定好的玻璃毛细管黏度计的时间,黏度计的毛细管常数与流动时间的乘积即为该温度下测定液体的运动黏度。温度t时的运动黏度用符号ν表示。该温度下运动黏度和同温度下液体密度的乘积为该温度下液体的动力黏度。温度t时的动力黏度用符号η表示。毛细管法测定黏度的原理是根据泊塞尔(Poiseuille)方程式:

$$\eta = \frac{\pi r^4}{8VL} p\tau \tag{3-1}$$

式中　η——动力黏度,Pa·s;

　　　r——毛细管半径,m;

　　　L——毛细管长度,m;

　　　V——在时间τ内液体流出的体积,m³;

　　　τ——液体流出V体积所需的时间,s;

　　　p——液体流动所受的压力,Pa。

如液体流动所受的压力p用液柱静压力ρgh表示,则式(3-1)可写为:

$$\eta = \frac{\pi r^4}{8VL} \rho gh\tau \tag{3-2}$$

式中　h——液柱高度,m;

　　　ρ——液样密度,kg/m³;

因运动黏度$\nu = \dfrac{\eta}{\rho}$,代入式(3-2)可化为:

$$\nu_t = \frac{\pi r^4}{8VL} gh\tau \tag{3-3}$$

式中　ν_t——运动黏度,m²/s(通常在实际中使用mm²/s)。

对于一定的毛细管来说,仪器尺寸、液柱高度及测定时的重力加速度可作为一个常数,用C表示,则得到测定液样运动黏度的公式$\nu = C\tau$,其中毛细管常数$C = \dfrac{\pi r^4}{8VL} gh$。

2. 仪器、试剂准备

(1)仪器。已知常数C的玻璃毛细管黏度计一组:其结构如图3-3所示,毛细管内径分布为0.4mm,0.6mm,0.8mm,1.0mm,1.2mm,1.5mm,2.0mm,2.5mm,3.0mm,3.5mm,4.0mm,5.0mm,6.0mm。带有透明视窗的恒温浴:容积大于2L,附设自动搅拌装置和能准确调节温度的电热装置以及玻璃水银温度计、秒表(或其他计时器)等。

(2)试剂。有溶剂油、石油醚、无水乙醇及铬酸洗液等。

(三)任务实施

1. 操作准备

(1)对试样进行必要的脱水或过滤处理,以除去其中含有的水或机械杂质。

(2)用溶剂油或石油醚洗涤玻璃毛细管黏度计,若黏度计沾有污垢,就用铬酸洗液、水、蒸馏水或95%乙醇依次洗涤,然后放入烘箱中烘干或用经由棉花滤过的热空气吹干。

（3）根据实验所需温度,打开、设定恒温浴（±0.1℃）,选择合适内径的黏度计,以使试样的流动时间不少于200s,对于内径0.4mm的黏度计则使流动时间不少于350s。

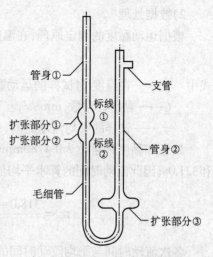

图3-3　玻璃毛细管黏度计图

（4）向内径符合要求且清洁、干燥的毛细管黏度计内装入试样。在装试样之前,将橡皮管套在支管上,并用手指堵住管身②的管口,同时倒置黏度计,然后将管身①插入装待测试样的容器中,此时利用橡皮球或真空泵将液样吸到标线②,同时避免管身①扩张部分①和扩张部分②中的液样产生气泡和裂隙,当液面达到标线②时,从容器中提起黏度计,并迅速恢复其正常状态,同时将管身①管端外壁所沾的多余试样擦去,并从支管取下橡皮管套在管身①上。

（5）将装好待测试样的黏度计浸入恒温浴中（黏度计扩张部分①浸入一半）,并固定在支架上,调整成垂直状态,恒温15～20min。

2. 操作步骤

(1)待温度稳定后,开始提液。利用毛细管黏度计管身①口所套橡皮管将试样吸入扩张部分②,使试样液面稍高于标线①,并避免毛细管和扩张部分②的液体产生气泡和裂隙。

(2)观察试样在管身中的流动情况,液面正好到达标线①时开始计时,液面正好达到标线②时停止计时,记录该段流动时间(秒数)。

(3)重复测定5次,其中各次流动时间与其算术平均值的差数应符合如下要求:在温度100～15℃测定黏度时,差数应不超过算术平均值的±0.5%;在15～-30℃测定黏度时,差数应不超过算术平均值的±1.5%;在低于-30℃测定黏度时,差数应不超过算术平均值的±2.5%;然后取不少于三次流动时间所得的算术平均值作为试样的平均流动时间。

3. 项目报告

1)数据精密度的判断

用下述规定来判断试验结果的可靠性(95%置信水平)。

重复性:同一操作者,在同一实验室使用同一仪器,按方法规定的步骤,在连续的时间里,对同一试样测定的两个结果之差与算术平均值之比不应超过表3-6中的数值。

再现性:不同操作者,在不同实验室使用不同类型的不同仪器,按方法规定的步骤,在连续的时间里,对同一试样进行重复测定的两个结果之差与算术平均值之比不应超过表3-6中的数值。

表3-6　数据精密度的判断

温度范围,℃	重复性,%	再现性,%
100～15	1.0	2.2
15～-30	3.0	—
-30～-60	5.0	—

2)数据处理

根据运动黏度的测定原理,在温度 t 时,试样的运动黏度按式(3-4)计算:

$$\nu_t = C \cdot \tau_t \tag{3-4}$$

式中 ν_t——在温度 t 时试样的运动黏度,mm²/s;

C——黏度计常数,mm²/s²;

τ_t——试样的平均流动时间,s。

如已知黏度计常数为 0.4780mm²/s²,试样在 50℃ 的流动时间分别为 318.0s,322.4s,322.6s 和 321.0s,因此流动时间的算术平均值为:

$$\tau_{50} = \frac{318.0 + 322.4 + 322.6 + 321.0}{4} = 321.0(s)$$

各次流动时间与平均流动时间的允许差数为:

$$\frac{321.0 \times 0.5}{100} = 1.6(s)$$

因为其中 318.0s 与平均流动时间之差已超过 1.6s(0.5%),所以这个数应舍去,计算平均流动时间时,只采用 322.4s,322.6s 和 321.0s 的观测读数,它们与算术平均值之差都没有超过 1.6s (0.5%),于是平均流动时间为:

$$\tau_{50} = \frac{322.4 + 322.6 + 321.0}{3} = 322.0(s)$$

则试样的运动黏度测定结果为:

$$\nu_{50} = C \cdot \tau_{50} = 0.4780 \times 322.0 = 154.0(mm²/s)$$

另外,在已知或测得某一温度下油品的运动黏度时,其动力黏度还可按下式直接进行计算得到:

$$\eta_t = \nu_t \cdot \rho_t \tag{3-5}$$

式中 η_t——在温度 t 时试样的动力黏度,mPa·s;

ν_t——在温度 t 时试样的运动黏度,mm²/s;

ρ_t——在温度 t 时试样的密度,g/cm³。

4. 任务实施中的注意事项

(1)玻璃毛细管黏度计测定运动黏度时,在吸油及测定过程中黏度计内的试样均不得有气泡,并且黏度计必须处于垂直状态,否则会改变液柱高度和流动阻力,影响测定结果。

(2)玻璃毛细管黏度计测定运动黏度时,流动时间必须符合规定,如流动时间太短,则会使流动速度过快,液体在毛细管中无法保持层流状态。

(3)多数油品的黏度受温度影响极大,在实验测定中温度条件的恒定是至关重要的因素。

(4)当压力低于 4.0MPa 时,压力对液体油品黏度的影响不大,可以忽略,当压力高于 4.0MPa 时,黏度随压力的增加而逐渐增加,在高压下则显著增大。

三、石油含水率的测定

(一)任务目标

(1)能够测定石油的含水率；

(2)会进行测定结果的修正与计算。

(二)任务准备

1.知识准备

1)基本概念

含水率是指石油中含水的体积与石油总体积之比。石油含水量分析是油田开发生产及管理中的一个重要环节，关系到区域和单井的评价以及石油的计量交接。测定石油含水率，掌握石油中含水量的变化，对准确计量油井产量、分析油藏生产动态、制定脱水运行方案及保证外输石油的质量等具有重要意义。

2)测定依据

标准:GB/T 8929—2006《原油水含量测定 蒸馏法》。

适用范围:本方法的精密度数据是在原油水含量(体积分数)低于1%的条件下测定的,超出这个范围,可参照此精密度数据执行。蒸馏法是目前定量测定外输石油含水率的标准通用方法。

方法要点:在一定量的试样中加入与水不混溶的无水溶剂,并在回流条件下加热蒸馏,冷凝下来的溶剂和水在接收器中连续分离,由于水的密度比溶剂大,水便沉降到接收器中带刻度的部分,溶剂返回到蒸馏瓶中进行回流,从而根据试样的用量和接收器中水的体积,计算出试样中水的百分含量。其中无水溶剂的作用在于降低试样黏度,避免含水试样沸腾时所引起的冲击和起泡现象,便于将水分蒸出,同时溶剂蒸出后不断冷凝回流到蒸馏烧瓶内,可使水、溶剂、试样混合物的沸点不升高或升高极少,防止过热现象,便于发挥携带水滴的作用。

2.仪器、试剂准备

(1)仪器。石油含水测定装置主要由蒸馏仪器(图3-6)构成,蒸馏仪器包括玻璃蒸馏烧瓶,带有刻度的玻璃接收器组成的水接收器,其最小刻度为0.05mL,接收器上装有一个400mm长的直管冷凝器,冷凝器顶上装有一个带干燥剂的干燥管(防止空气中的水分进入)以及能把热量均匀分布在蒸馏烧瓶下半部的电加热器等。

(2)试剂。选用二甲苯或120号汽油、无水氧化钙等试剂。实验中与水不混溶的无水溶剂可选符合国标要求的二甲苯,但由于二甲苯极其易燃,且其蒸气毒性强,所以目前在实际应用中常选馏分适当的汽油溶剂,如120号汽油,以充分发挥其作用;实验中的干燥剂选用无水氧化钙(化学纯)。

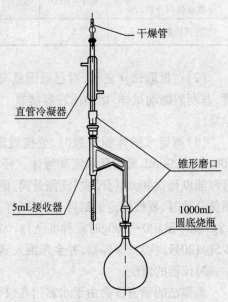

干燥管

直管冷凝器

锥形磨口

5mL接收器

1000mL
圆底烧瓶

图3-4 石油含水测定蒸馏仪器示意图

(三)任务实施

1. 操作准备

1)仪器的标定

(1)标定接收器。用能读准至0.01mL微量滴定管或精密微量移液管,以0.05mL的增量逐次加入蒸馏水来检验接收器上刻度标线的准确度。如果加入的水和观察到水量的偏差大于0.050mL,就应重新标定或认为接收器不合适。

(2)标定整套仪器。在仪器中放入400mL的120号汽油(含水量最多为0.02%)进行空白蒸馏实验,实验结束后,用滴定管或微量移液管把(1.00±0.01)mL室温的蒸馏水直接加到蒸馏烧瓶中,进行实验;重复该操作,直接把(4.50±0.01)mL的蒸馏水加到烧瓶中,当接收器的读数在表3-7规定的允差范围内时,即溶剂空白实验水的体积不大于0.02mL,即可认为该套蒸馏仪器合格。

如果读数在极限值外,则认为可能是由于蒸气渗漏、沸腾太快、接收器刻度不准确或外来湿气而引起的不正常因素,在重新标定之前,需消除这些不正常工况。

表3-7　溶剂空白实验标定标准

接收器在20℃时的极限容量,mL	加入室温水的体积,mL	回收水在室温下的体积,mL
5.00	1.00	1.00±0.025
5.00	4.50	4.50±0.025

2)待测试样的制备

(1)试样量按表3-8的规定选择。

表3-8　石油含水率测定实验试样量的选择标准

预期试样中的水含量(质量分数或体积分数),%	50.1~100.0	25.1~50.0	10.1~25.0	5.1~10.0	1.1~5.0	≤1.0
大约试样量,g或mL	5	10	20	50	100	200

(2)在量取试样之前,对已凝固或流动性差的试样,应加热到具有足够流动性的最低温度,并剧烈振动试样,把黏附在容器壁上的水都摇下来,使试样和水混合均匀,避免影响实验结果。

(3)测定水的体积分数时,要按规定的试样量,用校正过的5mL、10mL、20mL、50mL、100mL或200mL量筒量取流动液体。仔细且缓慢地将试样倒入量筒中,用至少200mL的120号汽油以每次40mL(分5次)洗涤量筒,倒入蒸馏烧瓶,要把量筒中的试样完全倒净;测定水的质量分数时,要按规定的试样量,把试样直接倒入蒸馏烧瓶中称量,试样量5~50g时称应准至0.2g,试样量100~200g时应称准至1g,如果必要,可使用转移容器(烧杯或量筒),但需要用至少5份120号汽油洗涤容器,并全部倒入蒸馏烧瓶中。

3)仪器的清洗

蒸馏法的精密度会由于水黏附在仪器内表面上不能沉降到接收器中而受影响,为了使这种影响减至最小,实验前需对仪器进行清洗,以除去表面膜和有机残渣,因为这些物质会阻碍水分在蒸馏仪器中的自由滴落。

2. 操作步骤

(1)按上述待测试样制备中(3)的规定,把足够的120号汽油加入到蒸馏烧瓶中,使120号汽油的总体积达到400mL。

(2)装配石油含水测定装置,保证全部接头的气密性和液密性,把装有显色干燥剂的干燥管插到冷凝器上端,防止空气中的水分在冷凝器内部冷凝。通过冷凝器夹套的循环冷却水应保持在20~25℃之间。

(3)打开电加热器加热蒸馏烧瓶,由于被测定的石油类型能够显著地改变石油—溶剂混合物的沸腾特性,所以在蒸馏的初始阶段应加热缓慢(大约应加热0.5~1h),要防止突沸和在系统中可能存在的水分损失;初始加热后,调整沸腾速度,使冷凝液不超过冷凝器内管长度的3/4,馏出物应大约以2~5滴/秒的速度滴进接收器。

(4)继续蒸馏,直到除接收器外的任何部分都没有可见水,接收器中水的体积至少保持恒定5min。如果在冷凝器内管中有水滴持久积聚,就停止加热至少15min,然后用120号汽油冲洗以除去黏附水滴,冲洗后缓慢加热,防止突沸,重复此操作,直到冷凝器中没有可见水和接收器中水的体积保持恒定至少5min;如果该操作不能除掉水时,使用聚四氟乙烯刮具、小工具或其他相当的器具把水刮进接收器中。

(5)水的移入完成后,把接收器和它的内含物冷却到室温,用聚四氟乙烯制的刮具或小工具把黏附在接收器壁上的水滴移到水层里。读出接收器中水的体积,接收器的分度为0.05mL,但是水的体积要读至0.025mL。

3. 项目报告

1)数据精密度的判断

本方法的精密度由实验室在0.01%~1.0%(体积分数)范围内的实验结果统计得来(95%的置信水平)。

重复性:同一操作者用同一仪器在恒定的操作条件下对同一种测定试样,按试验方法正确地操作所得连续测定结果之间的差值,不超过以下数值:含水量(体积分数)为0.0%~0.1%,如图3-5所示;含水量(体积分数)为0.1%~1.0%,体积分数为0.08%。

再现性:不同操作者,在不同实验室对同一测定试样,按试验方法正确地操作得到的两个独立结果之间的差值,不超过表3-9中的数值。

2)数据处理

石油试样中的水含量f_{w1}(体积分数,%)或f_{w2}(质量分数,%),分别按式(3-6)、式(3-7)计算,结果应报告到0.01%。

$$f_{w1} = \frac{V_1 - V_2}{V} \times 100\% \tag{3-6}$$

$$f_{w2} = \frac{V_1 - V_2}{m} \times 100\% \tag{3-7}$$

式中 V_1——接收器中水的体积,mL;

   V_2——溶剂空白实验时水的体积,mL;

V——试样的体积，mL；

m——试样的质量，g。

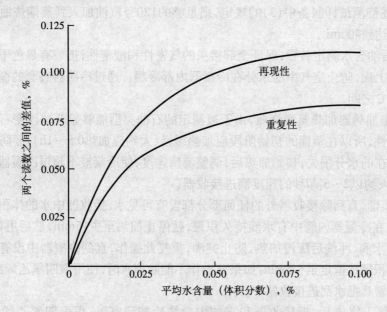

图3-5　含水率(体积分数)在0.0%~0.1%之间的方法精密度

表3-9　实验数据精密度判断

油中含水量(体积分数),%	0.0~0.1	0.1~1.0
两读数差值与平均含水量的比值,%	如图3-5所示	0.08

复习思考题

一、填空题

1. 在石油的化学分类中,最常用的有_____分类和_____分类。

2. 石油中的非烃化合物主要包括_____、_____、_____化合物以及_____、_____物质。

3. 常规石油的黏度一般小于_____,此外,把黏度在_____的石油称为稠油,黏度在_____的石油称为特稠油,而黏度大于_____的石油称为超稠油。

4. 油品的密度与油品的_____、_____和_____等条件有关。

二、选择题

1. 下列关于油品密度的描述中,正确的是(　　)

A. 同一原油的不同馏分,随沸点升高,密度增大。

B. 密度随温度升高而增大。

C. 油品混合时,体积有可加性,密度则没有可加性。

2. 油品黏度随温度变化的性质称为黏温性能,以下叙述正确的是( )

A. 黏温性能好的油品,其黏度随温度变化而改变的幅度较小。

B. 黏温性能好的油品,其黏度不随温度变化而改变。

C. 黏温性能好的油品,其黏度随温度变化而改变的幅度较大。

三、简答题

1. 简述原油的主要物理性质。

2. 简述我国主要油田生产原油的特性。

3. 石油的分类方法有哪些? 我国常用的是哪种分类方法?

4. 简述石油密度测定的方法要点。

5. 简述石油含水率的测定步骤。

6. 测定石油黏度时的注意事项有哪些?

第四章　汽油的使用要求与参数测定

汽油是一种应用最广泛的车用燃料和航空燃料,是无色或淡黄色、易挥发的液体,具有特殊臭味,汽油的闪点是-50℃,熔点小于-60℃,馏程为40～200℃。汽油的平均相对分子质量约为70～170,主要由C_5～C_{12}的各类烃组成,如烷烃、环烷烃、芳香烃、烯烃等。

汽油不溶于水,易溶于苯等有机溶剂,相对密度一般为0.70～0.79。汽油主要用作汽油机的燃料,也可用于橡胶、制鞋、印刷、制革、颜料等行业,可以作为机械零件的去污剂等。

第一节　汽油的使用要求

一、汽油机的工作原理

汽油机是一种以汽油为燃料的内燃机。由于汽油与空气形成的可燃性混合气进入气缸后需要火花塞点火,所以又称为点燃式发动机。汽油机多用于负荷较小的移动式机械,如轻型小汽车、摩托车、城市公共汽车和活塞式发动机的飞机等。汽油机的优点是单位功率金属重量小、转速高。

汽油机由两大机构和五大系统组成。两大机构是曲柄连杆机构、配气机构,五大系统是燃料供给系统、润滑系统、冷却系统、点火系统和启动系统。它是通过将空气和汽油的混合气吸入气缸,经过压缩、点火、燃烧而产生热能,从而推动活塞作往复运动,并通过连杆、曲轴等机构对外输出机械能。

汽油机工作过程中,活塞在气缸中做往复运动。活塞在气缸中上行所达到的最高位置称上止(死)点,活塞下行达到的最低位置称下止(死)点。活塞从上止点到下止点的距离称为行程。活塞在下止点时的气缸容积称为气缸总容积,活塞在上止点时的气缸容积称为燃烧室容积,气缸总容积与燃烧室容积的比值称为压缩比,它表示可燃混合气在气缸内被压缩的程度,是汽油机的重要技术经济指标。

四行程汽油机的工作过程由以下四个行程组成:

(1)进气行程。活塞被曲轴带动由上止点向下上止点移动,同时进气阀开启,排气阀关闭。在活塞移动过程中,气缸容积增大,产生部分真空,混合气通过进气阀被吸入气缸。汽油在气缸前的混合室中开始汽化,进入气缸后由于气缸壁的加热作用继续汽化。当活塞移动到下止点时,气缸内充满了新鲜混合气以及上一个工作循环未排出的废气。

(2)压缩行程。当活塞经过下止点后转为向上运动时,进气阀关闭(此时排气阀也处于关闭状态),混合气被压缩,温度和压力升高。

(3)做功行程。活塞上行将要到达上止点时,火花塞发出电火花,点燃混合气,并迅速燃烧,产生大量高温高压气体,推动活塞下行,带动连杆,使曲轴转动对外做功。

(4)排气行程。活塞经下止点后依靠惯性向上运动,此时排气阀打开,将燃烧废气排出,活塞到达上止点时,排气阀关闭。

排气行程结束时,活塞又回到上止点,此时完成了一个工作循环。随后,曲轴依靠飞轮转动的惯性作用仍继续旋转,开始下一个循环。如此周而复始,发动机就不断地运转起来。

发动机工作过程中,气缸内的温度和压力不断地发生变化,不同行程时气缸内温度和压力的变化情况见表4-1。从表4-1中数据可知,汽油机排气温度高达700~800℃,废气热量占总热量的30%~45%,大大降低了汽油机的热效率(比柴油机低)。为了提高燃油效率,新型汽油发动机采用增压空气以提高压缩终了的压力,其燃烧温度和热效率得到大幅度提高。汽油机压缩终了时的压力对发动机的经济性影响最大,一般用压缩比来衡量发动机的终了压力。国产汽油机的压缩比一般为8.0~12,最高可达12.5。压缩比越大,汽油机经济性越好,但对汽油机的材质要求和汽油质量(主要是辛烷值)要求也越高。

表4-1　不同行程气缸内温度和压力的变化情况

行程	温度,℃	压力(表),10^5Pa
进气行程终了	80~130	0.7~0.9
压缩行程终了	250~300	6~15
燃烧时最高温度压力	2000~2500	30~50
做功行程终了	1100~1500	3~6
排气行程终了	700~800	1.1~1.2

二、汽油的使用要求概述

根据汽油机的工作条件,汽油应具备优异的燃烧性能、良好的抗氧化安定性,为了长时间储存还应有良好的储存性能和腐蚀性能等。

(一)汽油的燃烧性能

汽油的燃烧性能是汽油最重要的指标,主要包括蒸发性能和抗爆性能。

1. 汽油的蒸发性能

在汽油机工作过程中,汽油首先在汽化器中汽化,与空气形成可燃混合气,进入气缸后才能在气缸中燃烧。汽油在汽化器中的蒸发完全程度、与空气混合的均匀程度,都与汽油的蒸发性能有关,所以汽油的蒸发性能直接影响汽油的燃烧速度和燃烧完全程度,从而影响发动机的功率和经济性,因而汽油蒸发性能显得非常重要。

汽车发动机的工作状态可分为启动,低、中、高速运转或低、中、高负荷等工作状态。汽油的蒸发性能必须能满足各种工作状态的需要,以保证发动机易于启动,启动后能迅速进入正常运行,并能进行不同工作状态下的平稳转化。如果汽油的蒸发性能太强,汽油在到达汽化器前的供油管路中就会蒸发,形成气阻,严重时会中断供油,使发动机停止工作。如果汽油组分过重,蒸发性太差,不易蒸发的重质油料在混合气中呈液滴状,液滴易附着在导管壁上形成液膜,慢慢流入气缸中。流入气缸的液态油料会影响发动机的工作:一是使混合气中油气含量减少,组成分布不均匀,并造成各个气缸混合气组成不同,发动机运转不稳定;二是液膜流入气缸后,会溶解气缸壁上的润滑油,并流入润滑油箱,稀释润滑油,导致发动机磨损加剧、功率下降、燃料消耗量增大。

综上所述,汽油应具有合适的蒸发性能。汽油的蒸发性能主要用馏程和蒸气压两个质量指标来评定。

1)蒸气压

在一定温度下与液体呈平衡状态的蒸气产生的压力称为饱和蒸气压,简称蒸气压。汽油的蒸气压表明了汽油的蒸发性能及汽油在发动机供油系统中形成气阻的可能性。蒸气压过大的汽油容易在供油系统中因汽化而形成气阻,从而影响供油。所谓气阻,是指汽油在输油管中大量汽化产生的气泡阻塞油路,影响系统正常供油的现象。

汽油的蒸气压受温度的影响。当温度升高时,油品更易汽化,蒸气压升高,易产生气阻。汽油的蒸气压越大,产生气阻的起始温度越低,油品的蒸气压与产生气阻温度间的关系见表4-2。

表4-2 油品的蒸气压与产生气阻温度间的关系

蒸气压,10^5Pa	0.84	0.76	0.69	0.56	0.49	0.41
产生气阻的温度,℃	16	22	28	33	38	44

因此在炎热的夏季和南方地区,蒸气压高的汽油就容易发生气阻;此外,汽油的蒸气压与大气压强有关,当大气压强降低时,汽油的蒸气压增大,也容易产生气阻。所以当飞机起飞时,由于高度增加,大气压强迅速降低,也容易导致汽油在导油管中大量汽化而出现气阻,严重时将中断供油,造成恶性事故。因此航空汽油质量标准中规定了严格的蒸气压指标,其应不大于$(0.27 \sim 0.48) \times 10^5$Pa。

汽油的蒸气压除受到汽油机工作环境的影响外,更主要的与汽油的化学组成有关:汽油中轻组分含量越多,蒸气压越大,越易产生气阻。我国为了增加汽油产量(允许汽油中存在较多的轻组分),又满足不产生气阻的要求,不同使用季节相应的蒸气压指标见表4-3。

表4-3 不同使用季节相应的蒸气压指标(GB 17930—2011)

期限	11月1日至4月30日	5月1日至10月31日
蒸气压,kPa	≤88	≤74

2)馏程

馏程是石油产品的重要指标之一,主要用来判定油品轻、重馏分组成的多少,控制产品质量和使用性能等。在轻质燃料上具有重要意义,对汽油尤为重要。

汽油馏程的测定一般采用恩氏蒸馏的方法,按GB 6536规定的条件和方法进行。整个馏程包括汽油的初馏点、10%、50%、90%馏出温度和干点。各点温度反映了不同条件下汽油的蒸发性能,与汽油的使用性能密切相关。

汽油的馏程直接影响启动、加速、燃烧等性能。初馏点和10%馏出温度,表明汽油中轻组分的含量,它直接影响冬季发动机的冷启动和夏季发动机气阻的产生。初馏点和10%馏出温度过高,冷车不易启动,这是因为汽油机启动时,只有最轻组分蒸发形成混合气进行燃烧,10%馏出温度过高,说明汽油中轻组分含量较少,发动机因混合气中油气过少而启动困难,启动时间增长,增加耗油量,在冬季这个问题更为突出。汽油10%馏出温度在不同环境温度时对启动时间和耗油量的影响见表4-4。

表4-4 汽油10%馏出温度在不同环境温度时对启动时间和耗油量的影响

10%馏出温度,℃	环境温度,℃	启动时间,s	耗油量,mL
72	0	9.4	8.7
	−6	29	30
	−16	225	339
79	0	10.5	10
	−6	45	48
	−16	515	698

如初馏点和10%馏出温度过低,则容易产生气阻现象,这是因为夏季气温较高,汽油在油管中容易蒸发形成气泡,堵塞油路,形成气阻,甚至中断供油。汽油10%馏出温度与形成气阻时油温的关系见表4-5。

表4-5 汽油10%馏出温度与形成气阻时油温的关系

10%馏出温度,℃	40	50	60	70	80
开始产生气阻时的油温,℃	−13	7	27	47	67

所以在汽油质量标准中规定了严格的10%馏出温度,车用汽油10%馏出温度不得高于70℃,航空汽油不得高于80℃。

在高寒地区,普通汽油也会出现难以启动的现象,而使用初馏点和10%馏出温度较低的汽油又容易发生气阻。为了解决高寒地区用油的这一矛盾,可使用启动汽油。启动汽油是一种沸程为26~85℃的高蒸发性轻质汽油,可保证在−43℃气温下冷发动机顺利启动,启动后再换用车用汽油。由于启动汽油极易蒸发,在储存、运输和使用中必须注意安全。

汽油的50%馏出温度表示它的平均蒸发性能,与发动机的预热及加速性能有密切关系。冷发动机启动后经预热,方能转入正常运转。在预热阶段因进气管温度低,汽油大部分以液膜状态进入气缸,导致燃烧不完全,稀释润滑油,所以发动机需要预热。汽油的50%馏出温度低,说明汽油中轻组分含量较多,则发动机预热时间短,燃料耗量、润滑油的稀释程度和发动机磨损也较低。汽油50%馏出温度对发动机预热时间的影响见表4-6。

表4-6 汽油50%馏出温度对发动机预热时间的影响

汽油50%馏出温度,℃	104	127	148
发动机预热时间,min	10	15	>28

汽油的50%馏出温度还直接影响发动机的加速性能。发动机加速时需开大油门,增加混合气浓度和进气量,如果50%馏出温度过高,则汽油来不及完全汽化,导致燃烧不完全,甚至

熄火。因此航空汽油规定50%馏出温度不大于105℃,车用无铅汽油不大于120℃。

汽油的90%馏出温度和干点表明汽油蒸发的完全程度。这两个温度低,表明汽油中不易蒸发的重质馏分含量少,能够完全燃烧,汽油机的功率和经济性升高;反之,表示重质馏分含量多,汽油不能完全蒸发和燃烧,导致耗油量增加,功率下降,此外液态的重质馏分还会稀释润滑油。因此汽油质量指标中对90%馏出温度和干点作了相应规定,车用无铅汽油的干点不大于205℃。汽油干点对发动机磨损和耗油量的影响见表4-7。从表4-7数据可以看到,汽油干点升高,发动机磨损增加,汽油油耗也增加。

表4-7　汽油干点对发动机磨损和耗油量的影响

汽油干点,℃	活塞磨损,%	汽油耗量,%
175	97	98
200	100	100
225	200	107
250	500	140

2. 汽油的抗爆性能

抗爆性能是评价汽油能否在发动机中平稳燃烧,避免发生爆震现象的一个重要的质量指标,它直接影响汽油机的功率和油耗。

汽油在进入气缸前首先在汽化器中汽化,并与空气形成混合气,进入气缸后,被炽热的气缸壁和活塞头加热,温度达到200℃以上,混合气中的烃类被氧化,形成过氧化合物。当火花塞发出电火花后,火花塞周围的烃类因受热使得过氧化物积累速度加快。当过氧化物浓度达到一定程度时,开始迅速燃烧,出现火焰,火焰呈球面以20～40m/s的正常速度向前推进。燃烧产物向前膨胀时,未燃气体受压缩,并受到火焰辐射,温度迅速上升,过氧化物积累速度也加快,当焰峰到达时开始燃烧。正常燃烧时,火焰传播速度大致不变,燃烧平稳,气缸内温度、压力均衡上升。

在燃烧过程中,如果在火焰尚未到达的区域中过氧化物浓度过高,温度已超过烃类的自燃点时,未燃气体中出现多个燃烧中心,开始自燃,使得火焰传播速度突增到1500～2500m/s,比正常燃烧的速度大几十倍,此时燃烧以爆炸形式进行,温度和压力急剧上升,气缸中瞬间压力为正常压力的2～4倍,瞬间局部温度有时可达3000℃。爆炸燃烧产生的爆击波猛烈地撞击活塞头和气缸壁,如同锤子猛烈敲击而发出金属撞击声,由于火焰传播速度太快,有些部位的燃料来不及完全燃烧而被排出,以致排气管冒黑烟,这种现象称为爆震燃烧。

汽油机发生爆震燃烧时,功率下降,耗油增加,特别是使发动机零件受到损坏,缩短发动机的使用寿命。如果汽车司机没有处理爆震燃烧的经验,容易造成活塞顶和气缸盖撞裂,气缸磨损、气门变形,甚至连杆折断,使发动机停止工作。

产生爆震燃烧的理论可用过氧化物产生爆震的理论来解释:火焰未达到的区域,因受到已燃烧部分高温高压的影响,生成大量过氧化物,过氧化物自燃点低,不等火焰传到就自行燃烧起来,使火焰速度剧增,产生气体冲击波。

由此可见,汽油机发生爆震是由于汽油在气缸中的不正常燃烧引起的。而导致汽油不正常燃烧的原因有两个,一是汽油机的压缩比,二是汽油本身的性质,如果燃料很容易氧化,形成的过氧化物又不易分解,自燃点低,就容易产生爆震现象。

压缩比表达了混合气在气缸中被压缩的程度。当压缩比较大时,汽油机耗油率(单位功率的燃油消耗量)下降,发动机的功率和经济性均较好,所以在条件允许的情况下,应尽可能地提高压缩比。不同压缩比时汽油机的功率和耗油率见表4-8。

表4-8 不同压缩比时汽油机的功率和耗油率

压缩比	功率,%	耗油率,%
6.0	100	100
7.0	108	93
8.0	114	88
9.0	118	85
10.0	120	82

从表4-8可知,提高汽油机的压缩比会明显提高汽油机的功率和耗油率,但提高压缩比受到制造发动机的材质和汽油质量的限制。当压缩比过高时,压缩冲程终了时的温度和压力过高,部分油品会发生自燃,从而导致爆震的发生。由于汽油在高压缩比的汽油机中容易产生爆震,所以汽油机的压缩比应有个合适的范围,一般为8.0~12。为了适应高压缩比汽油机的工作环境,人们不断开发出具有良好抗爆性能的汽油,这样的汽油既可在高压缩比的汽油机内燃烧也不易产生爆震。

1)辛烷值、抗爆指数、品度

汽油的抗爆性是表示汽油在一定压缩比发动机中无爆震地燃烧的性能。汽油在贫混合气(油气浓度较低)状态下运行时的抗爆性用辛烷值来衡量,辛烷值越高,汽油的抗爆性能越好;汽油在富混合气(油气浓度较高)状态下运行时的抗爆性用品度来衡量。因而车用汽油和航空汽油抗爆性的表示方法有所不同。

所谓辛烷值,就是以异辛烷(2,2,4-三甲基戊烷)的辛烷值为100,正庚烷的辛烷值为0,将两者按不同的体积比混合,配成标准燃料,将待测汽油与标准燃料在同一辛烷值测定机(单缸发动机)中,在相同的实验条件下进行比较实验,当二者的抗爆性能相当时,标准燃料中异辛烷的体积分数就是所测汽油的辛烷值。例如,在比较实验中,某汽油的抗爆性能与含异辛烷93%(体积分数)标准燃料的抗爆性能相当,则该汽油的辛烷值为93。

根据实验条件不同,辛烷值分为马达法辛烷值(MON)和研究法辛烷值(RON)两种。两者的区别在于评定所用发动机的转速分别为900r/min和600r/min。由此可知,马达法辛烷值表示高转速、重负荷时汽油的抗爆性;而研究法辛烷值表示低转速时汽油的抗爆性。目前研究法测定车用汽油的辛烷值已被规定为国家标准方法,二者的关系可用式(4-1)近似表达:

$$马达法辛烷值(MON) = 研究法辛烷值(RON) \times 0.8 + 10 \qquad (4-1)$$

因为马达法测定条件比研究法苛刻,所得辛烷值低于研究法辛烷值,两者差数一般为7~12,这个差数称为汽油的敏感性或灵敏度,它反映了汽油的抗爆性随发动机工况剧烈程度的增加而降低的情况。近年来一些国家引用抗爆指数(ONI)这一新指标来表示汽油的抗爆性能。抗爆指数也叫平均实验辛烷值,即:

$$抗爆指数(ONI)=\frac{马达法辛烷值(MON)+研究法辛烷值(RON)}{2} \quad (4-2)$$

我国的车用汽油多以研究法辛烷值和抗爆指数作为抗爆性能指标。航空汽油的抗爆性除用辛烷值表示外,还必须同时用品度表示。这主要是因为飞机发动机内混合气的浓度随飞行状态的不同变化较大:爬高或战斗时,为了得到较大功率,发动机需要在富混合气状态下工作,此时需用品度来衡量汽油的抗爆性;而当飞机进行正常巡航时,发动机在燃料浓度较低的贫混合气状态下工作,此时汽油的抗爆性能用辛烷值来表示。

所谓品度,就是以纯异辛烷为标准燃料,规定其品度为100,在规定发动机和指定操作条件下,航空汽油在富混合气状态下无爆震燃烧时,所能发出的最大功率与纯异辛烷所能发出的最大功率之比再乘以100。如航空汽油的品度一般是130,其含义是该汽油在富混合气下无爆震工作时所能发出的最大功率是异辛烷发出最大功率的1.3倍。

汽油一般以辛烷值和品度为依据划分牌号。按照GB 17930—2011《车用汽油》,我国的车用汽油以RON作为牌号,分为90号、93号和97号(北京市自2012年5月31日起改为89号、92号的95号)三种,这三种汽油的研究法辛烷值分别是90、93和97。航空汽油以"辛烷值/品度"来表示,GB/T 1787—2008《航空活塞式发动机燃料》将航空汽油分为RH-75、RH-95/130和RH-100/130三种。RH-75只适用于低速发动机;RH-95/130适用于中等负荷、高速航空发动机;RH-100/130适用于重负荷、高速航空发动机;三种汽油的辛烷值分别不得低于75、95和100;后两种汽油的品度不得低于130。

2)汽油的抗爆性与化学组成的关系

汽油化学组成的差异是造成汽油抗爆性能不同的根本原因。组成汽油烃类的碳原子数不同、烃类型不同,其辛烷值也不同,不同烃类的辛烷值见表4-9。

表4-9 不同烃类的辛烷值

族类	五碳烃		六碳烃		七碳烃		八碳烃	
	结构式	辛烷值	结构式	辛烷值	结构式	辛烷值	结构式	辛烷值
正构烷烃	nC$_5$H$_{12}$	62	nC$_6$H$_{14}$	26	nC$_7$H$_{16}$	0	nC$_8$H$_{18}$	-17
烯烃	C—C=C—C—C	80	—	—	C=C—C$_5$		C—C=C—C$_5$	
环烷烃	⬠	85	⬡	77	⬡C	72	⬡C—C	41
异构烷烃	C—C—C—C / C	90	C—C—C—C—C / C 及 C—C—C—C—C	73 / 95	C—C—C—C—C / C 及 C—C—C—C / C C	96 / 104	C—C—C—C—C / C C	100
芳香烃	—	—	⬡(苯)	106	⬡C	124	⬡C—C / C—⬡—C	>100 / 146

由表4-9可知,碳原子数相同的不同烃类,正构烷烃辛烷值最低,高度分支的异构烷烃、异构烯烃和芳香烃的辛烷值最高,环烷烃和分支少的异构烷烃、异构烯烃介于二者之间。对于同一族烃类,相对分子质量越小,沸点越低,辛烷值越高。对于汽油来说,高度分支的异构烷烃是最理想的组分。

不同烃类的抗爆性能不同,这可以用自由基链反应学说解释。由于正构烷烃氧化生成的过氧化物容易分解成两个新自由基,每个自由基又引发一个新的反应链,使得氧化反应越来越多,过氧化物越来越多,从而引起自燃。芳香烃和高度分支的异构烷烃所形成的过氧化物分解时不易形成新自由基,而环烷烃介于两者之间。汽油在发动机中燃烧,经历了过氧化物积累和燃烧两个过程。正常燃烧时,烃类氧化所积累的过氧化物,只有经火花塞点燃后,才开始平稳燃烧。低辛烷值汽油的特点是过氧化物积累速度过快,自燃点过低,以致未经点燃就已自燃,形成爆震。因此芳香烃和高度分支的异构烷烃的抗爆性能最好,环烷烃和烯烃次之,正构烷烃最差。

汽油主要由$C_5 \sim C_{12}$的烷烃、环烷烃、烯烃和芳香烃组成。一般烷烃和烯烃的含量为50%(体积分数),芳香烃含量小于35%。汽油因生产过程不同,其族组成相差很大,因而抗爆性能也相差很大。直馏汽油含芳香烃和异构烷烃量少,辛烷值一般只有45~60;催化裂化汽油含芳香烃和异构烷烃数量较多,其辛烷值也较高,约为90。烷基化汽油主要组分是高度分支的异构烷烃,其辛烷值高达94。此外,汽油辛烷值还随汽油馏分变重而变小,所以汽油轻质化有利于提高辛烷值。汽油中的非烃化物对辛烷值也有影响,硫化物和氧化物都会使汽油辛烷值降低。

3)提高汽油辛烷值的方法

为了使汽油的抗爆性能满足使用要求,在生产上采用各种方法。

(1)添加抗爆剂。

向低辛烷值的汽油中添加抗爆剂是最有效的方法,常用的抗爆剂是四乙基铅,汽油中加入0.3%(质量分数)的四乙基铅,辛烷值可提高15~20个单位。

添加抗爆剂虽然能有效地提高汽油的抗爆性能,但对人类的健康造成了巨大的伤害。一是因为四乙基铅本身为剧毒性物质,其毒性为金属铅的100倍;二是铅化物随汽车尾气排入大气中,严重污染空气,危害很大。所以从20世纪70年代起,世界各国开始限制使用含铅汽油,推广使用无铅汽油。我国从2000年7月1日起,全国所有汽车一律停止使用含铅汽油。目前世界上大部分国家都禁止使用含铅汽油。

(2)调和。

向辛烷值低于要求的汽油中加入高辛烷值汽油。这些高辛烷值汽油主要通过催化裂化、催化重整、异构化和烷基化等炼制过程得到。

(3)掺和。

用甲基叔丁基醚(MTBE)或低分子醇做为掺和组分,可以有效地提高汽油的辛烷值。

甲基叔丁基醚具有较高的辛烷值,其研究法辛烷值(RON)为119,马达法辛烷值(MON)为101,与汽油掺和后不会改变汽油的基本性质,不需要改变汽车的结构。甲基叔丁基醚的沸点低(55℃),它可以改善汽油的蒸发性能,特别是改善了50%的馏出温度。它还能减少废气中的CO和NO的含量,减轻对环境的污染。甲基叔丁基醚本身无毒,也不会生成有毒气体,其稳定性较好,含甲基叔丁基醚的汽油加入抗氧剂后,至少可以储存两年。目前我国很多炼油厂建设了甲基叔丁基醚装置,大大促进了高辛烷值汽油的生产。

GB 17930—2011《车用汽油》中规定了汽油中的氧含量不得大于2.7%(质量分数)。汽油中加入甲基叔丁基醚后,增加了汽油的氧含量,也降低了热值,因此汽油中甲基叔丁基醚的加入量不宜过多,一般控制在10%(质量分数)以内。

汽油中掺入部分甲醇或乙醇也可以提高汽油辛烷值并能部分代替汽油,如在无铅汽油中掺入10%(体积分数)的甲醇,汽油的辛烷值可以提高4个单位。也有采用叔丁醇、甲醇的等体积混合物作为掺和组分,掺和辛烷值高达105~113。目前市场上销售的乙醇汽油,就是在普通汽油中掺入约10%的乙醇,既提高了汽油的抗爆性能,又提高了汽油的产量。

(二)汽油的储存性能

汽油在储存过程中质量会发生变化,甚至会影响汽油的正常使用;在运输和储存过程中汽油也会腐蚀接触的金属,不仅会损坏设备也会影响本身的质量。因此在汽油的质量标准中对安定性和腐蚀性给出了明确的规定。

1. 汽油的安定性

常温下,汽油在储存或使用过程中,保持质量不变的性能称为汽油的安定性。汽油在储存或使用过程中,通常会出现颜色变黄、变深、产生黏稠状沉淀物的现象,添加四乙基铅的汽油中还会出现灰白色沉淀,这些现象都是汽油安定性差的反映。氧化生成的黏稠胶状物,沉积在发动机的油箱、滤网、汽化器等部位,会堵塞油路,影响供油量;沉积在火花塞上的胶质在高温下形成积炭,引起短路使发动机熄火;进气、排气阀上的胶质结焦后会使阀门关闭不严密,甚至黏住,或积炭着火烧坏阀门;气缸盖上的胶质形成片状积炭,使传热恶化,引起表面着火,促使爆震产生。总之,使用安定性差的汽油会严重破坏发动机的正常工作。

1)影响汽油安定性的因素

影响汽油储存安定性的因素有两个,一是汽油的化学组成,这是影响汽油安定性的决定因素;二是汽油的储存条件,温度、氧气、光照及接触的金属等因素对汽油安定性的影响也很大。

(1)化学组成对汽油安定性的影响。

汽油中的不安定组分是汽油在储存中发生变质的根本原因。汽油中的不安定组分主要包括不饱和烃和非烃化合物,不饱和烃主要有烯烃、二烯烃、烯基苯等,不安定的非烃化合物主要有苯硫酚、吡咯及其同系物。这些不安定组分主要存在于催化裂化汽油、热裂化汽油和焦化汽油等二次加工汽油中,含量虽然不多,但用一般精制方法不易全部除净。它们不但自己易于在常温下氧化,而且对油品的氧化起引发的作用,因而危害很大。

二次加工汽油中含有少量的二烯烃和大量的烯烃。具有共轭双键的二烯烃在常温下很容易被氧化成过氧化物,进而生成不挥发的聚合过氧化合物。当二烯烃和烯烃共存时,二烯烃能引发烯烃的氧化反应;当二烯烃与苯硫酚共存时,异常活泼,极易起反应。

苯硫酚在焦化汽油和催化汽油中含量仅万分之几到十万分之几,但它在常温下能分解生成自由基,活性极强,能引发烯烃在常温下快速氧化。苯硫酚自身在氧化反应初期很快就分解完了,但是由它引发的氧化链反应却继续进行下去。苯硫酚还能加速烯基苯的氧化反应,所生成的氧化产物对烃类氧化反应还有催化作用,更加速了汽油的生胶过程。

二次加工汽油中含有比苯硫酚更少的吡咯类化合物,在常温下氧化生成极易分解成自由基的过氧化物,从而引发烃类氧化的链反应。其氧化生成物除胶质外,还有不可溶的深色产物和沉渣,使汽油变黑。二次加工汽油中所含有的吡啶类化合物能加速油品中生成的过氧化物的分解,起到催化剂的作用。因而吡咯类化合物的含量虽少,但能使汽油变得极不安定。

催化裂化汽油和焦化汽油中含有微量酚类,酚本身能在空气中氧化,颜色逐渐由红色变为深褐色。汽油在储存过程中,不安定的烃类氧化生成醛、酮等类氧化物,与酚类能起缩合反应,生成树脂状深色不可溶物质。

(2)储存条件对汽油安定性的影响。

汽油储存过程中的安定性受外界影响很大。同一汽油在不同外界条件下,实际胶质的增长速度有显著的差别。影响汽油安定性的外界条件主要有储罐空间的氧浓度、大气温度、金属催化作用和光照等。

汽油能溶解一定量的氧气,溶解氧促使汽油氧化,所以储存过程中汽油的胶质生成量与储罐空间中气体的氧浓度密切相关。例如用浮顶油罐储存某种汽油,经16周以后,储罐空间中氧浓度近似为零,此时汽油实际胶质为9mg/100mL;如果该汽油储存在有呼吸阀的油罐中,油罐上层空间的氧浓度经常保持在7%以上,经16周后,汽油实际胶质达17mg/100mL,比浮顶油罐储存汽油的实际胶质大一倍,继续储存到32周以后,增加到106mg/100mL。因此汽油在储存中采用隔绝空气的方法可以延长储存期,如用氮气置换油罐空间中空气的方法(不但大大降低了空间氧气浓度,还可以置换汽油中的溶解氧)可以使汽油储存期达到十年以上。在一般储存条件下,难以做到油罐充氮,为了减少空间氧浓度,应尽量减少储罐呼吸次数,储罐应装到最大安全容量,以减少油面上方的空间容积。也可以采用相对密封等措施。

储存温度对汽油氧化速度和四乙基铅分解速度影响很大。试验表明,温度每升高10℃,氧化生胶速度增加2.4～2.6倍。地面油罐每经历一个夏季,所储汽油质量明显下降,其原因是气温高,更重要的是夏季日夜温差大,储罐呼吸量增加,使储罐空间具有较高的氧浓度,加速了氧化反应过程。为了减少气温影响,常采用洞库或半地下库储存汽油,洞库常年气温变化很少,日夜温差也小,通常油温能保持在10～15℃之间,从而减少了因温差引起的油罐呼吸作用。

汽油在储存和使用过程中不可避免地与各种金属接触,很多金属对汽油氧化有明显的催化加速作用,其中铜的催化作用最大,特别是含硫原油生产的汽油对铜最为敏感。金属对汽油催化作用的强弱顺序依次为铜、铅、锌、铝、铁、锰。这些金属在汽油中的浓度达到$(0.1～1)\times10^{-6}$mol/L时,就具有催化作用,而铜的浓度超过0.01×10^{-6}mol/L时,对汽油安定性就有危害。如果汽油中含有腐蚀性酸或碱,并与水和金属共存,则大大增加了金属离子的浓度,从而加剧了金属的催化氧化作用。

光照对氧化有加速作用。汽油在阳光照射下吸收能量,烃类分子被活化,开始新的氧化链反应,其中以紫外光的影响最大。

2)评定汽油安定性的指标。

汽油的不安定性与汽油的不安定组分有关,汽油中的不安定组分有不饱和烃和非烃化合物。因而用不饱和烃含量、硫含量、胶质含量及氧化耗氧速度等指标来衡量汽油安定性的优劣。

(1)碘值。

碘值体现的是汽油中不饱和烃的含量。不饱和烃与碘起加成反应,不饱和烃分子中的一个双键定量地消耗一个碘分子,测定结果以100g油样所消耗碘的克数表示,即gI/100g,称为碘值。

汽油的碘值越大，表明汽油中不饱和烃含量越多，其抗氧化安定性越差。碘值的测定方法详见SH/T 0234—1992《轻质石油产品碘值和不饱和烃含量测定法(碘—乙醇法)》。

(2)硫含量。

硫含量就是汽油中硫元素的质量分数，以$w(\%)$表示。硫含量表达了汽油中硫化物由于氧化促使油品变质，并引起设备腐蚀的倾向。硫化物含量越高，汽油越不稳定，越易引起设备的腐蚀，因此必须限制汽油的硫含量。

(3)酸度和酸值。

成品汽油中所含有机酸极少，但在储存和使用中，由于汽油中不安定组分氧化而生成过氧化物，过氧化物分解，部分生成有机酸。因而汽油储存中有机酸含量的增长是汽油变质的一个重要标志，通常以酸度或酸值来表示。所以酸度或酸值也是表示汽油安定性的重要质量标准。

所谓酸度，是指中和100mL油品消耗的KOH的毫克数，以mgKOH/100mL表示；酸值就是中和1g油品消耗的KOH的毫克数，以mgKOH/g来表示。

(4)实际胶质。

实际胶质是液体燃料在储存过程中重要的质量控制指标之一。实际胶质是指100mL燃料在试验条件下所含胶质的毫克数，用mg/100mL表示。测定方法详见GB/T 509—1988《发动机燃料实际胶质测定法》，将经脱水和过滤的25mL试油放在150℃的油浴中，用150℃热空气吹扫油面，直至全部蒸发、残留物重量不变为止。残留物即为汽油的实际胶质，国产汽油要求实际胶质不超过5mg/100mL。

从测定方法可知，实际胶质是燃料在试验条件下加速蒸发时所具有的胶质，它包括燃料中原来实际含有的胶质和试验过程中产生的胶质。实际胶质通常表明燃料在使用过程中，在进气道和进气阀上可能生成沉积物的倾向。使用实际胶质小于10mg/100mL汽油的汽车发动机无故障行驶的里程数是无限制的；但汽油实际胶质为26~50mg/100mL时，无故障行驶里程缩短到不能超过5000km。因此储存中如发现汽油实际胶质有增长的趋势时，应尽快发出使用。实际胶质对汽车正常行驶的影响见表4-10。

表4-10　实际胶质对汽车正常行驶的影响

实际胶质,mg/100mL	无故障行驶里程,km	实际胶质,mg/100mL	无故障行驶里程,km
<10	不限	21~25	8000
11~15	25000	26~50	≤5000
16~20	16000	51~120	≤2000

(5)诱导期。

诱导期是保证汽油在储存中不迅速生成胶质和酸性物质而变质的指标。诱导期允许根据GB/T 256—1964《汽油诱导期测定法》测定(根据GB 8018—1987《汽油氧化安定性测定方法(诱导期法)》进行仲裁)。该方法是把一定量的汽油置于100℃和6.86×10^5Pa氧气条件下，将汽油未被氧化所经历的时间(min)规定为诱导期。汽油中的二烯烃和非烃化合物是影响诱导期的主要因素。对于形成胶质过程来说，若以消耗氧的氧化反应为主，汽油的诱导期越长，表明汽油生胶质倾向越小。而有的汽油，形成胶质过程以聚合反应和缩合反应为主，氧化反应居于次要地位,它们的诱导期虽然很长,但安定性并不好。例如某催化裂化汽油的诱导期虽然大于720min,但在320min时,油中的实际胶质已高达93mg/100mL,大大超过质量标准的5mg/100mL,表明其安定性很差。

3)改进汽油储存安定性的措施

汽油的储存安定性取决于汽油的化学组成,同时又受各种外界条件的影响。采用降低储油温度、减少温差变化、降低储罐空间氧浓度、避免与金属接触和避光储存等措施可以延缓汽油变质,但不能解决根本问题;而通过各种精制方法彻底除去汽油中不安定组分不附和经济性的要求难以实现。所以通常采用的较经济的方法是适当的汽油精制,再辅以添加一定量的添加剂来改进汽油的安定性。

催化裂化汽油和焦化汽油等二次加工汽油中含有较多的不饱和烃和非烃化合物,一般采用加氢精制的方法,尽可能地除去汽油的二烯烃、硫化物等不安定组分,适当降低烯烃的含量。汽油中一般同时加入几种作用不同的添加剂,彼此相互补充,表现出一种总的稳定效能,并能减少添加剂的总用量。

二次加工汽油中加入的添加剂通常有抗氧剂和金属钝化剂。抗氧剂的作用是中断氧化链反应,常用的抗氧剂有2,6-二叔丁基对甲酚(代号为T501)、N,N′-二仲丁基对苯二胺(又名5号防胶剂)等。金属钝化剂分子能与金属离子结合,使金属失去催化氧化作用。这类添加剂加入的时间对添加效果影响很大,一般在油品精制后尚未与空气接触的情况下加入效果最好。当汽油已与空气接触,不安定组分已开始氧化以后再加入添加剂,则加入量需大大增加甚至无效。常用的金属钝化剂有N,N′-二亚水杨己二胺,常与5号防胶剂复合使用。

2. 汽油的腐蚀性

汽油的腐蚀性表明汽油对金属的腐蚀能力。汽油在储存、运输和使用过程中,不可避免地要同金属接触,为保证汽油机和储运设备正常工作并延长其使用寿命,要求汽油对金属没有腐蚀性。

1)引起汽油腐蚀性的原因

汽油中的烃类没有腐蚀性,但其中的非烃类物质(如活性硫化物、水溶性酸或碱、有机酸等)对金属有腐蚀性。

所谓活性硫化物,是指石油及石油产品中能直接与加工设备金属作用,造成加工设备腐蚀的有机硫化物。活性硫化物包括硫醇(RSH)、硫酚($ArSH$)、单质硫(S)和硫化氢(H_2S)等。单质硫和硫化氢属于无机硫化物,但在石油加工中,它们是由有机硫化物分解产生的,且对石油加工危害极大,故纳入活性硫化物的范畴。

汽油中含有的全部硫化物都可认为具有潜在的腐蚀性。汽油在发动机中燃烧后,硫化物全部转化成SO_2和SO_3,它们与排气管中的凝结水相遇,形成强腐蚀性的亚硫酸和硫酸;SO_2和SO_3还可能顺着气缸壁渗入曲轴箱,进入润滑油,遇水化合而腐蚀润滑系统。硫和硫化物不仅能腐蚀金属,还能恶化汽油的抗爆性、降低汽油的辛烷值和感铅性。所以汽油中的硫非常有害,应严格控制含硫量。

汽油中的水溶性酸是指能溶于水的酸,包括低分子有机酸和无机酸。水溶性碱是指能溶于水的碱。水溶性酸或碱是在酸碱精制后,水洗操作不良而残留在汽油中的,或者由于长期储存保管不善,烃类被氧化而生成的低分子有机酸。水溶性酸或碱除对金属有强烈的腐蚀外,还能促进汽油中各种烃氧化、分解和胶化,所以不允许有水溶性酸或碱存在。

汽油中的有机酸是汽油在储存过程中因氧化生成的酸性物质,以环烷酸为主。有机酸随汽油储存时间的增长而增加。环烷酸能溶于汽油,对金属有腐蚀作用,能与金属化合生成环烷酸金属盐。汽油中有机酸含量用酸度来表示,即中和100mL油品所消耗的KOH的毫克数,用mgKOH/100mL。

2)评定汽油腐蚀性的指标

在国家标准中,对汽油的腐蚀性有严格的要求,其评定的指标主要有硫含量、硫醇性硫含量、酸度、水溶性酸或碱、铜片腐蚀和博士试验等。

(1)硫醇性硫含量:是燃料中硫醇硫的质量与燃料总质量之比,以质量分数表示,硫醇性硫含量的测定按GB/T 1792—1988《馏分燃料中硫醇硫测定法(电位滴定法)》方法执行。

(2)博士实验:是定性检验汽油中是否含有硫醇硫的方法。该方法也适用于对其他轻质油品中硫醇硫的检验。博士实验的基本原理是根据铅酸钠与硫醇反应生成硫化物,再与元素硫反应生成黑色硫化铅,根据硫黄粉变色情况,定性判断油品中是否含有硫醇。博士实验对轻质油品的定性检验,实验结论分为"通过"和"不通过"两种结论。

(3)铜片腐蚀:是定性检验汽油是否存在活性硫的指标,它是通过在规定条件下,测试油品对于铜的腐蚀倾向来判断的。具体的实验方法按GB/T 5096—1985《石油产品铜片腐蚀试验法》执行,把一定规格的磨光铜片置于50℃的汽油中,经3h后,取出铜片,经洗涤后与腐蚀标准色板进行比较,确定腐蚀级别。

(4)水溶性酸或碱:该指标定性检验汽油中是否含有可溶于水的酸性或碱性物质。方法是用蒸馏水或乙醇水溶液抽提试样中的水溶性酸或碱,然后分别用甲基橙或酚酞指示剂检查抽出液颜色的变化情况,或用酸度计测定抽提物的pH值,来判断有无水溶性酸或碱的存在。合格的汽油水溶性酸或碱的评定结论是"无"。

硫含量、酸度等表示汽油腐蚀性的指标已在本节的安定性指标中讨论过,此处不再重复。

3)改进汽油腐蚀性的措施

通过加氢精制等方法脱除活性硫,降低汽油的腐蚀性。方法是将油品在300~425℃的温度和1.6~15MPa的压力以及氢气存在的条件下,通过加氢催化剂床层,使油品的硫、氮、氧等非烃化合物转化为易于除去的硫化氢、氨和水,并使不安定的烯烃和稠环芳香烃饱和,从而改善油品腐蚀性能、安定性能。

第二节　汽油的参数测定

目前,我国车用汽油的国家标准有GB 17930—2011《车用汽油》和GB 18351—2010《车用乙醇汽油(E10)》;航空汽油的最新国家标准是GB 1787—2008《航空活塞式发动机燃料》。在汽油标准中对汽油的技术指标做出了明确的规定,其内容见表4-11。

一、饱和蒸气压的测定

(一)任务目标

(1)学会雷德饱和蒸气压测定器的原理和操作方法。

(2)能进行汽油饱和蒸气压测定的操作。

表4-11　车用汽油、车用乙醇汽油(E10)和航空汽油的技术要求

项　目	质量指标									试验方法
	GB 17930—2011《车用汽油》			GB 18351—2010《车用乙醇汽油》			GB 1787—2008《航空活塞式发动机燃料》			
	90号	93号	97号	90号	93号	97号	75号	95号	100号	
抗爆性										
马达法辛烷值(MON)　不小于	—	—	—	—	—	—	75	95	99.5	GB/T 503
研究法辛烷值(RON)　不小于	90	93	97	90	93	97	—	—	—	GB/T 5487
抗爆指数　不小于	85	88	报告	85	88	报告	—	—	—	GB/T 503 GB/T 5487
品度值　不小于	—	—	—	—	—	—	—	130	130	SH/T 0506
铅含量,g/L　不大于	0.005	0.005	0.005	0.005	0.005	0.005	—	—	—	GB/T 8020
四乙基铅含量,g/kg　不大于	—	—	—	—	—	—	—	3.2	2.4	GB/T 2432
馏程										
初馏点,℃　不小于	—	—	—	—	—	—	40	—	报告	
10%馏出温度,℃　不大于	70	70	70	70	70	70	80	—	75	
40%馏出温度,℃　不大于	—	—	—	—	—	—	—	—	75	
50%馏出温度,℃　不大于	120	120	120	120	120	120	105	—	105	GB/T 6536
90%馏出温度,℃　不大于	190	190	190	190	190	190	145	—	135	
终馏点,℃　不大于	205	205	205	205	205	205	180	—	170	
0%与50%蒸发温度之和,℃　不小于	—	—	—	—	—	—	—	—	135	
残留量(体积分数),%　不大于	2	2	2	2	2	2	1.5	—	1.5	
损失量(体积分数)%　不大于	—	—	—	—	—	—	1.5	—	1.5	
饱和蒸气压,kPa	—	—	—	—	—	—	27~48	—	38~49	
11月1日至4月30日　不大于	88/(42~85)			88			—	—	—	GB/T 8017
5月1日至10月31日　不大于	72/(40~68)			72			—	—	—	
实际胶质,mg/100mL　不大于	5	5	5	5	5	5	3	3	3	GB/T 8019
诱导期,min　不小于	480	480	480	480	480	480	—	—	—	GB/T 8018
硫含量										
Ⅲ:质量分数,%　不大于	0.015	0.015	0.015	0.015	0.015	0.015	0.05	0.05	0.05	SH/T 0689
Ⅳ:mg/kg　不大于	50	50	50	—	—	—	—	—	—	
硫醇(满足下列指标之一即合格)										
博士试验	通过			通过			—	—	—	SH/T 0174
硫醇硫含量(质量分数),%　不大于	0.001	0.001	0.001	0.001	0.001	0.001	—	—	—	GB/T 1792
铜片腐蚀(50℃,3h),级　不大于	1	1	1	1	1	1	1	1	1	GB/T 5096
酸度(以KOH计),mg/g　不大于	—	—	—	—	—	—	—	1.0	—	GB/T 258
水溶性酸碱	无	无	无	无	无	无	无	无	无	GB/T 259
机械杂质及水分	无			—			无			目测
水分(质量分数),%　不大于				水分不大于0.20						SH/T 0246
甲醇含量(质量分数),%　不大于	0.3	0.3	0.3	—	—	—				SH/T 0663
乙醇含量(体积分数),%　不大于	—	—	—	10.0±2.0	10.0±2.0	10.0±2.0				SH/T 0663

项 目	质量指标									试验方法
	GB 17930—2011《车用汽油》			GB 18351—2010《车用乙醇汽油》			GB 1787—2008《航空活塞式发动机燃料》			
	90号	93号	97号	90号	93号	97号	75号	95号	100号	
苯含量(体积分数),% 不大于	1.0			1.0				—		SH/T 0713、SH/T 0693
芳香烃含量(体积分数),% 不大于	40			40			30	35		GB/T 11132
烯烃含量(体积分数),% 不大于	30			30				—		GB/T 11132
锰含量,g/L 不大于	0.016			0.016				—		SH/T 0711
铁含量,g/L 不大于	0.010			0.010				—		SH/T 0712
其他有机含氧化合物含量(质量分数),% 不大于	—			0.5						SH/T 0663
净热值,MJ/kg 不小于	—			—				43.5		
碘值,g/100g 不大于	—			—				12		SH/T 0234
冰点,℃ 不大于	—			—				−58.0		SH/T 0770、GB/T 2430
氧化安定性(5h老化) 潜在胶质,mg/100mL 不大于 显见铅沉淀,mg/100mL 不大于	— 			— 				6 3		SH/T 0585
水反应 体积变化,mL 不大于	—			—				±2		GB/T 1793

(二)任务准备

1. 知识准备

1)测定依据

标准:GB/T 8017—1987《石油产品蒸气压测定法(雷德法)》。

适用范围:适用于测定汽油、易挥发性原油及其他易挥发性石油产品的蒸气压,但不适用于测定液化石油气的蒸气压。

方法要点:将冷却的试样充入蒸气压测定器的汽油室,并将汽油室与37.8℃的空气室相连接。将该测定器浸入恒温浴(37.8±0.1)℃并定期振荡,直至安装在测定器上的压力表读数恒定,压力表读数经修正后即为雷德蒸气压。

2)基本概念

饱和蒸气压:在密闭条件中,一定温度下与液体(或固体)处于相平衡的蒸气所具有的压力。

2. 仪器、试剂准备

(1)仪器:雷德法饱和蒸气压测定器(图4-1),取样器等。

(2)试剂:无铅汽油。

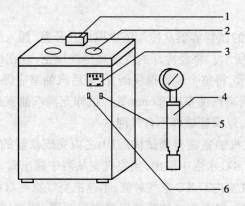

图4-1 雷德法饱和蒸气压测定器

1—搅拌机;2—试验弹入口;3—控温表;4—试验弹;5—电源开关;6—搅拌开关

(三)任务实施

1. 操作准备

(1)取样。按照GB/T 4756—1998《石油液体手工取样法》进行,取样后,开口式取样器所装的试样体积不少于70%,但不多于80%,如图4-2(a)所示。同时立即用软木塞(或盖子)封闭开口式取样器的器口。

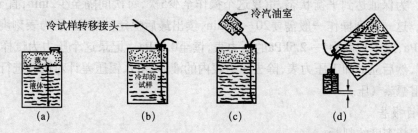

图4-2 从开式容器转移试样至汽油室的示意图
(a)转移试样前的容器;(b)用试样转移接头代替密封盖;
(c)汽油室置于移液管上方;(d)试样转移时的装置位置

(2)试样的转移温度和处理。任何情况下,打开容器前,盛试样的容器和容器中的试样均应冷却到0~1℃。这个温度测定方法是直接测定放在同一冷浴的另一个相同容器内相似液体的温度,该容器冷却的时间应与试样的冷却时间相等。取样后,应将试样置于温度较低的地方。渗漏的试样应舍弃并重新取样。

(3)容器中试样的空气饱和。将装有0~1℃试样的容器从冷却浴中取出,开封检查液体体积应为容器的70%~80%,当液体容积符合要求时立即封口,剧烈振荡后放回冷却浴至少2min。

(4)汽油室的准备。将开口的汽油室和试样转移的连接装置完全浸入冷却水浴中,放置10min以上,使汽油室和连接装置均达到0~1℃。

(5)空气室的准备:空气室和压力表需进行清洗。清洗后将压力表连接在空气室上。将空气室浸入(37.8±0.1)℃的水浴中,使水浴的液面高出空气室顶部至少25mm,并保持10min以上,汽油室充满试样之前不要将空气室从浴中取出。

2. 操作要领

(1)转移试样：将冷却的试样容器从冷却浴中取出并开盖，插入经冷却的试样转移连接装置和空气管，如图4-2(b)所示。将经冷却的汽油室尽快放空，放在试样转移连接装置的试样转移管上，如图4-2(c)所示，将整个装置很快倒置，最后汽油室应保持直立位置，如图4-2(d)所示，试样转移管应延伸到离汽油室底部6mm处。试样充满汽油室直至溢出，取出转移管，向实验台轻轻地叩击汽油室，以保证试样不含气泡。

(2)仪器的安装：要求汽油室在充满试样后10s之内完成仪器的安装，向汽油室补充试样直至溢出。将空气室从37.8℃水浴中取出，当空气室从浴中移出时，排干水的时间要短，不要摇动，防止室温空气与空气室内37.8℃空气对流，迅速把空气室与汽油室连接好。

(3)将测定器放入水浴：将安装好的蒸气压测定器倒置，使试样从汽油室进入空气室，在与测定器长轴平行的方向上剧烈摇动。将测定器浸入温度为37.8℃的水浴中，测定器应稍微倾斜，以便使汽油室与空气室的连接处刚好位于水浴液面下，仔细检查连接处是否漏气和漏油，如未发现漏气或漏油，把测定器浸在水浴中，使水浴的液面高出空气室顶部至少25mm。在整个试验过程中，观察仪器是否漏油和漏气，如发现有漏气、漏油现象，应舍弃试样，重新取样试验。

(4)蒸气压的测定：蒸气压测定器浸入水浴5min后，轻轻敲击压力表，并观察读数。将测定器从水浴中取出，倒转剧烈地摇荡，重新放回水浴，完成这个操作的时间越短越好，以免测定器冷却。为保证达到平衡状态，重复这个操作至少5次，每次间隔至少2min，直至连续两个读数相同。这一系列操作一般需要20~30min，读出最后恒定的表压，压力表刻度为0.5kPa，读至0.25kPa，对于刻度为1~2.5kPa的压力表，读至0.5kPa。记录这个压力为试样的"未修正的蒸气压"，然后立即卸下压力表，除去压力表内的液体，用水银压差计对读数进行校对，校对后的值为雷德蒸气压。

3. 项目报告

1)数据精密度的判断

重复性：同一操作者、同一仪器、在恒定的操作条件，对同一被测物质连续试验两个结果之间的差数不应超过表4-12中的数值。

再现性：不同试验室的不同操作者，对同一被测物质的两个独立试验结果之差不应超过表4-12中的数值。

表4-12　雷德蒸气压的精密度

雷德蒸气压范围,kPa	重复性,kPa	再现性,kPa
0~35	0.7	2.4
>35~110压力表范围(0~100)	1.7	3.8
压力表范围(0~200或300)	3.4	5.5
>110~180	2.1	2.8
>180	2.8	4.9
航空汽油(约50)	0.7	1.0

2)数据处理

把用压力表和水银压差计之间差值校正后的蒸气压作为雷德蒸气压,单位为kPa,报告准确至0.25kPa或0.5kPa。

4. 项目实施中的注意事项

(1)取样和试样的管理应严格执行标准中的规定,避免试样蒸发损失和轻微的组成变化,试验前绝不能把雷德蒸气压测定器的任何部件当作试样容器使用。如测定项目较多,雷德蒸气压的测定应是被分析试样的第一个试验,防止轻组分挥发。

(2)安装仪器时将空气室从37.8℃的水浴中取出时,排干水的时间要短,不要摇动,防止室温空气与空气室内的空气发生对流,破坏试验条件。

(3)要严格按照标准方法规定控制试样空气饱和室的温度以及测定水浴的温度,要求测定水浴温度为37.8±0.1℃,控制试样的温度为0~1℃。

(4)为使容器中的试样空气饱和,必须按规定剧烈地摇荡容器,使试样与容器内空气达到平衡。

(5)在整个试验过程中,观察仪器是否漏气和漏油,任何时候发现漏气和漏油,应重新取样,重做试验。

(6)读数时,必须保证压力表处于垂直位置,要轻轻敲击后再读数。

(7)每次试验后都必须按照规定方法进行清洗。必须彻底冲洗压力表、空气室和汽油室,以保证不含有残余试样。清洗仪器时,如果在温水浴中冲洗空气室,必须使它的底部和开口在通过水面时保持封闭,以避免水面上的浮油进入室内。

(8)仪器的安装必须按标准方法中的要求进行操作,不得超出规定的安装时间。

二、馏程的测定

(一)任务目标

(1)学会蒸馏测定仪的结构和工作原理。
(2)能进行汽油的蒸馏操作。
(3)会进行测定结果的修正与计算。

(二)任务准备

1. 知识准备
1)测定依据

标准:GB/T 6536—2010《石油产品常压蒸馏特性测定法》。

适用范围:适用于天然汽油、车用汽油、航空汽油、喷气燃料、特殊沸点溶剂、石脑油、石油溶剂油、煤油、柴油、粗柴油、馏分燃料和相似的石油产品。可以用手工测定,也可用自动仪器测定,仲裁试验方法按手工方法进行。

方法要点:100mL试样在适合其性质的规定条件下进行蒸馏。系统地观察温度计读数和冷凝液的体积,并根据这些数据,再进行计算和报告结果。

2)基本概念

馏程:是指油品在规定的条件下蒸馏所得出的,以初馏点和终馏点表示其蒸发特性的温度范围。

初馏点：蒸馏过程中，从冷凝管较低的一端滴下第一滴冷凝液的一瞬间观察到的温度计读数，以℃表示。

干点：蒸馏烧瓶中底部最后一滴液体汽化时一瞬间所观察到的温度计读数，以℃表示。

终点或终馏点：在试验过程中得到的温度计最高读数，以℃表示。通常在蒸馏烧瓶底部全部液体都蒸发后才会出现。

馏出温度：油品在规定条件下进行馏程测定中量筒内回收的冷凝液体达到某一规定体积（mL）时所观察的温度，以℃表示。

回收百分数：与温度计同时观察到的接收量筒内冷凝液体的体积所占的百分数。

损失百分数：在蒸馏过程中，损失的油品体积所占的百分数。

蒸发百分数：回收百分数与损失百分数之和，以百分数表示。

分解点：蒸馏烧瓶中液体开始呈现热分解时的温度计读数，以℃表示。

2. 仪器、试剂准备

1）仪器

蒸馏仪器的基本元件是蒸馏烧瓶、冷凝器和相连的冷凝浴、金属防护罩或围屏、加热器、烧瓶支架和支板、温度测量装置、收集馏出物的接收量筒。另外还有秒表（2块）、温度计、量筒（100mL，2个；10mL，2个）、蒸馏烧瓶（125mL，2个；100mL，2个）、取样瓶。燃气加热型蒸馏仪的结构如图4-3所示。

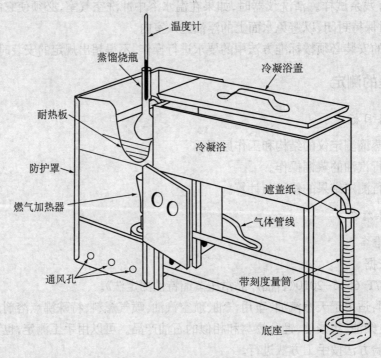

图4-3　燃气加热型蒸馏仪的结构

2）试剂准备

所需试剂为车用柴油和轻柴油、无水氯化钙、拉线（细绳或铜丝）、吸水纸（或脱脂棉）、无绒软布、无釉碎瓷片（或封口的玻璃毛细管）等。

(三)任务实施

1. 操作准备

1)确定样品组别

不同油品的特性不同,其样品准备、蒸馏及数据处理等过程均有所不同,因此有必要在蒸馏操作前根据样品的特性划分样品的组别。GB/T 6536—2010将油品分为5组,详见表4-13。

表4-13　油品组别划分

油品特性		0组	1组	2组	3组	4组
馏分类型						
蒸气压(37.8℃),kPa		天然汽油	≥65.5	≥65.5	<65.5	<65.5
蒸馏特性,℃	初馏点		—	—	≤100	>100
	终馏点		≤250	≤250	>250	>250

2)取样

取样应应根据GB/T 4756—1998《石油液体手工取样法》的要求进行。详见表4-14。

表4-14　取样、样品储存和样品处理

项　　目	0组	1组	2组	3组	4组
样品瓶温度,℃	<5	<10			
样品储存温度,℃	<5	<10	<10	环境温度	环境温度
分析前样品处理后温度,℃	<5	<10	<10	环境温度或高于倾点9～21℃	环境温度或高于倾点9～21℃
取样时含水,℃	重新取样	重新取样	重新取样	进行干燥操作	

3)仪器准备

按表4-15准备仪器。对应指定的组别选择合适的蒸馏烧瓶、温度测量装置和蒸馏烧瓶支板,将接收量筒、蒸馏烧瓶和冷浴调节到规定温度。

表4-15　不同组别的仪器准备

项　　目	0组	1组	2组	3组	4组
蒸馏烧瓶,mL	100	125	125	125	125
蒸馏用温度计范围	低	低	低	低	高
支板孔径,mm	32	38	38	50	50
试验开始时温度,℃ 蒸馏烧瓶	0～5	13～18	13～18	13～518	不高于环境温度
支板和防护罩,不高于	环境温度	环境温度	环境温度	环境温度	—
接收量筒和试样	0～5	13～18	13～18	13～18	13～环境温度

采取任何必要的措施,使冷浴和接收量筒的温度保持在规定的温度下。接收量筒应浸没在冷却浴中,并使浸入液面至少达到量筒的100mL刻线。对0组、1组、2组和3组,可用作低温

浴的合适介质包括(不限于)碎冰和水、冷冻的盐水、冷冻的乙二醇等;对4组可用环境温度或高于环境温度的浴。

2. 操作要领

在完成上述的准备工作后,开始进行蒸馏操作。

1)仪器组装

(1)0组、1组和2组:将低温范围温度计,用软木塞或其他材料的塞子装配在样品容器的颈部,并使样品的温度达到表4-14规定的温度。

(2)0组、1组、2组、3组和4组:按表4-14的规定检查样品温度,精确量取试样至接收量筒的100 mL刻线处,然后将试样全部转移至蒸馏烧瓶中。注意不能有液体流到蒸馏烧瓶支管中。如果试样预期会出现不规则沸腾(突沸),可向试样中加入少量沸石。

(3)将温度传感器定位于蒸馏烧瓶颈部的中心位置。如果使用温度计,应使温度计感温泡位于瓶颈的中心,温度计毛细管的底端应与蒸馏烧瓶支管内壁底部的最高点齐平。

(4)用软木塞或由其他材料的塞子,将蒸馏烧瓶支管紧紧地与冷凝管相连。调节蒸馏烧瓶使其处于垂直位置,并使蒸馏烧瓶支管伸到冷凝管内25~50mm。升高并调节蒸馏烧瓶支板使其紧紧地接触蒸馏烧瓶的底部。

(5)将先前量取过试样、未经干燥的接收量筒放入冷凝管末端下方已控温的冷却浴中。冷凝管的末端应位于接收量筒的中心,且伸入量筒至少25 mm,但不能低于量筒的100mL刻线。

2)初馏点测定

(1)手动法:用一张吸水纸或类似的材料盖住接收量筒,以减少蒸馏中的蒸发损失。如果使用接收导流器,使导流器的尖端恰好接触接收量筒内壁;如果未使用接收导流器,应使冷凝管滴液尖端不接触接收量筒内壁。开始蒸馏,记录蒸馏开始时间,观察并记录初馏点,精确至0.5℃。如果未使用接收导流器,当观测到初馏点后,应立即移动接收量筒以使冷凝管滴液尖端接触到量筒内壁。

(2)自动法:采用仪器制造商提供的装置以减少蒸馏过程中的蒸发损失。使接收导流器的尖端恰好接触接收量筒内壁,开始加热蒸馏烧瓶和试样。记录蒸馏开始时间及初馏点,精确至0.1℃。注意调整加热强度,使从开始加热到初馏点的时间间隔符合表4-16的规定。

表4-16 蒸馏过程中的试验条件

项 目	0组	1组	2组	3组	4组
冷凝浴温度,℃	0~1	0~1	0~5	0~5	0~60
接收量筒周围冷却浴温度,℃	0~4	13~18	13~18	13~18	装样温度±3
从开始加热到初馏点的时间,min					
从初馏点到 5%回收体积的时间,s	—	60~100	60~100	—	—
10%回收体积的时间,min	3~4	—	—	—	—
从5%回收体积到5mL残留物的均匀平均冷凝速率,mL/min	—	4~5	4~5	4~5	4~5
从10%回收体积到5mL残留物的均匀平均冷凝速率,mL/min	4~5	—	—	—	—
从5mL残留物到终馏点的时间,min	≤5	≤5	≤5	≤5	≤5

3)蒸馏过程中的试验条件

继续蒸馏,控制加热强度,使整个蒸馏满足表4-16的要求。若蒸馏过程未能符合表4-16的规定,应重新进行蒸馏。

4)观察记录数据

在初馏点和终馏点之间,观察并记录所需数据:规定的回收百分数时的温度读数、规定温度读数时的回收百分数等。手动法时体积读数应精确至0.5mL,温度读数精确至0.5℃;自动法时体积读数应精确至0.1mL,温度读数应精确至0.1℃。

0组:如果未指明有特殊的数据要求,记录初馏点、终馏点和10%～90%之间每10%倍数的回收体积时的温度读数。

1组、2组、3组和4组:如果未指明有特殊的数据要求,记录初馏点、终馏点和在5%、15%、85%和95%回收体积时的温度读数以及10%～90%之间每10%倍数回收体积时的温度读数。

当蒸馏烧瓶中残留液体约为5mL时,最后一次调整加热,使蒸馏烧瓶中5mL残留液体蒸馏到终馏点的时间符合表4-16规定的范围。如果未满足此条件,需对最后加热调整进行适当修改,并重新试验。

由于蒸馏烧瓶中剩余5mL沸腾液体的时间难以确定,可用观察接收量筒内回收液体的数量来确定。这点的动态滞留量约为1.5mL,如果不计轻组分损失,蒸馏烧瓶中5mL液体残留量可认为对应于接收量筒内93.5mL的量。

5)观察记录终馏点和干点

根据需要观察并记录终馏点和干点,并停止加热。加热停止后,应使馏出液完全滴入接收量筒内。具体作法是:

(1)手动法:当冷凝管中连续有液滴滴入接收量筒时,每隔2min观察并记录冷凝液体积,精确至0.5mL,直至两次连续观察的体积相同。准确测量接收量筒内液体的体积,记录并精确至0.5mL。

(2)自动法:仪器将连续监测回收体积,直至在2min内回收体积的变化小于0.1mL,准确记录接收量筒内液体的体积,并精确至0.1mL。

6)记录接收量筒内液体体积相应的回收百分数

如果由于出现分解点蒸馏提前终止,那么从100%中减去回收百分数,报告此差值作为残留百分数和损失百分数之和,并省略步骤(7)。

7)计量残留百分数

待蒸馏烧瓶冷却之后,且未观察到再有蒸气出现时,从冷凝管上拆下蒸馏烧瓶,将其内容物(沸石除外)倒入一个5mL带刻度量筒中,将蒸馏烧瓶倒悬在量筒之上,让蒸馏烧瓶内液体滴下,直至观察到量筒内的液体体积无明显增加,读取量筒中液体的体积,精确至0.1mL,记作残留百分数。

3. 项目报告

1)数据精密度的判断

试验结果的可靠性为95%置信水平,重复测定结果之差不大于如下数值:初馏点4℃,干点和中间馏分2℃和1mL,残余物0.2mL。

2)数据处理

(1)记录数据。

在整个蒸馏过程中按照表4-17分别记录数据,数据读取时体积精确到0.5mL(手工)或0.1mL(自动),时间精确到0.5s,大气压力精确至0.1kPa。

表4-17　石油产品蒸馏法的精确度判断

实验室温度:		℃	大气压力:		kPa
馏出状态	温度,℃	时间,s	馏出状态,%	温度,℃	时间,s
初馏点			60%		
5%			70%		
10%			80%		
15%			85%		
20%			90%		
30%			95%		
40%			终馏点		
50%					
最大回收体积:		mL	残留体积:		mL

(2)大气压力对馏出温度影响的修正。

当实际大气压为100.0~102.6kPa时。馏出温度不需要修正。

当实际大气压力超出上述压力范围时,馏出温度受大气压力影响可利用悉尼扬(Sydney Young)公式进行修正,即:

$$t_0 = t + C \tag{4-3}$$

其中　　　　　　　　　$C = 0.0009(101.3 - p)(273 + t)$

式中　t_0——修正至101.3kPa时的温度计读数,℃;

　　　t——观察到的温度计读数,℃;

　　　C——温度计读数修正值,℃;

　　　p——实际大气压力,kPa。

(3)蒸馏损失百分数的修正。

在温度计读数修正到101.3kPa(760mmHg)压力下时,真实(修正后)的损失百分数L_c(%)按下面的式子修正到101.3kPa(760mmHg)压力下:

$$L_c = AL + B \tag{4-4}$$

式中　L_c——真实(修正后)的蒸馏损失百分数;

　　　L——从试验数据计算得出的蒸馏损失百分数;

　　　A、B——数字常数(表4-18)。

(4)最大回收百分数R_c(%)的修正。

最大回收百分数利用式(4-5)进行修正:

$$R_c = R_{max} + (L - L_c) \tag{4-5}$$

式中 R_c——修正后的最大回收百分数；

R_{max}——实验测得的最大回收百分数；

L——从试验数据计算得出的损失百分数；

L_c——修正后的损失百分数。

表4-18 用于修正蒸馏损失的常数A和B的值

观察的大气压力		A	B
kPa	mmHg		
74.6	560	0.231	0.384
76.0	570	0.240	0.380
77.3	580	0.250	0.375
78.6	590	0.261	0.369
80.0	600	0.273	0.363
81.3	610	0.286	0.357
82.6	620	0.300	0.350
84.0	630	0.316	0.342
85.3	640	0.333	0.333
86.6	650	0.353	0.323
88.0	660	0.375	0.312
89.3	670	0.400	0.300
90.6	680	0.428	0.286
92.0	690	0.461	0.269
93.3	700	0.500	0.250
94.6	710	0.545	0.227
96.0	720	0.600	0.200
97.3	730	0.667	0.166
98.6	740	0.750	0.125
100.0	750	0.857	0.071
101.3	760	1.000	0.000

4. 项目实施中的注意事项

（1）试样中有水时，应先进行脱水。试样含水，一方面会使测定结果产生误差，另一方面油品和水形成稳定的乳浊液，加热时乳浊液传热不均匀，分散在油中的水滴达到过热后会产生突沸冲油现象；蒸馏汽化后在温度计上冷凝并逐渐聚成水滴，水滴落入高温油中迅速汽化，造成瓶内压力不稳也会产生冲油现象。

（2）温度计安装时应使温度计水银球的上边缘与支管焊接处的下边缘在同一水平面上，

如温度计安装过高则读数偏低,安装过低则读数偏高。

(3)接收器安放时注意量筒的口部要用棉花塞好,方可进行蒸馏,主要是为了防止冷凝管上凝结的水分落入量筒内和减少馏出物的挥发。

(4)严格按规定控制加热速度。石油产品馏程的测定是条件实验,根据蒸馏油品馏分轻重的不同,所规定的加热速度也不同。在蒸馏操作中,如加热速度过快,会使蒸馏烧瓶气压增大。当烧瓶中的气压大于外界的大气压时,读出的蒸馏温度往往要比正常蒸馏温度偏高一些。若加热速度始终较大,最后还会出现过热现象,使干点提高而不易测准。若在测定过程中加热强度不足,导致加热速度过慢,则各馏出温度均显著降低。

(5)蒸馏不同石油产品时选用不同孔径的石棉垫,主要是为了控制蒸馏烧瓶下面来自热源的加热面。一方面基于油品的轻重,保证其升温,使油品在规定时间内能沸腾达到应有的蒸馏速度;另一方面又考虑到最后被蒸馏的油品表面应高于加热面。

三、辛烷值的测定

(一)任务目标

(1)学会汽油研究法辛烷值的测定原理。

(2)能进行汽油辛烷值的测定。

(3)能正确处理测定数据。

(二)任务准备

1. 知识准备

1)测定依据

标准:GB/T 5487—1995《汽油辛烷值测定法(研究法)》。

适用范围:适用于测定车用汽油的抗爆性能。

方法要点:一种燃料的研究法辛烷值是在标准操作条件下,将该燃料与已知辛烷值的参比燃料混合物的爆震倾向相比较来确定。具体的做法是借助于改变压缩比,并用电子爆震表来测量爆震强度而获得标准爆震强度。可用下列两种方法之一测定:

一是内插法,在固定的压缩比条件下,使试样的爆震表读数位于两个参比燃料调合油之间,试样的辛烷值用内插法进行计算。

二是压缩比法,根据试样达到标准爆震强度所需的气缸高度(即测微计读数),经查表确定相应的辛烷值。该种方法中,参比燃料仅用于确定标准爆震强度。

2)基本概念

气缸高度:发动机气缸活塞的相对位置,用测微计或计数器读数指示。

最大爆震强度油气比:燃料在爆震试验装置中燃烧,产生最大爆震强度时的燃料与空气混合比例,称为最大爆震强度油气比,它是通过调节化油器上玻璃观测器中的油面高度来实现的。

基准参比燃料:参比燃料异辛烷与正庚烷按不同的体积比调合而成的调合油(辛烷值小于100)或在参比燃料异辛烷中加入标准稀释的乙基液而成的调合油(辛烷值大于100)。

标准爆震强度:在最大爆震强度油气比下,把气缸高度调整到操作表的规定值,并进行大气压力修正,已知辛烷值的参比燃料调合油在爆震装置中燃烧时产生爆震的程度称为标准爆震强度。一般调整爆震仪的"放大",使此时的爆震表读数为50。

展宽:爆震测量仪的灵敏度,即单位辛烷值在爆震表上的指示分度。

2. 仪器、试剂准备

1)仪器

爆震实验装置,即一台连续可变化压缩比的单缸发动机及附属设备、仪表等。

2)试剂

(1)爆震试验参比燃料:参比燃料异辛烷、参比燃料正庚烷。

(2)辛烷值为80的调合油:由参比燃料异辛烷和正庚烷混合而成。

(3)稀释乙基液。

(4)甲苯标定燃料:用甲苯、参比燃料异辛烷和参比燃料正庚烷按不同体积比混合而成。

(三)任务实施

1. 操作准备

1)发动机的工作状况及实验条件

GB/T 5487—1995《汽油辛烷值测定法(研究法)》中对发动机的工作状况和实验条件作了明确的规定,操作条件摘要见表4-19。

发动机在标准试验条件下,进行甲苯标定燃料的标定试验,如果试验结果能满足表4-20的要求,说明设备状态良好。

表4-19　发动机操作条件摘要

操作条件	数值范围	操作条件	数值范围
发动机转速,r/min	600±6	润滑油油温,℃	57±8.5
点火提前角,(°)	13.0	进气湿度,g(水)/kg(干空气)	3.56~7.12
火花塞间隙,mm	0.51±0.13	进气温度	见GB/T 5487—1995《汽油辛烷值测定法(研究法)》的规定
进排气阀间隙,mm	0.20±0.03	冷却剂温度,℃	100±1.5
曲轴箱润滑油,牌号	L-EQR级以上汽油机油,黏度等级30	试样温度,℃	2~10
润滑油压力,kPa	172~207	阀门间隙,mm	0.203

表4-20　甲苯标定燃料标定实验的评定

经校正的辛烷值	评定允许差数	组成(体积分数),%		
		甲苯	异辛烷	正庚烷
65.2	±0.4	50	0	50
75.5	±0.3	58	0	42
85.0	±0.3	66	0	34

经校正的辛烷值	评定允许差数	组成(体积分数),%		
		甲苯	异辛烷	正庚烷
89.3	±0.3	70	0	30
93.4	±0.3	74	0	26
96.9	±0.2	74	5	21
99.6	±0.3	74	10	16
103.3	±0.4	74	15	11
108.0	±0.8	74	20	6
113.7	±0.9	74	26	0

2)仪器准备

(1)发动机的启动与停车。启动前曲轴箱润滑油预热至57±8.5℃,检查发动机是否正常,是否缺少润滑油和冷凝液,盘车2~3圈,打开冷却水,向各润滑点加润滑油,再用电动机拖动发动机运转,打开点火,加热开关,化油器从一个油罐中抽取燃料点燃发动机。先关闭燃料阀,再将所有油罐中的燃料放出,关闭加热、点火开关,用电动机拖发动机运转1min,关闭电动机、冷却水开关,为了避免在两次运转之间发动机的进排气阀和阀座造成腐蚀和扭曲,要转动飞轮至压缩冲程的上止点,使两个气阀都处于关闭位置。

(2)爆震表的零点调整。在不供电情况下,调整螺丝使爆震表指针指在零点。

(3)爆震仪的零点调整。给爆震仪供电,调整爆震仪下方的电位器使指针为零。

(4)时间常数的调整。调整时间常数就是调积分时间,即调仪表反应的灵敏度。位置"1"灵敏度高,但最不稳定;位置"6"灵敏度低,最稳定。一般把时间常数调整在"3"或"4"位置上。

(5)展宽的调节。将爆震表的展宽幅度调整为每个单位辛烷值10°~18°。

(6)最大爆震强度的燃料—空气混合比和标准爆震强度的获得。

①初步调整气缸高度。将试样倒入化油器油罐中,并将液面调整到估计产生最大爆震强度位置上,旋转选择阀,使用该试样操作,待发动机处于标准状态后,调整气缸高度,使爆震表指针指在50或更小一些的位置上。

②调整燃料—空气比,获得最大爆震强度的燃料—空气混合比。按0.1的幅度调高化油器油罐的液面高度,并分别记录不同液面高度时的爆震强度,直至爆震表读数比最大值降低5分度;再将燃料液面调回到爆震表产生最大读数的位置上。仍按照0.1的幅度调低液面高度,直到爆震表读数至少比最大值降低5分度,记录不同液面高度时的爆震表读数;再将燃料液面调回到使爆震表产生最大读数的位置上,或者产生同一爆震强度两个液面的中间位置上。此时的液面高度就是产生最大爆震强度的燃料液面,此时的燃料—空气混合比最大。检查上述调整正确性的方法是液面调到偏离上述位置两侧各0.1位置上,如读数都下降,说明调整是正确的,如有的读数增加,说明前者调整有错,必须重新调整。

③进一步调整气缸高度,获得标准爆震强度。在确定最大爆震强度的油气比后,爆震表读数可能不在(50±3)的范围内,这时应调整气缸高度,使爆震表读数为(50±3),此时的爆震强度为标准爆震强度。

2. 操作要领

1)内插法测定试样的辛烷值

(1)参比燃料的测定。

第一个内插参比燃料的配制。确定试样产生标准爆震强度的气缸高度,根据此时的气缸高度,利用《标准爆震强度数字计读数与研究法辛烷值对照表》[见GB/T 5487—1995《汽油辛烷值测定法(研究法)》]估算试样的辛烷值。配制一个接近试样辛烷值的参比燃料,将其倒入化油器的第二个油罐中,把燃料液面调到估计产生最大爆震强度的位置上。旋转选择阀,让发动机用这个参比燃料操作调整燃料液面高度,获得最大爆震强度。记录此时的液面高度和爆震表读数。

完成第一个内插参比燃料试验后,再配制第二个参比燃料。对第二个参比燃料的要求是:使试样的爆震表读数位于两个参比燃料的爆震表读数之间,并且2个参比燃料的辛烷值差数不大于2个辛烷值。把调好的第二个参比燃料倒入化油器的第三个油罐中,通过调整燃料液面高度,获得最大爆震强度。记录此时的燃料液面高度和爆震表读数。

如果第一、第二两个参比燃料的爆震表读数不能把试样的读数包括在内,应根据已测数据预算结果,选择第三个参比燃料,以替换前两者中的一个,并与另一个相配合,以达到把试样的爆震表读数包括在内的目的。

(2)试样的测定。

测定完参比燃料的爆震强度后再进行试样的测定,试样的平均爆震表读数在50±5以内。重复进行上述测试,记录相应的试验数据。

2)压缩比法测定试样的辛烷值

(1)确定标准爆震强度。选用与试样爆震强度相近的参比燃料,把压缩比(气缸高度)调整到可产生最大爆震强度的近似位置。调整燃料的液面高度,取得最大爆震强度时的燃料—空气比,再一次调整气缸高度,使爆震表的读数为50。

(2)测定试样。化油器燃料选择阀转到装试样的燃料罐,调整压缩比使爆震表读数为50。调节燃料罐液面,取得最大爆震的燃料—空气比。重新调整压缩比,使爆震表读数为50,读取并记录计数器读数。

3. 项目报告

1)数据精密度的判断

重复性:由同一操作人员,用同一仪器和设备,对同一试样连续做两次重复试验,对测定90~95研究法辛烷值范围内的试样时,其差值不得超过0.2辛烷值。

再现性:在任意两个不同实验室,由不同操作人员,用不同的仪器和设备,对同一试样所测得的结果不应超出表4-21所示的数值范围。

表4-21 不同辛烷值范围的辛烷值评定允许差

平均研究法辛烷值范围	80.0	85.0	90.0	95.0	100.0	105.0	110.0
辛烷值允许差	1.2	0.9	0.7	0.6	0.7	1.1	2.3

2)数据处理

(1)内插法。

首先计算出参比燃料和试样爆震表读数的平均值。把各平均值代入式(4-6),计算出试样的辛烷值,精确到两位小数。

$$X = \frac{b-c}{b-a}(A-B)+B \qquad (4-6)$$

式中　X——试样的辛烷值;

A——高辛烷值参比燃料的辛烷值;

B——低辛烷值参比燃料的辛烷值;

a——高辛烷值参比燃料的平均爆震表读数;

b——低辛烷值参比燃料的平均爆震表读数;

c——试样的平均爆震表读数。

将计算结果保留到小数点后一位。

(2)压缩比法。

根据GB/T 5487—1995《汽油辛烷值测定法(研究法)》,把计数器读数(经过大气压补偿修正)换算成相应的辛烷值数值。试样测定结果辛烷值与确定标准爆震强度参比燃料的辛烷值最大允许差异不能超过表4-22所示的数据。

表4-22　试样测定结果辛烷值与参比燃料的允许差

试样评定辛烷值范围	<90.0	90.1~100.0	100.1~102.0	102.1~105.0	>105.1
参比燃料与试样之间辛烷值的最大允许差	2.0	1.0	0.7	1.3	2.0

4. 项目实施中的注意事项

(1)每天评定试验以前,都必须用甲苯标定燃料校正评定特性。校正试验结果仅在此后的7h内有效。当更换操作人员,停机超过2h或停机进行较大的检修和更换零部件时,都应重新校正评定。

(2)如果在液面计中有明显的气泡蒸发,引起液面波动或发动机内燃烧不稳定时,化油器必须冷却。

(3)发动机的进气温度要根据当天的大气压强由GB/T 5487—1995《汽油辛烷值测定法(研究法)》附表查得。

(4)对试验中所有的计数器读数进行大气压强补偿修正。

四、氧化安定性的测定(诱导期法)

(一)任务目标

(1)学会用诱导期法测定汽油氧化安定性的方法。

(2)能进行汽油诱导期测定仪的操作。

(二)任务准备

1. 知识准备

1)测定依据

标准:GB 8018—1987《汽油氧化安定性测定方法(诱导期法)》。

适用范围:本方法适用于测定在加速氧化条件下汽油的氧化安定性。

方法要点:试样在氧弹中氧化,此氧弹先在$15\sim25℃$下充氧至689kPa,然后加热至$98\sim102℃$。按规定的时间间隔读取压力或连续记录压力,直至到达转折点。试样到达转折点所需要的时间即为试验温度下的实测诱导期,由此实测诱导期计算出100℃时的诱导期。

2)基本概念

诱导期:从氧弹放入100℃浴中至转折点之间所经过的时间,以分钟表示。

转折点:压力—时间曲线上的一点,是在15min以内降达到13.8kPa,而且再继续15min压力降仍不小于13.8kPa的开始下降的那一点。

2. 仪器、试剂准备

1)仪器

仪器包括汽油诱导期测定器、氧气瓶、水浴、量筒、耐高压铜管等。

(1)汽油诱导期测定器:主要由氧弹、样品瓶和盖子、压力表针开阀及一些附件组成。

①氧弹:由不锈钢制成,可容纳样品瓶,是汽油和氧气接触的场所。为便于清洗和防止腐蚀,氧弹和盖子的内表面应具有较高的光洁度,氧弹应能在100℃下承受1241kPa的工作压力。

②样品瓶和盖子:样品瓶的容积足够容下50mL的汽油样品,样品瓶口部有V形凹槽作为倾倒口。盖子的作用是阻止通过弹柄回流来的物质进入样品,但不妨碍氧气自由地接触样品。

③压力表:读数至少达到1379kPa的指示型或记录型压力表。分度间隔不小于34.5kPa,准确度为总刻度范围的1%或更小,可直接或由金属管、热塑性管等连接到氧弹上,连接用管总容积不超过30mL。

④针开阀:经过精细加工能够灵活开关的控制阀,由一个精细加工的锥形针对着一个孔组装而成,用于氧气的充压和排放。

(2)氧气瓶:带阀门及减压阀,充装氧气至10个大气压力以上。

(3)氧化浴:放一个氧弹的水浴容量应不小于18L,如放多个氧弹,每增加一个氧弹则增加8L容量,且水浴的尺寸应保持浴液的浓度不小于290mm。水浴的顶部应有直径合适的开孔以容纳氧弹,并与固定在弹柄上的盖板相配。备有一个温度计,能很好地固定其位置,并使温度计97℃刻度线在水浴盖之上。当氧弹放入后,氧弹的盖顶至少浸入浴液表面以下50mm。当氧弹不在水浴时,需要用辅助的盖子盖住开孔,水浴有冷凝器和热源,以维持浴液的剧烈沸腾。

(4)量筒:50mL。

(5)温度计:可以测量$95\sim103℃$的全浸式温度计,分度值为0.1℃。

2)试剂

(1)甲苯:化学纯。

(2)丙酮:化学纯。

(3)胶质溶剂:等体积甲苯和丙酮的混合物。

(三)任务实施

1. 操作准备

(1)清洗样品瓶。用胶质溶剂洗净样品瓶中的胶质,再用水充分冲洗,并把样品瓶和盖子浸泡在热的去垢剂清洗液中。用不锈钢镊子从清洗液中取出样品瓶和盖子,先用自来水,再用蒸馏水充分洗涤,之后在100~150℃烘箱中至少干燥1h。

(2)清洗氧弹及附件。倒净氧弹里的汽油,先用一块干净的、被胶质溶剂润湿的布,再用一块清洁的干布把氧弹和盖子的内部擦净。用胶质溶剂洗去填杆和弹柄之间环状空间里的胶质或汽油。有时需从弹柄中取出填杆,并仔细地清洗弹柄和填杆,还要清洗所有连接氧弹的管线。在每次试验开始前,氧弹和所有连接管线都应进行充分干燥。

2. 操作要领

(1)使氧弹和待试验的汽油温度达到15~25℃,把玻璃样品瓶放入弹内,并加入(50±1)mL试样,盖上样品瓶,关紧氧弹,通入氧气直至表压达到689~703kPa为止。让氧弹里的气体慢慢放出,以冲走弹内原有的空气,再通入氧气直至表压达689~703kPa。观察泄漏情况:对于开始时由于氧气在试样中的溶解作用而可能观察到的迅速的压力降(一般不大于41.4kPa)可不予考虑,如果在以后的10min内压力降不超过6.89kPa,就认定为无泄漏,可进行试验。

(2)把装有试样的氧弹放入剧烈沸腾的水浴中,应避免摇动,并记录浸入水浴的时间作为试验的开始时间。维持水浴的温度在98~102℃之间。在试验过程中,按时观察温度,读至0.1℃,并计算其平均温度,取至0.1℃,作为试验温度。连续记录氧弹内的压力,每隔15min或更短的时间记一次压力读数。如果在试验开始的30min内,泄漏增加(15min内压力降大大超过13.8kPa),则试验作废,继续试验直至到达转折点(即先出现15min内压力降达到13.8 kPa,而在下一个15min内压力降不小于13.8kPa的一点)。

(3)记录从氧弹放入水浴直至到达转折点的时间(min),作为试验温度下的实测诱导期。

(4)先冷却氧弹,然后慢慢地放掉氧弹内的压力,清洗氧弹和样品瓶,为下次试验做好准备。注意:要慢慢地放掉氧弹内的压力,每次释放的时间不少于15s。

3. 项目报告

1)数据处理

如果试验温度高于100℃,则试样100℃时的诱导期为:

$$x = x_1(1+\Delta t) \tag{4-7}$$

如果试验温度低于100℃,则试样100℃时的诱导期x(min)按式(4-8)计算:

$$x = \frac{x_1}{1+0.101\Delta t} \tag{4-8}$$

式中　x_1——试验温度下的实测诱导期,min;

　　　Δt——试验温度和100℃之间的代数差,℃。

取经过修正后的两个结果的算术平均值作为试样的诱导期。

2)数据精密度的判断

按下述规定判断试验结果的可靠性(95%置信水平)。

(1)重复性:同一操作者用同一台仪器,连续试验所得两个结果与其算术平均值之差,不应超过其算术平均值的5%;

(2)再现性:不同操作者在不同试验室进行实验,所得两个结果与其算术平均值之差不应超过其算术平均值的10%。

4. 项目实施中的注意事项

(1)氧弹内空气的转换及氧弹灌充氧气的操作都在室温下进行。

(2)氧气瓶通过减压阀向氧弹充氧气时,如果氧弹的压力表没有指示氧气压力,而减堆阀的压力表已指示氧气压力,停止充氧气操作,检查氧弹的压力表是否准确或已损坏。

(3)检查氧弹的气密性操作,在温度为15～20℃的水槽中,如果水中出现氧气的气泡,就将氧弹放置在底座上,把漏气的零件拧紧,然后再检查氧弹的密闭情况。如此重复进行检查,直至氧弹达到完全不漏气为止。

(4)氧化过程在约100℃温度下进行,所以水浴的温度要控制在98～102℃范围内。当大气压力过低时,通过向水浴中添加甘油或乙二醇来维持水浴的温度。

(5)注意终点的判断。从氧弹浸入沸水的瞬间起,氧弹中的压力因氧气和汽油的受热而开始升高,在一般情况下,压力达到最高限度后能在一段时间内保持不变,然后开始连续下降。但在个别情况中,压力会在稍微降低(约降低20kPa)后,才在另一段时间内保持不变,然后开始连续下降。在上述的一般情况下,以压力曲线连续下降的拐点作为诱导期的终点;在上述的个别情况中,以压力曲线连续下降的第二个拐点作为诱导期的终点。

(6)氧化结束时,氧弹的冷却过程要在温度为15～20℃的水槽中进行,历时15min,同时注意检查氧弹的密闭情况。

五、汽油酸度的测定

(一)任务目标

(1)学会汽油等油品酸度的测定方法。

(2)能进行酸度仪的操作。

(二)任务准备

1. 知识准备

1)测定依据

标准:GB/T 258—1977《汽油,煤油,柴油酸度测定法》。

适用范围:适用于测定未加乙基液的汽油、煤油和柴油的酸度。

方法要点:用沸腾的乙醇抽出试样中的有机酸,然后用氢氧化钾乙醇溶液进行滴定。用中和100mL油品所需氢氧化钾的毫克数表示油品的酸度。

2)基本概念

酸度:中和100mL油品所需氢氧化钾的毫克数称为酸度,以mg/100mL表示。

2. 仪器、试剂准备

1)仪器准备

(1)锥形烧瓶:250mL。

(2)球形回流冷凝管:长约300mm。

(3)量筒：25mL、50mL和100mL。

(4)微量滴定管：2mL，分度为0.02mL(或5mL，分度为0.05mL)。

(5)电热板或水浴。

2)试剂

(1)95%乙醇：分析纯。

(2)氢氧化钾：分析纯，用来配成0.05mol/L氢氧化钾乙醇溶液。

(3)碱性6B：用来配制碱性蓝指示剂，碱性蓝指示剂适用于测定深色的油品。

(4)酚酞：配成1%的酚酞乙醇溶液，酚酞指示剂适用于测定无色油品或在滴定混合物中容易看出浅玫瑰红色的油品。

(5)甲酚红：配制甲酚红乙醇溶液。

(三)任务实施

1. 操作准备

1)配制碱性蓝乙醇溶液

称取50mL95%乙醇加入到锥形烧瓶中，煮沸。称取碱性蓝1g，称准至0.01g，加入到已煮沸的乙醇溶液中，在水浴中回流1h，冷却后过滤。必要时，要用0.05mol/L氢氧化钾乙醇溶液或0.05mol/L盐酸溶液对滤液中和，直至加入1~2滴碱溶液能使指示剂溶液从蓝色变成浅红色，而在冷却后又能恢复成为蓝色为止。

2)配制甲酚红乙醇溶液

称取甲酚红0.1g，称准至0.001g，研细，溶于100mL95%乙醇中，并在水浴中煮沸回流5min；趁热用0.05mol/L氢氧化钾乙醇溶液滴定至甲酚红溶液由橘红色变为深红色，而在冷却后又能恢复成橘红色为止。

2. 操作要领

(1)取95%乙醇50mL，注入清洁无水的锥形烧瓶内。用装有回流冷凝管的软木塞塞住锥形烧瓶之后，将95%乙醇煮沸5min。

(2)在煮沸过的95%乙醇中加入0.5mL碱性蓝溶液(或甲酚红溶液)，在不断摇荡下趁热用0.05mol/L氢氧化钾乙醇溶液使95%乙醇中和，直至锥形烧瓶中的混合物从蓝色变为浅红色(或从黄色变为紫红色)为止。也可按下述方法进行：在煮沸过的95%乙醇中加入数滴酚酞溶液代替碱性蓝溶液(或甲酚红溶液)时，按同样方法中和至呈现浅玫瑰红色为止。

(3)将试样注入中和过的、热的95%乙醇中。不同油品的数量有所不同：汽油、煤油用50mL，柴油用20mL。试样的量取均在(20±3)℃温度下完成。在锥形烧瓶上安装回流冷凝管，将锥形烧瓶中的混合物煮沸5min(对于已加有碱性蓝溶液或甲酚红溶液的混合物，此时应再加入0.5mL的碱性蓝溶液或甲酚红溶液)，在不断摇荡下趁热用0.05mol/L氢氧化钾乙醇溶液滴定，直至95%乙醇层的碱性蓝溶液从蓝色变为浅红色(甲酚红溶液从黄色变为紫红色)为止，或直至95%乙醇层的酚酞溶液呈现浅玫瑰红色为止。

3. 项目报告

1)试样酸度的计算

试样的酸度X(mgKOH/100mg)按式(4-9)计算：

$$X = \frac{100VT}{V_1}$$

(4-9)

其中 $T = Mc$

式中 V——滴定时消耗氢氧化钾乙醇溶液的体积,mL;

V_1——试样的体积,mL;

T——氢氧化钾乙醇溶液的滴定度,mgKOH/mL;

M——氢氧化钾的摩尔质量,g/mol;

c——氢氧化钾乙醇溶液的浓度,mol/L。

2)数据精密度的判断

重复测定两个结果间的差数,不应超过表4-23中的数值。

表4-23 汽油酸度精密度的判断

试样名称	汽油、煤油	柴油
允许差数,mgKOH/100mL	0.15	0.3

3)数据处理

取重复测定两个结果的算术平均值作为试样的酸度。

4. 项目实施中的注意事项

(1)碱性蓝乙醇溶液的配制一定要在煮沸的乙醇溶液中进行,并持续回流1h才可完成。

(2)碱性蓝指示剂和甲酚红指示剂配制完成后,要用氢氧化钾或盐酸溶液进行中和滴定。

(3)在每次滴定过程中,自锥形烧瓶停止加热至滴定达到终点,所经过的时间不应超过3min。

复习思考题

一、名词解释

辛烷值、酸度、酸值

二、填空题

1. 汽油的抗爆性能用_____表示。

2. 四冲程汽油机的工作过程要分为_____、_____、_____和_____。

3. 影响汽油安定性的主要化学组分是_____和_____。

4. 规定汽油10%馏出温度是为了保证汽车具有良好的_____。

三、简答题

1. 简述汽油的主要物理性质及其使用性能。

2. 什么叫爆震?衡量汽油抗爆性的指标是什么?它与汽油化学组成有哪些关系?

3. 简述汽油的馏程与使用性能的关系。

4. 什么叫压缩比？汽油机压缩比一般为多少？压缩比大小对汽油使用性能有哪些要求？

5. 提高汽油抗爆性能的途径有哪些？

6. 简述汽油机的工作原理。

7. 衡量汽油储存安定性的指标有哪些？影响汽油储运安定性的因素有哪些？

第五章　柴油的使用要求与参数测定

柴油与汽油一样,是社会生产生活中另一种常用的燃料。它由不同的碳氢化合物组成,主要由含10～22个碳原子的烷烃、环烷烃或芳香烃等组分组成。一般分为轻柴油(沸点范围约180～370℃)和重柴油(沸点范围约350～410℃)两大类。它的化学和物理特性位于汽油和重油之间,密度为810～860kg/m³,主要由原油蒸馏、催化裂化、热裂化、加氢裂化、石油焦化等过程生产的柴油馏分调配而成;也可由页岩油加工和煤液化制取。

柴油是柴油机的燃料,柴油机又称压燃式发动机,根据转速不同可分为高速柴油机(大于1000r/min)、中速柴油机(500～1000r/min)和低速柴油机(小于500r/min)。高速柴油机,如大型客车、拖拉机、内燃机车、钻井设备等使用轻柴油;中低速柴油机以重柴油(通常称车用柴油)为燃料。除馏分型柴油机燃料(轻柴油和车用柴油)外,目前还有残渣型柴油机燃料,主要用于船用大功率、低速柴油机,又称船用残渣燃料油。

近几十年来,柴油机得到了广泛的应用,在载重汽车、公共汽车、拖拉机、机车、船舶和各种农业、建筑、矿山、军用机械上作为动力设备。柴油机之所以能如此广泛地被应用,与汽油机相比,主要是由于以下特点:

(1)具有较高的经济性。柴油机的压缩比可达16～20,热功效率高,其单位功率燃料消耗量比汽油机低30%～40%,功率大、耗油少。

(2)所用燃料的沸点高、馏程宽、来源多、成本低,在没有合适的柴油时,容易用其他燃料代替。

(3)具有良好的加速性,不需经过预热阶段即可转入全负荷运转。

(4)工作可靠,耐久,使用、保管容易。

(5)柴油闪点比汽油高,着火危险性小,这对于在船舶、舰艇和坦克等装备中使用具有重要意义。

但柴油机结构比汽油机复杂,转速较低,最高约为3000r/min,而汽油机可达4000r/min;柴油机比较笨重,单位功率所需金属为5～10kg,低速柴油机为30～50kg,而汽油机仅为3～8kg。但这些缺点与前述优点相比,相对次要,因而柴油机成为目前使用最广泛的内燃机。柴油机和汽油机都是内燃机,两者有相似之处,但工作原理有本质的不同。

第一节　柴油的使用要求

一、柴油机的工作原理

图5-1所示为柴油机的基本结构原理。柴油机与汽油机的不同之处在于没有汽化器和点火系统,但有一套专门的柴油高压喷射装置。四行程柴油机的工作过程由进气、压缩、做功和排气4个行程组成,与四行程汽油机基本一致。

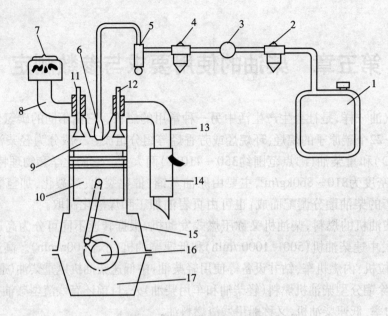

图5-1 柴油机的基本结构原理

1—油箱；2—粗过滤器；3—输油泵；4—细过滤器；5—高压油泵；6—喷油嘴；7—空气过滤器；8—进气管；9—气缸；
10—活塞；11—进气阀；12—排气阀；13—排气管；14—消声器；15—连杆；16—曲轴；17—曲轴箱

当活塞下行时，进气阀打开，空气经空气滤清器吸入气缸，活塞到达下死点时，进气阀关闭。活塞经过下死点后上行，压缩气缸中的空气，使空气温度和压力急剧上升。压缩终了时，空气温度可达到500～700℃，压力达(35～45)×10⁵Pa。压缩比越大，压缩终了时的温度、压力越高，发动机的功率也越大。

当活塞上行快到达上止点时，柴油经粗细过滤器，由高压油泵将柴油通过喷油嘴喷入气缸。呈细小微滴的柴油与高温、高压气体混合，油滴迅速汽化。由于气缸内温度已超过柴油自燃点，柴油开始迅速自燃，这时柴油继续喷入，边喷边燃，燃烧产生大量高温、高压气体，推动活塞向下运动，带动曲轴做功。此时温度可达到2000℃，压力约为(60～100)×10⁵Pa。

活塞经过下死点后因惯性作用再次上行，排气阀打开，排出废气。四冲程柴油机就是如此周而复始，连续不断地对外做功。增压柴油机还装有废气涡轮增压装置，用以增加空气压力和进气量，提高柴油机的经济性。

柴油机的工作循环和汽油机基本相同，但两者又有根本性的差别：柴油机进气时只吸入空气，压缩行程中也只压缩空气，而汽油机吸入和压缩的是空气和汽油蒸气的混合气；在做功行程中，柴油机向高温、高压空气中喷入柴油，自燃做功，而汽油机是利用电火花塞点火的方式使汽油气混合气燃烧。

根据柴油机的工作特点，对燃料提出了一系列的要求。对于适用于高速柴油机的轻柴油来说，燃料系统构造精密、燃烧过程短暂且复杂，要求其使用性能满足以下几方面：

（1）具有良好的燃烧性能，保证在柴油机中迅速着火，保证柴油机工作平稳，不产生爆震，经济良好。

（2）凝点低，黏度适中，保证良好的雾化性能和良好的燃料供给性能。

（3）良好的热安定性和储存安定性。

(4)对发动机零件没有腐蚀性。

(5)燃烧不产生积炭堵塞喷油孔。

(6)不含机械杂质,以免加速高压油泵和喷油嘴磨损,降低寿命或堵塞喷油嘴。不含水分,以免柴油机运转不稳定和在低温下结冰。

(7)具有较高的闪点,以保证储存运输和使用中的安全。

二、柴油的性能

(一)燃烧性能

为了保证燃料迅速、完全地燃烧,要求柴油喷入气缸即能尽快形成均匀的混合气,所以柴油应具有良好的雾化和蒸发性能;为了保证柴油燃烧均匀、平稳,不产生爆震,要求柴油具有良好的抗爆性能。

1. 蒸发性能

在既定的燃烧室与喷油设备条件下,柴油的蒸发性决定了混合气形成的速度与质量,高速柴油机混合气形成时间极短,故对柴油的蒸发性有较高要求。柴油蒸发性主要用馏程与闪点来评价。

1)馏程对蒸发性能的影响

不同转速的柴油机对柴油馏程要求不同。轻柴油规定了馏程要求,低转速柴油机使用的重柴油因要求不高,不要求馏程,只限制了残炭量。总的来说,对柴油的馏分要求不如对汽油的馏分要求那么严格。

测定柴油馏程的方法与测定汽油馏程的方法大致相同,不同的是柴油馏程的测定项目只有50%、90%和95%馏出温度,柴油的馏程是按GB 19147—2009《车用柴油》的规定进行。

50%馏出温度反映了轻柴油和车用柴油的启动性。表5-1为柴油50%馏出温度与启动性的关系。由表5-1中数据可知,50%馏出温度越低,则启动时间越短;50%馏出温度越高,则启动时间越长。其原因是50%馏出温度的高低反映了柴油中轻质馏分含量的多少,该温度越低,轻质馏分含量越多,柴油机就越易于启动。但柴油中轻质馏分含量过多,会使喷入气缸的柴油因蒸发太快,引起柴油急速剧烈燃烧,造成压力剧增,使得柴油机工作不稳定,产生爆震。

表5-1 柴油50%馏出温度与启动性的关系

柴油50%馏出温度,℃	200	225	250	275	285
柴油启动时间,s	8	10	27	60	90

90%与95%馏出温度反映了车用柴油燃烧的完全性。90%与95%馏出温度越低,柴油中重质馏分含量越少,柴油的燃烧就越充分。因此可以提高柴油机的动力性,减少机械磨损,避免发动机产生过热现象,而且还可使油耗降低。

综上所述,柴油的馏分过轻、过重都是不适宜的。GB/T 19147—2009《车用柴油》规定柴油的50%馏出温度不高于300℃;90%馏出温度不高于355℃;95%馏出温度不高于365℃。当然不同类型的柴油机对柴油馏分的要求也不同,预燃室式和涡流室式柴油机可以允许使用馏分较宽、较重的柴油;而直喷式柴油机则只能使用馏分较窄、较轻的柴油。

2)闪点对蒸发性能的影响

柴油采用的是闭口闪点,按GB/T 261—2008《闪点的测定 宾斯基—马丁闭口杯法》的规定进行测定。柴油的闪点既是控制柴油蒸发性的指标,也是确保柴油安全性的指标。闪点低的柴油,其蒸发性好,但柴油的闪点也不能过低,因为其一,闪点过低,则柴油含轻质馏分过多,使得柴油蒸发性过强,气缸内混合气燃烧过猛,气缸压力骤增而致柴油机产生爆震。其二,柴油的闪点又是柴油储运及使用中的安全指标。

对柴油闪点的要求随发动机工作条件和油箱位置的不同而不同。汽车、工程机械等多在露天工作与加油,对闪点要求相对而言不是十分严格。而对于一些固定式柴油机,大多在室内,对闪点的要求就较严格,为确保安全不可过低。柴油在使用前如需预热,其加热温度应低于其闪点10~20℃。GB 252—2011《普通柴油》规定10号、0号、−10号及−20号柴油闪点不低于55℃;−35号、−50号柴油闪点不低于45℃。

2. 雾化性能

柴油在各种条件下使用时,要保证不间断地供油,雾化良好,才能给正常的燃烧提供条件。柴油标准中与雾化密切相关的指标主要有黏度和密度。

1)黏度

柴油的黏度对柴油机的供油量、雾化状态、燃料情况和高压油泵的磨损度有重要影响,是一个重要的质量指标。

柴油的雾化性能主要受黏度的影响。柴油的黏度过大,不仅会影响油泵抽油效率,减少供油量,造成供油困难;同时使喷入气缸时的喷射角小、射程远,此时雾化形成的油滴平均直径大,蒸发总表面积小而汽化不良,以致与空气混合不均匀;由于射程远,油滴可能落在气缸壁和活塞头上,燃烧时易形成积炭,结果增大了耗油量,降低了柴油机功率。反之,柴油黏度过小,雾化状态虽有所改善,但喷射角大、射程近,油滴集中在喷油嘴附近,不能与气缸中全部压缩空气混合,因而柴油燃烧时空气不足,燃烧不完全,也导致功率下降,耗油率增大,排烟量增加。黏度过小还会影响泵的润滑。柴油黏度对耗油率的影响见表5-2。由表中数据可以看出,当柴油50℃运动黏度由6.5mm²/s增加到65mm²/s时,耗油率几乎增加了50%。因此,在柴油的质量标准中对各种牌号的柴油都规定了允许的黏度范围,其中轻柴油和车用柴油按牌号规定了20℃运动黏度的上下限;重柴油和残渣型柴油机燃料分别要求50℃和100℃时的运动黏度数值。柴油运动黏度的测定方法按GB 265—1988《石油产品运动黏度测定法和动力黏度计算法》进行。

表5-2 柴油黏度对耗油率的影响

柴油密度,g/cm³	0.8861	0.8923	0.9052	0.9063	0.9226	0.9250	0.9296
运动黏度(50℃),mm²/s	6.5	7.8	14.8	16.2	43.0	54.0	65.0
耗油率,g/h	246	250	247	250	260	315	328

2)密度

柴油密度是影响雾化性能的另外一个因素。柴油的密度越大,表面张力就越大;表面张力越大,雾化性能就越差,同时柴油密度的增大还会影响喷入燃烧室油柱的射程。柴油密度的增大会使雾化质量变差,使燃烧条件变坏,从而导致柴油机的经济性降低;同时柴油密度的提高表明柴油中含有较多的芳香烃,会导致柴油机产生爆震现象。

3. 抗爆性

柴油的抗爆性即柴油燃烧的平稳性,就是柴油在发动机气缸内燃烧时抵抗爆震的能力,常用十六烷值表示,是柴油的主要性能指标之一。

柴油机在压缩终了时,缸内温度可达500~600℃,压力达3~4MPa。这时柴油以高压、呈细雾状喷入燃烧室内,由于燃烧室的温度已超过柴油的自燃点,故从理论上而言,柴油喷入燃烧室,便具备了着火燃烧的基本条件。但从柴油喷入至自燃,往往还有一定的时间间隔,这是因为在这一时间间隔内,柴油需完成与空气的充分混合、先期氧化及形成局部着火点等物理化学的进一步准备。从喷油开始到柴油开始燃烧的时间间隔称为滞燃期,各种柴油的滞燃期不同,可从几十秒到千分之几秒。自燃点低的柴油滞燃期短,发动机工作平衡;自燃点高的柴油滞燃期长,此时喷入燃烧室的柴油量增多,着火前形成的混合气数量就多。开始自燃时,大量柴油同时着火燃烧,气缸内压力、温度剧增,导致出现敲击气缸的声音、发动机过热等问题,气缸内产生强烈的震击作用,即爆震现象。

柴油机爆震与汽油机爆震现象相似,会使发动机曲柄连杆机构承受过大的冲击力作用,产生强烈的金属敲击声,加速零件的磨损并且使柴油机启动困难,造成柴油机功率下降,油耗增大,但产生的原因却完全不同:汽油机是由于燃料自燃点太低,太容易氧化,过氧化物积累过多,以致电火花点火后,火焰尚未到达区域中的混合气体便已自燃,形成爆震;柴油机的爆震原因恰恰相反,是由于燃料自燃点过高,不易氧化,过氧化物积累不足,迟迟不能自燃,以致在自燃开始时,气缸中燃料积累过多,从而发生爆震现象。因此柴油机要求使用自燃点低的燃料,而汽油机要求使用自燃点高的燃料。

1)评定柴油抗爆性指标——十六烷值

表示柴油自燃倾向和爆震情况的指标是十六烷值(CN),它是柴油最重要质量指标之一。所谓十六烷值,是指在规定条件下、在十六烷值机(标准的单缸柴油机)中,对待测燃料和标准燃料进行对比实验,当两者发火性能相同时,标准燃料中正十六烷的体积含量。标准燃料由正十六烷和α-甲基萘按不同的体积百分含量调配而成,其中正十六烷自燃点低、滞燃期短、着火性好,规定它的十六烷值为100;而α-甲基萘的自燃点高、滞燃期长、着火性差,规定它的十六烷值为0(七甲基壬烷的十六烷值为15)。将这两种烃按不同的体积比例混合,就可以得到十六烷值从0~100供参比用的标准燃料。值得注意的是,十六烷值只表明某一柴油的发火性与标准燃料相同,而不表明柴油中所含的正十六烷数量。例如,乙醚的十六烷值为52,但它并不含有50%(体积分数)的正十六烷。

柴油的十六烷值过低,很容易引起爆震,降低发动机的功率,增加柴油消耗。例如同一发动机中,使用馏程相同而十六烷值分别为35和46的两种柴油工作,结果表明前一种柴油的消耗量比后一种多6.5%。同时,十六烷值高的柴油,启动性能也好。例如,两种馏分相同的柴油在相同工作条件下,十六烷值为53的柴油,3s内就可以使柴油机启动,而十六烷值为38的柴油却需要45s。

柴油机的爆震会引起机件磨损增大,对轴承的影响特别大。因为气缸内压力骤然增大,使轴承负荷也增加很多,严重时会损坏轴承。柴油十六烷值对轴承负荷的影响见表5-3。

当然,十六烷值并非越高越好。使用十六烷值过高(例如大于65)的柴油同样会形成黑烟,燃料消耗增加,这是因为十六烷值过高的柴油滞燃期太短,在未与空气充分混合的情况下已发生自燃,导致燃烧不完全,效率降低。

表5-3 柴油十六烷值对轴承负荷的影响

柴油的十六烷值	60	50	40	30
轴承上最高压力,10^5Pa	167	171	190	217

不同转速的柴油机对柴油的十六烷值要求不同,不同转速柴油机对柴油十六烷值的要求见表5-4。GB 252—2011《普通柴油》中规定轻柴油的十六烷值不得小于45。

表5-4 不同转速柴油机对柴油十六烷值的要求

柴油机转速,r/min^{-1}	<1000	1000~1500	>1500
要求柴油的十六烷值	35~40	40~45	45~60

柴油十六烷值可按GB/T 386—2010《柴油十六烷值测定法》的规定进行测定。主要的测试设备为一台可调压缩比(7~23)供试验用的标准单缸柴油机。试验时调节柴油机压缩比,确定待测燃料的闪火时间。如果待测燃料和某一参比燃料在同样条件下同期闪火,所选用的压缩比又相同,则它们的抗爆性相同,标准燃料中正十六烷的体积百分含量即为待测燃料的十六烷值。例如,十六烷值为46的柴油抗爆性与含46%(体积分数)正十六烷的标准燃料相同。如果标准燃料是用正十六烷和七甲基壬烷按不同体积配制而成的混合物,则试验试样的十六烷值可按下式计算:

$$CN = \varphi_1 + 0.15\varphi_2 \tag{5-1}$$

式中　CN——标准燃料或待测燃料的十六烷值;

　　　φ_1——标准燃料中正十六烷的体积分数,%;

　　　φ_2——标准燃料中七甲基壬烷的体积分数,%。

除通过上述办法测定柴油的十六烷值外,还可以通过测取柴油某些较易获得的物理参数,而后通过简单计算得出柴油的近似十六烷值。

柴油指数(DI)是表示柴油在柴油机中燃烧性能的一个计算值,曾普遍用来作为评定柴油抗爆性的指标,后来用于计算柴油的十六烷值。基本做法是,首先通过实验测得柴油的相对密度和苯胺点,然后按式(5-2)计算柴油指数:

$$DI = \frac{(1.8t_A + 32)(141.5 - 131.5d_{15.6}^{15.6})}{100d_{15.6}^{15.6}} \tag{5-2}$$

式中　DI——柴油指数;

　　　t_A——柴油的苯胺点,℃;

　　　$d_{15.6}^{15.6}$——柴油在15.6℃时的相对密度。

根据计算的柴油指数,可按经验公式(5-3)计算柴油的十六烷值:

$$CN = \frac{2}{3}DI + 14 \tag{5-3}$$

十六烷指数(CI)也是表示柴油抗爆性的一个计算值,是预测柴油十六烷值的一个辅助手段。当试样量很少或不具备发动机实验条件时,计算十六烷指数是估计十六烷值的有效方法。首先测定柴油的50%馏出温度和密度,然后利用经验公式直接计算出柴油的十六烷值,所得的计算值称为十六烷指数,以便与实测的十六烷值相区别。计算公式如下:

$$CI = -418.51 + 162.42\lg(t_{50}/\rho_{20}) \tag{5-4}$$

式中 CI——试样的十六烷指数;

　　　t_{50}——柴油试样50%馏出温度,℃;

　　　ρ_{20}——柴油试样20℃时的密度,g/cm³。

虽然十六烷指数和柴油指数的计算简单、方便,适用于生产过程的质量控制,但不能替代用标准发动机测定的试验值,柴油规格指标中的十六烷值必须以实测为准。

2)影响十六烷值的因素

影响十六烷值的根本因素是化学组成,因为与柴油抗爆性密切相关的自燃点、滞燃期均取决于柴油的化学组成。在相同条件下,不同烃的氧化速度和氧化产物是有差别的。正构烷烃的氧化速度最快,生成的氧化产物自燃点最低,而芳香烃则相反,环烷烃位于两者之间。因此烷烃的十六烷值最高,环烷烃次之,芳香烃最低。柴油化学组成对十六烷值的影响见表5-5。国产原油中石蜡基原油多,烷烃含量大,直馏柴油的十六烷值一般都较高。此外随烃类相对分子质量的增加,其自燃点降低,十六烷值也相应增大。

表5-5　柴油化学组成对十六烷值的影响

柴油编号	柴油的化学组成(质量分数),%			十六烷值
	烷烃	环烷烃	芳香烃	
1	85	9	6	66
2	80	10	10	63
3	75	12	13	55
4	67	15	18	45
5	45	22	33	32

如果柴油的十六烷值偏低,不能满足使用要求,可以采取下面的方法提高柴油的十六烷值:

(1)用硫酸或选择溶剂除去柴油中的芳香烃。但这种方法使柴油产率下降、凝点提高,且消耗大量硫酸或溶剂。

(2)与高十六烷值馏分调和。用石蜡基原油生产的直馏柴油,其十六烷值可达50~60,甚至更高一些。通过向直馏柴油中调入热裂化或催化裂化柴油馏分生产十六烷值适中的柴油。裂化柴油的十六烷值虽然只有30~40,但与直馏柴油调合后可保证成品柴油的十六烷值达50左右。

(3)加入十六烷值添加剂。通过向柴油中添加十六烷值添加剂可显著增加柴油的十六烷值,当加入量控制在0.25%~3%(质量分数)时,可提高十六烷值16~24个单位。常用的添加剂主要有丙酮过氧化物、烷基硝酸酯、四氢萘过氧化物等。

4. 影响柴油燃烧性能的因素

柴油在柴油机中的燃烧情况及是否容易产生爆震现象,与柴油的使用条件和质量有关,其主要影响因素为以下几个方面:

(1)十六烷值。十六烷值高,说明该柴油自燃点低,滞燃期短,柴油机不易产生爆震现象。

(2)柴油机的压缩比。提高柴油机压缩比,可以提高压缩终了时空气的温度和压力,加快喷入柴油细滴的蒸发和氧化速度,从而缩短了滞燃期,改善了柴油的燃烧情况,使柴油机不易产生爆震。

(3)柴油的供油量和雾化、蒸发状态。供油量的多少取决于柴油的滞燃期和工作行程。供油量过多,柴油燃烧不完全,增大了耗油量,并会发生爆震燃烧。若柴油喷入气缸后雾化的液滴细小均匀,则容易蒸发,与空气容易混合均匀,燃烧条件好,不容易产生爆震。

(4)进气条件和空气运动状态。采用增压机提高进入气缸的空气压力,可以增加空气进入量,改善柴油的着火燃烧条件;改善气缸中空气的运动状态,增加涡流运动,可以加速柴油的分散雾化,有助于同空气形成均匀的混合气,有利于柴油的氧化和着火燃烧。因而高速柴油机结构中采取了相应措施,出现了增压柴油机。

(二)供油性能

1. 流动性

流动性是指柴油的低温流动性。为了保证柴油机正常地工作,良好的流动性对于柴油能否可靠地喷入气缸有一定影响。因为柴油供油系统设有供油泵、粗细过滤器、高压泵等设备,一般温度下供油不成问题。但我国东北、华北、西北等地区冬季气候严寒,若柴油流动性差,往往造成柴油不能可靠地供往气缸,严重时甚至使车辆无法行驶。柴油的低温流动性与其化学组成有关,其中正构烷烃的含量越高,则低温流动性越差。评定柴油低温流动性的指标主要有柴油的凝点、浊点与冷滤点。

1)凝点

凝点是油品在规定温度下冷却至停止移动时的最高温度。凝点是柴油储存、运输和油库收发油作业的低温界限温度,它直接影响柴油的使用性能。柴油冷却至凝点时已很难流动,供油可能中断,使柴油机中断工作。通常柴油凝点比环境温度低5~7℃,可保证柴油顺利地进行抽注、运输和储存。柴油的凝点直接影响着柴油在各种气候条件下的使用特性,我国轻柴油就是按其凝点的不同来划分牌号的。如10号、5号、−10号轻柴油的凝点分别不高于10℃、5℃、−10℃。

柴油的浊点和凝点由其化学组成决定。含环烷烃或环烷—芳香烃多的柴油,其浊点和凝点都较低,凝点和浊点相差较小;含烷烃(特别是正构烷烃)多的柴油,凝点和浊点都较高,两者相差较大。因此虽然正构烷烃有很高的十六烷值,但作为柴油的主要组分却受到很大的限制。研究表明,异构烷烃的凝点比相同相对分子质量的正构烷烃低,其十六烷值也低,且随着异构程度的增大,凝点和十六烷值随之下降;而带一个或两个短烷基侧链的长链异构烷烃,具有很低的凝点和足够的十六烷值。烷烃的化学结构、凝点和十六烷值的关系见表5-6。另一方面,柴油的烷烃(尤其是正构烷烃)含量越多或相对分子质量越大,则其凝点越高。国产石蜡基原油较多,其直馏柴油的凝点一般都较高,石蜡基原油和环烷基原油的直馏柴油馏分(200~300℃)的凝点比较见表5-7。

表5-6　烷烃的化学结构、凝点和十六烷值的关系

烷烃名称	分子式	凝点,℃	十六烷值
正十二烷	$C_{12}H_{26}$	−12	72
2,2,4,6,6-五甲基庚烷	$C_{12}H_{26}$	−72	9
正十六烷	$C_{16}H_{34}$	20	100
7,8-二甲基十四烷	$C_{16}H_{34}$	−70	40

表5-7　石蜡基原油和环烷基原油的直馏柴油馏分(200~300℃)的凝点比较

原油类型	大庆原油(石蜡基)柴油馏分	孤岛原油(环烷基)柴油馏分
凝点,℃	−21.5	−48.0

为了降低柴油的凝点,改善其低温流动性,常采用的方法有:

(1)采用脱蜡的方法,将柴油中的蜡组分脱出来。

(2)采取掺兑调和的方法,即用直馏柴油与二次加工柴油调和,降低直馏柴油的凝点,并提高产量。

(3)采用添加降凝剂的办法,常用的降凝剂有烷基萘和乙烯醋酸乙烯酯共聚物等。前者用量为0.5%,约可降低凝点6~10℃;后者用量为0.05%~0.1%,约可降低凝点20~40℃(均指凝点0℃的柴油)。

凝点越低的柴油,来源越少,成本越高。例如,以某原油生产凝点为10℃的柴油产率设定为100%,当生产凝点为0℃的柴油时,其产率降到64.5%,生产凝点为−10℃柴油的产率仅为46.5%。因此油库在收发、调拨柴油时,必须根据不同地区、不同季节和不同的使用要求,合理分配凝点不同的柴油,切忌不适当地使用低凝柴油而造成浪费。例如,在夏季或在室内固定的发动机上使用时,若环境温度在0℃以上,便可使用凝点较高的柴油,以免造成浪费。

凝点影响柴油的使用,但柴油的凝点并不能作为其最低使用温度的界限。因为当柴油温度达到高于凝点5℃左右的浊点时,柴油虽未完全失去流动性,但已有冰晶和蜡结晶析出,会堵塞过滤器,减少供油量,甚至完全中断供油。

2)浊点

浊点是在规定的条件下,清晰的液体油品由于蜡晶体的出现而呈雾状或浑浊时的温度。柴油达到浊点后虽未失去流动性,但在燃烧系统中易造成油路堵塞使供油出现故障,因而从供油性能考虑,浊点比凝点更为重要。由于用浊点作为柴油低温指标过于苛刻,同时浊点不能表明加有流动改进剂的柴油的低温性能,因此除美国等少数国家外,大都不采用浊点作为柴油的低温性能指标。柴油的浊点由其烃类组成决定,柴油中正构烷烃含量越多,相对分子质量越大,柴油的浊点越高。

3)冷滤点

除了凝点,国内评价柴油低温流动性的另一个重要指标是冷滤点。在规定的条件下,柴油试样在60s内开始不能通过过滤器20mL时的最高温度,称为冷滤点。随着柴油流动改进剂的日益广泛采用,凝点与浊点之间的距离拉大,也就是说柴油虽已到达浊点,但仍能有效地通

过柴油机的滤网,保证正常供油。只有冷到浊点下某一温度时,析出的石蜡足以堵塞滤网造成供油故障时,柴油机才不能正常工作。所以引进了介于浊点与凝点之间的被称为冷滤点的新指标。冷滤点测定仪是模拟车用柴油在低温下通过滤清器的工作状况而设计的,因此冷滤点比凝点更能反映车用柴油的低温使用性能,它是保证车用柴油输送和过滤性的指标,并能正确判断添加低温流动改进剂(降凝剂)后的车用柴油质量。一般情况下,柴油的冷滤点要高于其凝点约2~6℃;而添加了降凝剂的柴油,其冷滤点则高于凝点10~15℃,最高可达30℃。

2. 洁净性

柴油中如果含有水分、机械杂质、灰分等影响柴油洁净度的物质,会堵塞过滤器,影响甚至中断供油。精制良好的柴油一般不含水分和机械杂质,通常是在储存、运输和加油过程中混入的。柴油含有水分会影响柴油的低温流动性,使柴油机运转不稳定,会降低柴油的热值,低温下会结冰,从而堵塞柴油机的燃料供给系统。同时可能带入可溶性盐类,从而增加灰分;更严重的是水分的存在会促进硫的燃烧产物对机件的酸腐蚀作用。

机械杂质的存在除了堵塞过滤器,还可能加剧精密零件的磨损。柴油机燃料系统的高压油泵和喷油器都是很精密的部件(如高压油泵的套筒与柱塞的配合间隙只有0.0015~0.0025mm),这些部件如果被机械杂质磨损而产生划痕,都会使工作性能严重恶化;同时还会引起柱塞和喷油器中的喷针卡死、出油阀门关闭不严和喷嘴上的喷孔堵塞等恶劣后果。

灰分是柴油燃烧后残留的无机物,它来自于柴油中的无机盐类、金属有机物和外界进入的尘埃等。灰分进入积炭中,使积炭变得坚固耐磨,加剧了机件磨损。因此轻柴油的质量标准中规定,只允许含有痕迹量的水分,不允许含有机械杂质,必须限制灰分的含量。

(三)储存性能

柴油在长期的储存、运输过程中,会不同程度地发生氧化反应,导致油品的质量发生变化,严重的还会影响柴油的正常使用;同时由于柴油中原有的成分及氧化生成物对储存、输送设备有一定的腐蚀性,会影响柴油的储存和运输,所以研究柴油的储存性能非常必要。柴油的储存性能主要包括安定性和腐蚀性。

1. 安定性

柴油的安定性是指柴油在储存、运输和使用过程中保持其外观颜色、组成和使用性能不变的能力。安定性差的柴油长期储存,颜色会变深,易在油罐或油箱底部、油库管线内及发动机燃油系统形成胶质和沉渣。柴油安全性包括热安定性与氧化安定性。

柴油的热氧化安定性称为热安定性,它反映了柴油在柴油机的高温条件和溶解氧的作用下,发生变质的倾向。如果柴油机使用热安定性差的柴油,柴油机的燃料系统(如喷油嘴等部位)会出现不溶性的凝聚物、漆膜和积炭等,影响柴油机的正常工作。

柴油机运转时,油箱中油温达60~80℃,此外油箱中的柴油由于不间断地震动,会与空气充分混合,使柴油中溶解氧达到饱和。这样的柴油进入燃料系统后,温度会继续升高,在各种金属的催化作用下,柴油中的不安定组分急剧氧化,生成胶质。这些沉积在喷油嘴针芯上的氧化物,严重时使针芯黏死而中断供油;沉积在喷油嘴周围的漆状物,高温下缩合成积炭,破坏正常的供油和雾化;沉积在燃烧室壁和进气阀、排气阀等部位的积炭,加剧了设备的磨损。

柴油的储存安定性是指柴油在运输、储存过程中保持其外观、组成和使用性能不变的能力。储存安定性好的柴油在储存中的颜色和实际胶质的变化不大,很少生成胶质和沉渣;储存安定性差的柴油的明显表现是颜色变深、实际胶质增大。使用实际胶质高的柴油,容易出现喷油嘴和过滤器堵塞现象,因而国产轻柴油和车用柴油标准规定了轻柴油的氧化安定性,即其总不溶物不大于2.5mg/100mL。此外储存安定性差的柴油经长期储存后,还会生成不溶的胶质和沉渣,也会引起过滤器和喷油嘴的堵塞。

车用柴油要求安定性好,在储存时生成胶质和燃烧后的形成积炭倾向要小,柴油安定性的评价指标主要有总不溶物、10%蒸余物残炭、色度等。

1)总不溶物

柴油是复杂的有机混合物,其中也有以聚集状态存在的胶体化合物,在大量溶剂的稀释下,其固有的胶体稳定性被破坏,使胶体聚集而沉降下来,此即为不溶物。不溶物量与溶剂的相对分子质量密切相关,因此得到的结果需注明是什么溶剂的不溶物。

总不溶物包括黏附性不溶物和可过滤不溶物两部分。其中黏附性不溶物是试验条件下,试样在氧化过程中产生的,黏附在氧化管壁上,且不溶于异辛烷的物质。可过滤不溶物是试验条件下,试样在氧化过程中产生的能过滤分离出来的物质,它包括氧化后在试样中悬浮的物质和在管壁上易于用异辛烷洗涤下来的物质。

柴油的氧化安定性采用SH/T 0175—2004《馏分燃料油氧化安定性测定法(加速法)》测定,该标准规定了用加速氧化法测定馏分燃料油固有安定性的方法。所谓固有安定性,是指在不存在水、活性金属表面以及污物等环境因素的条件下,试样暴露于大气中的抗氧化的能力,该法适用于90%馏出度不高于370℃的中间馏分油,不适用于含渣油的燃料油以及主要组成是非石油成分的合成燃料油。该方法不能准确预测中间馏分燃料油在油罐储存一定时间后生成的总不溶物的量。

2)10%蒸余物残炭

目前,国产柴油标准中没有直接表示热氧化安定性的指标。标准中的10%蒸余物残炭值与柴油热氧化安定性有一定关系,在一定程度上反应了柴油在喷油嘴和气缸中生成积炭的倾向。柴油10%蒸余物残炭值是柴油馏程和精制深度的函数。柴油馏分越轻、精制程度越深,其残炭值越小。

3)色度

色度是在规定条件下,油品颜色最接近于某一色号的标准色板(色液)颜色时所测得的结果。色度是判断油品质量的简单目测方法。通常柴油是无色透明的,柴油的颜色主要是由二次加工(如裂化、焦化等)油品中的不饱和烃和非烃化合物氧化、聚合生成的胶质所引起的。柴油颜色深、色号大,表明其含胶质多,储存安定性较差。控制柴油的色号,主要是控制柴油的重质馏分,控制其残炭与沉渣,从而使得柴油的热安定性满足要求,轻柴油要求色度不大于3.5号。

影响柴油安定性的主要因素是油品中的不饱和烃以及硫、氮的非烃化合物等不安定组分。对于储存安定性来说,不饱和烃(特别是二烯烃)和环烷—芳香烃最差。而多环芳香烃是引起柴油热氧化安定性差的原因。苯硫酚类、酚类和吡咯类对柴油安定性的影响和汽油相似。为了得到存储安定性合格的柴油,必须控制这些非烃类化合物的含量。与汽油一样,直馏柴油比二次加工得到的柴油存储安定性好,特别是低硫的直馏柴油(如大庆直馏柴油),其存储安定性更好。

2. 腐蚀性

柴油中的硫化物会引起储存容器、油管、气缸、活塞环以及其他发动机部件的腐蚀,增加积炭的形成,使润滑油老化,生成的氧化硫造成大气污染等。为了保护环境及避免腐蚀,GB 252—2011《普通柴油》规定了在2013年6月30日前,普通柴油的硫含量应低于0.2%,而到2013年7月1日后,普通柴油的硫含量也必须降低到0.035%(质量分数)。GB 19147—2009《车用柴油》规定了车用柴油的含硫量不大于0.035%(质量分数)。国外许多国家已经实现柴油的无硫化,随着对环境保护要求的日益严格,我国柴油的含硫量指标将会进一步减小。

酸度可以反映柴油中含酸物质(特别是有机酸)对发动机的腐蚀,它对功率和供油量也有明显影响。柴油中的酸性物质较多,在有水存在的情况下,供油系统易被腐蚀,还会在喷油嘴周围和气缸中形成积炭,破坏正常供油并增加磨损。轻柴油要求酸度不大于7mgKOH/100mL。铜片腐蚀要求与汽油相同。

第二节　柴油的参数测定

目前,我国车用柴油的国家标准是GB 19147—2009《车用柴油》,该标准对柴油的技术要求和试验方法做出了明确的规定,其内容见表5-8。

表5-8　车用柴油技术要求和试验方法

项　目		5号	0号	−10号	−20号	−35号	−50号	试验方法
氧化安定性(总不溶物),mg/100mL	不大于			2.5				SH/T 0175
硫含量(质量分数)①,%	不大于			0.035				SH/T 0689
10%蒸余物残炭(质量分数)②,%	不大于			0.3				GB/T 268
灰分(质量分数),%	不大于			0.01				GB/T 508
铜片腐蚀(50℃,3h),级	不大于			1				GB/T 5096
水分(体积分数)③,%	不大于			痕迹				GB/T 260
机械杂质④				无				GB/T 511
润滑性 　磨痕直径(60℃),μm	不大于			460				SH/T 0765
多环芳香烃含量(质量分数)⑤,%	不大于			11				SH/T 0606
运动黏度(20℃),mm²/s		3.0~8.0		2.5~8.0		1.8~7.0		GB/T 265
凝点,℃	不高于	5	0	−10	−20	−35	−50	GB/T 510
冷滤点,℃	不高于	8	4	−5	−14	−29	−44	SH/T 0248
闪点(闭口),℃	不低于	55		50		45		GB/T 261
着火性⑥(需满足下列要求之一) 　十六烷值 不小于 　十六烷指数 不小于		49 46		46 46		45 43		GB/T 386 SH/T 0694

项　目		5号	0号	−10号	−20号	−35号	−50号	试验方法
馏程：								
50%回收温度,℃	不高于			300				GB/T 6536
90%回收温度,℃	不高于			355				
95%回收温度,℃	不高于			365				
密度(20℃)⑥,kg/m³			810~850		790~840			GB/T 1884 GB/T 1885
脂肪酸甲酯(体积分数)⑦,%	不大于			0.5				GB/T 23801

　　①也可采用GB/T 380、GB/T 11140和GB/T 17040进行测定,结果有争议时,以SH/T 0689方法为准。

　　②也可采用GB/T 17144进行测定,结果有争议时,以GB/T 268方法为准。若柴油中含有硝酸酯型十六烷值改进剂,10%蒸余物残炭的测定,应用不加硝酸酯的基础燃料进行。

　　③可用目测法,即将试样注入100mL玻璃量筒中,在室温(20±5)℃下观察,应当透明,没有悬浮和沉降的水分及机械杂质。结果有争议时,按GB/T 260或GB/T 511测定。

　　④也可采用SH/T 0806进行测定,结果有争议时,以SH/T 0606方法为准。

　　⑤十六烷指数的测定也可采用GB/T 11139进行测定,结果有异议时,仲裁以GB/T 386方法为准。

　　⑥也可采用SH/T 0604进行测定,结果有争议时,以GB/T 1884方法为准。

　　⑦不得人为加入。

一、十六烷值的测定

(一)任务目标

(1)掌握柴油十六烷值的测定原理和操作方法。

(2)会进行柴油十六烷值测定结果的修正与计算。

(二)任务准备

1. 知识准备

1)测定依据

标准:GB/T 386—2010《柴油十六烷值测定法》。

适用范围:适用于直馏、催化裂化柴油或两者的混合物,但不适用于加有十六烷值改进剂的柴油、合成燃料、烷基化合物或煤焦油产品。

方法要点:柴油的十六烷值是在试验发动机和标准操作条件下,将着火性质与已知十六烷值标准燃料的着火性质相比较而测定的。其做法是:调节发动机的压缩比(用手轮读数表示),以得到被测试样确定的"着火滞后期",即喷油开始和燃烧开始之间的时间间隔(以曲轴转角表示)。根据测试样时得到的发动机压缩比,选用相差不大于5个十六烷值单位的两种标准燃料,用同样的方法得到其确定的"着火滞后期"。当试样的压缩比处在选用的两种标准燃料的压缩比之间时,根据手轮读数,用内插法计算试样的十六烷值,用符号××.×/CN表示,例如50.6/CN。

2)基本概念

十六烷值:是柴油在柴油机中燃烧时抗爆性能的指标。在规定操作条件下的标准发动机试验中,将柴油试样与标准燃料进行比较测定,用和被测试样具有相同着火滞后期的标准燃料中正十六烷的体积分数表示。

着火滞后期:喷油器开始喷油和燃油开始燃烧之间的时间间隔,利用着火滞燃期表测定,以曲轴转角度数表示。

喷油提前角:表示喷油器开始喷油到上死点为止的曲轴转角度数。

手轮读数:标定刻度尺附在牵引膨胀塞的螺杆上,转动大手轮调节发动机的压缩比时,在标定刻度尺上得到读数,由该读数计算发动机的压缩比和试样的十六烷值。

着火滞后期表:测定柴油的十六烷值时,通过连接电缆接受四个电磁传感器输入电压脉冲的电子仪器,用来测定柴油的着火滞后期,以曲轴转角度数表示。

参比传感器:两个电磁传感器装在发动机飞轮上方托架中,间距为12.5°。当飞轮外圆上的铁销通过传感器时,产生两个电压脉冲的时间差正好对应于传感器移过的曲轴转角,试验时,以25°曲轴转角为基准,检查着火滞后期表曲轴转角间隔和上死点的位置。

喷油传感器:安装在靠近喷油器针阀处,用来测量针阀顶杆的升程,指示开始喷油的时间。

燃烧传感器:安装在发动机气缸盖的测量孔内,用于测量燃料开始燃烧时气缸内的压力。

正标准燃料:用标准发动机测定柴油十六烷值时,所使用的正十六烷和七甲基壬烷及其按体积比配制的混合物。规定正十六烷的十六烷值为100,七甲基壬烷的十六烷值为15。

副标准燃料:用标准发动机测定柴油的十六烷值时,相对于正标准燃料而言,所使用的高十六烷值和低十六烷值燃料及其按体积比组成的混合物。每批由高、低十六烷值燃料组成混合物的十六烷值,必须用正标准燃料校正过,并提供一个换算表。

检验燃料:是具有固定十六烷值的柴油并经正标准燃料校正过,专门用来检查十六烷值及评价柴油十六烷值的准确性。

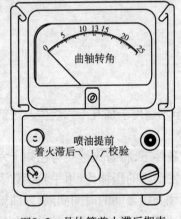

图5-2 晶体管着火滞后期表

2. 仪器、试剂准备

1)仪器

仪器的准备主要包括标准发动机试验装置、晶体管着火滞后期表等。标准发动机试验装置又称十六烷值测定机,是一台可连续改变压缩比的专用单缸柴油发动机,排量为$611.73cm^3$,标准气缸的直径为$82.550\sim82.588mm$,活塞行程为$114.3mm$,压缩比可调范围为$7.95\sim23.50$。晶体管着火滞后期表如图5-2所示,包括四个电磁传感器,即燃烧传感器、喷油传感器和两个参比传感器。

2)试剂材料

试剂材料为车用柴油。

(三)任务实施

1. 操作准备

1)发动机和仪器的日常保养,定期检修和保养工作

(1)试验前,要检查发动机的调整情况及操作标准条件。

(2)膨胀塞在燃烧室中难以进退时,要拆下来清除积炭并清扫燃烧室。

(3)试验中如发现仪表指针不稳定时,要拆下喷油器,清除喷油器上的积炭并检查喷油压力。

(4)发动机连续操作50h,更换润滑油,并清洗滤清器或更换滤清器滤芯。

(5)发动机两次检修之间的平均时间间隔是100~300h,视发动机的性能可适当延长。

(6)发动机操作500~800h应定期检修。

(7)发动机操作2000~4000h应定期检修。

(8)装在发动机上的所有传感器要保持清洁,特别是燃烧传感器切勿沾污油及溶剂。使用中一旦发现仪表指针不稳定或在测定"着火滞后期"时超越满刻度,则要拆下检查膜盒是否碳化或变形。

2)发动机操作条件

(1)发动机的转速为(900±9)r/min;

(2)喷油提前角,上止点前13°;

(3)喷油器开启压力为(10.30±0.34)MPa;

(4)喷油量为(13.0±0.2)mL/min,对每个试样和标准燃料都要测量;

(5)喷油器针阀升程为(0.127±0.025)mm;

(6)喷油器冷却温度为(38±3)℃;

(7)气门间隙为(0.20±0.025)mm,先用十六烷值约为50的燃料,使发动机在标准操作条件下运转时,用厚薄规测量气门间隙。

(8)曲轴箱用润滑油:SF/CD或SG/CE的SAE30黏度等级的润滑油,但不能使用含有黏度指数添加剂的或多级润滑油。

(9)润滑油压力:在标准操作条件下为172~207kPa。

(10)润滑油温度为(57±8)℃;

(11)冷却液温度为(100±2)℃,在试验期间恒定在±0.5℃以内;

(12)吸入空气温度为(66±0.5)℃;

(13)加热器及仪表操作电压为(115±5)V;

(14)两个参比传感器磁极和飞轮外圆上铁销之间的间隙均为1.02~1.27mm。喷油器针阀顶杆和喷油传感器磁极之间的静间隙为1.02mm,发动机运转时,不允许测量间隙。

2. 操作要领

1)发动机的启动及预热

(1)转动控制盘上的启动开关至启动位置,启动发动机,待油压超过0.17 MPa时方可离手,若无油压,应立即停机检查,排除故障,重新启动。

(2)旋转燃料箱供油选择阀,打开发动机油门,转动大手轮,调节压缩比,使燃料连续自燃,预热发动机约15min。

(3)检查曲轴箱真空度是否合乎要求(真空度至少为249Pa,不得大于2490Pa)。

(4)调节吸入空气的温度和冷却水流量,使发动机尽快达到标准操作条件。

2)测定试样的十六烷值

(1)将过滤的试样倒入燃料箱,并打开排放阀2~3s,彻底冲洗燃料系统管线;然后再开关排放阀几次,排除管线中的空气。

(2)量管的冲洗。当调节选择阀,使燃料泵从三个燃料箱中的任何一个吸燃料时,自动地充满量管,而每次从一个燃料箱改用另一个燃料箱操作时,都要放空和冲洗量管。

(3)喷油量的测量。燃料在燃烧时,喷油量为(13.0±0.2)mL/min。将选择阀暂时转到使燃料泵从量管内吸燃料的位置,当燃料的液面降到量管某一刻度点时,用秒表计时;液面下缘达到起始点以下13.0mL刻度时,停秒表。然后把选择阀转回原先的位置,但勿使燃料泵空运转。如果油耗不足(13.0±0.2)mL/min,则调节燃料喷油量测微计,以得到规定的燃料流量。

(4)燃料喷油量测微计的调节。如需改变燃料喷油量,则要调节测微计。顺时针(从发动机的前面看)转动测微计时,增加燃料的流量;反之,则减少燃料的流量。得到正确流量后,记下调节喷油量的测微计定位值。

(5)喷油提前角的调整。当用试验燃料操作时,将着火滞后期表上的选择开关转到喷油提前位置,若表指针向左偏,则逆时针方向旋转测微计;反之,则顺时针旋转测微计,使喷油提前角为上止点前13°。

(6)燃料着火滞后期的测量。将着火滞后期表上的选择开关转到着火滞后位置;然后,用调压缩比手轮调节发动机的压缩比,顺时针转动大手轮,增加压缩比;反之,则减小压缩比。最终以顺时针转动大手轮完成13°时压缩比的调整,以消除因手轮机械中的游隙而造成的手轮读数误差。此时将锁紧手轮锁紧,并记下手轮读数。以同样的方法,至少要重复测定三次,取其手轮读数的算术平均值。参考以往测定燃料时的手轮读数,选择适用的标准燃料。

(7)标准燃料的选择。选用两个相差不大于5个十六烷值单位的标准燃料进行试验,调节发动机的压缩比,使仪表指示13°时的手轮读数处在两种标准燃料(仪表指示13°时)读数之间,否则要用另外的标准燃料进行试验,直到满足上述条件为止,其步骤与测定试样时相同。

(8)换用燃料操作时,使发动机运转约5min,以确保燃料系统彻底冲洗,并使发动机达到稳定再进行测定,记录手轮读数。

(9)试样和最终用的两种标准燃料都要进行重复试验。

3)发动机的停机

(1)停机前,改用高十六烷值的柴油操作,并逐渐减少压缩比至燃料不自燃,使发动机运转2~3s,以润滑膨胀塞。

(2)停止向发动机供油,将控制盘上的转动开关转到停止位置。

(3)切断润滑油、空气加热器和着火滞后期表上的电源开关。

(4)放出燃料箱、量管和调压室里的剩余燃料。

(5)关上冷却水阀。

(6)切断总电源。

(7)停机后要转动飞轮,使活塞处在压缩冲程上止点。

3. 项目报告

1)数据精密度的判断

重复性:同一操作者,同一试样,在同一装置上,两次试验结果的差值不应超出表5-9中数值的范围。

再现性:由不同操作者,在不同试验室同型装置上,对同一试样进行测定,所得两个试验结果的差值不应超出表5-9中数值的范围。

表5-9　十六烷值测定的数据精密度判断

十六烷值	重复性	再现性
40	0.6	2.5
44	0.7	2.6
48	0.7	2.9
52	0.8	3.1
56	0.9	3.3

2)数据处理

取试样和最终两种标准燃料试验得到三次手轮读数的算术平均值,计算试样的十六烷值,计算结果取至小数点后两位。试样的十六烷值可按式(5-5)计算:

$$CN = CN_1 + (CN_2 - CN_1)\frac{a - a_1}{a_2 - a_1} \qquad (5-5)$$

式中　CN——试样的十六烷值;

　　　CN_1——低着火性质标准燃料的十六烷值;

　　　CN_2——高着火性质标准燃料的十六烷值;

　　　a——试样三次测定手轮读数的算术平均值;

　　　a_1——低十六烷值标准燃料三次测定手轮读数的算术平均值;

　　　a_2——高十六烷值标准燃料三次测定手轮读数的算术平均值。

报告的最终结果精确至小数点后一位。

4. 项目实施中的注意事项

(1)测定时一定要用被测试样彻底冲洗燃料系统管线,并排除管线中的空气,以免影响喷油和引起发动机操作失常。

(2)除短时间更换燃料外,不得使燃料泵空运转。

(3)冲洗量管的过程中,要避免燃料互相混掺。

(4)在测定中,要经常校对仪表上的满刻度值。

(5)由于标准燃料的性质十分相似,所以从一种标准燃料改用另一种时,不必测量其喷油量。

(6)重复测定试样时,要测量燃料的喷油量、调整喷油提前角,维持操作条件。

二、10%蒸余物残炭的测定

(一)任务目标

(1)能进行柴油10%蒸余物残炭测定的操作。

(2)能进行柴油10%蒸余物残炭测定结果的修正和计算。

(二)任务准备

1. 知识准备

1)测定依据

标准:GB 268—1987《石油产品残炭测定法(康氏法)》。

适用范围:适用于常压蒸馏时易分解、相对易挥发的石油产品,如车用柴油、润滑油等。

方法要点:测定柴油10%蒸余物时,首先按GB/T 6536—2010《石油产品常压蒸馏特性测定法》或GB 255—1977《石油产品馏程测定法》制备10%蒸余物;把已称量的试样置于坩埚内进行分解蒸发,经强烈加热一定时间后,残留物发生裂化和焦化反应。在规定的加热时间结束后,将盛有炭质残余物的坩埚置于干燥器内冷却并称量,计算残炭值,以质量分数表示。

2)基本概念

残炭:油品在规定的仪器中隔绝空气加热,使其蒸发、裂解和缩合所形成的残留物。

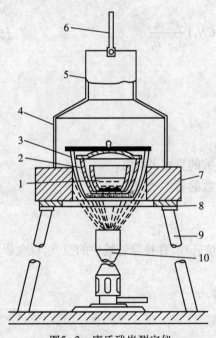

图5-3 康氏残炭测定仪
1—矮型瓷坩埚;2—内铁坩埚;3—外铁坩埚;4—圆铁罩;
5—烟罩;6—火桥;7—遮焰体;8—镍铬丝三脚架;
9—铁三脚架;10—喷灯

2. 仪器、试剂准备

1)仪器

所需仪器为康氏残炭测定仪(图5-3),它由以下几部分组成:

(1)瓷坩埚:全部上釉,广口型,口部外缘直径为46~49mm,容量为29~31mL。

(2)内铁坩埚:带环型凸缘,容量为65~82mL,凸缘的内径为53~57mm,外径为60~67mm,坩埚高37~39mm,带有一个盖子,盖子上没有导管而有关闭的垂直孔,盖上垂直孔的直径约6.5mm,此孔必须保持清洁,坩埚的平底外径为30~32mm。

(3)外铁坩埚:顶部外径为78~82mm,高58~60mm,壁厚约0.8mm,有一个合适的铁盖。每次试验之前,在坩埚底部平铺一层约25mL的干沙子,或放沙量以能使内坩埚的顶盖几乎碰到外坩埚的顶盖为准。

(4)镍铬丝三脚架:环口大小能支承外铁坩埚的底部,使之与遮焰体的底面处在同一水平面上。

(5)圆铁罩:用薄铁板制成,下段圆筒直径为120~130mm,上段是烟囱,内径为50~56mm,高50~60mm。中部有圆锥型过渡段连接上下两段。圆铁罩总高125~130mm。此外,火桥用直径3mm的镍铬丝或铁丝制成,高度为50mm,用以控制烟囱上方火焰高度。

(6)正方形或圆形的遮焰体:用0.5~0.8mm薄铁板制成,表面可以用石棉覆盖,防止过度受热,边长或直径为150~175mm,高32~38mm,中间设置有金属衬里的倒锥形孔,孔顶直径89mm,孔底直径83mm,遮焰体内部为空心结构。

(7)煤气喷灯或酒精喷灯:能发生强烈火焰,直径25mm。

(8)经煅烧过的细沙、玻璃珠。

2)试剂

所需试剂为车用柴油、润滑油。

(三)任务实施

1. 操作准备

(1)坩埚和玻璃珠:瓷坩埚(特别是使用过的含有残炭的瓷坩埚)必须先放在(800±2)℃的高温炉中煅烧1.5~2h,然后清洗烘干备用;准备直径约2.5mm的玻璃珠,也清洗烘干备用。备用的瓷坩埚和玻璃珠应保存于干燥器中。

(2)称量:将备好的盛有两个玻璃珠的瓷坩埚称量,称准至0.0001g。

(3)取样:所取试样必须具有代表性。取样前,将装入量不超过瓶内容积3/4的试样充分摇动,使其混合均匀。黏稠或含蜡的石油产品,应预先加热至50~60℃再进行摇匀;含水试样应先脱水和过滤,再进行摇匀操作。

2. 操作要领

1)油品残炭测定要领

(1)称取试样。向恒重好的瓷坩埚内注入试样(10±0.5)g,并称准至0.005g。试样的称取量可由预计残炭量确定:预计残炭量低于5%时,称取(10±0.5)g;预计残炭量为5%~15%时,称取(5±0.5)g;预计残炭量高于15%时,称取(3±0.1)g。

(2)安装仪器。将盛有试样的瓷坩埚放入内铁坩埚的中间,在外铁坩埚内铺平沙子,将内铁坩埚放在外铁坩埚的正中,盖好内外铁坩埚的盖子,外铁坩埚要盖得松一些,以便加热时生成的油蒸气容易逸出。安装仪器于通风橱内,使实验在通风橱内进行,但通风不应过于强烈。先将镍铬丝三脚架放到铁三脚架上,将遮焰体放在镍铬丝三脚架(无镍铬丝三脚架时,应在外铁坩埚与遮焰体之间的3个地方各垫上石棉垫,面积约1cm²,形成适当的空隙)上,然后将上述准备好的全套坩埚放在镍铬丝三脚架上,必须使外铁坩埚放在遮焰体的正中心,不能倾斜。全套坩埚用圆铁罩罩上,使反应过程中受热均匀。

(3)预热阶段。在外铁坩埚下方约50mm处放置喷灯,进行强火加热(但不冒烟),控制预点火阶段在(10±1.5)min内(这段时间过短容易引起发泡或火焰高)。如果出现试样沸腾溢出,则需将试样量减少到5g;如果还不行,再次减至3g,以免溢出。

(4)燃烧阶段。当罩顶出现油烟时,立即移动喷灯或倾斜喷灯,引燃油蒸气。油蒸气燃烧后,立即将喷灯的火焰调小(必要时可将喷灯暂时移开),控制油蒸气均匀燃烧,火焰高出烟囱,但不超过火桥。如果罩上看不见火焰时,可适当加大喷灯的火焰。油蒸气燃烧阶段应控制在(13±1)min内完成。如果火焰高度和燃烧时间两者不可能同时符合要求,则优先控制燃烧时间符合要求。

(5)强热阶段。当油蒸气停止燃烧,罩上看不见蓝烟时,立即重新增强喷灯的火焰,使之恢复到开始状态,使外铁坩埚的底部和下部呈樱桃红色,煅烧时间准确保持7min。至此,总加热时间(包括预点火和燃烧阶段在内)应控制在(30±2)min内。

(6)确定残炭量。煅烧7min后(即最后阶段),移开喷灯,使仪器冷却到不见烟(约15min),然后移去圆铁罩和内外铁坩埚的盖,用热坩埚钳将瓷坩埚移入干燥器内,冷却40min后称量,称准至0.0001g,计算残炭占试样的质量分数。

2)残炭值超过5%油品残炭测定操作要领

本试验步骤适用于重质原油、渣油、重燃料油和重柴油之类的油品。按上述步骤(用10g试样)测得残炭值大于5%时,会因试样沸腾溢出而使试验正常进行有困难。此外,由于重质油品脱水困难也可能遇到麻烦。

(1)依据前面试验测得的残炭值分别称取不同的试样量,重新测定:当残炭值为5%~15%时,需称(5±0.5)g试样;当残炭值大于15%时,则称取(3±0.1)g试样。试样量称准至0.005g。

(2)当用5g或3g试样进行实验时,要按前述方法规定的时间来控制预点火和燃烧时间是不大可能的。但尽管如此,试验结果仍是可靠的。

3)10%蒸余物残炭测定操作要领

(1)10%蒸余物的制备。

10%蒸余物的制备方法有两种:GB/T 6536—2010《石油产品常压蒸馏特性测定法》和GB 255—1977《石油产品馏程测定法》,制备时可采用两种方法中的任何一种。

①石油产品常压蒸馏特性测定法。

对要求测定10%蒸余物残炭的试样,用GB/T 6536—2010获得10%蒸余物。蒸馏时使用250mL蒸馏烧瓶、200mL量筒和50mL孔径的石棉垫。

将温度为13~18℃的200mL试样置于蒸馏烧瓶内。冷凝槽温度维持在0~4℃,对某些凝点较高的试样可能需要维持在38~60℃,以防止蜡类物质在冷凝管中凝固。用量过试样的量筒(不要洗)作为接收器,并置于冷凝器出口的下方,不要使出口的尖端与量筒壁接触(为得到较准确的10%蒸余物,应设法使馏出物温度和装样温度一致)。

把蒸馏烧瓶匀速加热,使其在加热后10~15min内从冷凝器中滴下第一滴。第一滴落下后,移动量筒,使冷凝器出口尖端与筒壁接触。然后按8~10mL/min的均匀蒸馏速度调节加热量;继续蒸馏,当馏出物收集到(178±1)mL时,停止加热,使冷凝器中馏出物收集在量筒中,直到180mL(蒸馏烧瓶装入量的90%)时为止。立即用小烧瓶代替量筒接收冷凝器中的最后馏出物,趁热把留在蒸馏烧瓶内的残余物倒入小烧瓶内,混合均匀,此即为由原试样得到的10%蒸余物。

②石油产品馏程测定法。

对要求测定10%蒸余物残炭的试样,根据GB 255—1977获得10%蒸余物,每次试验时进行不少于两次的蒸馏,收集其10%蒸余物作为试样。

(2)当蒸余物温热至能流动的情况下,将(10±0.5)g蒸余物倒入已称重并用作测定残炭的坩埚内。冷却后称试样重量,称准至0.005g,并按前面所述步骤测定残炭值。

3. 项目报告

1)数据精密度的判断

重复性:同一操作者,同一试样,在同一装置上,两次试验结果的差值不超过图5-4中所示的重复性数值。

再现性:在不同试验室同型装置上,对同一试样进行测定,所得两个试验结果的差值不超过图5-4所示的再现性数值。

2)数据处理

试样的残炭值按式(4-15)计算:

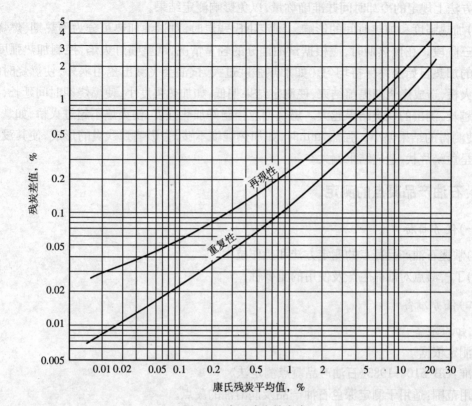

图5-4　康氏残炭精密度

$$w = \frac{m_1}{m_2} \times 100\%　\qquad (5-6)$$

式中　w——试样或10%蒸余物的残炭值；

　　　m_1——残留物(残炭)的质量，g；

　　　m_2——试样的质量，g。

取重复测定两个结果的算术平均值作为试样的残炭，结果准确到0.1%。

4. 项目实施中的注意事项

(1)试样必须摇匀5min，黏稠和含蜡石油产品应加热到50~60℃才摇动。对于含水量大于0.5%(质量分数)的试样，要进行脱水。

(2)与仪器安装正确与否有关。康氏残炭测定器的正确安装对保证测定结果的精确度起着重要作用，经常因为安装的错误，造成所测的结果很不理想。

(3)在确定试验结果时，坩埚内的残留物应是发亮的，否则要重新进行。如果在第二次分析时仍获得同样的残留物，测定才认为是正确的。

(4)坩埚的冷却和称重应严格按规定进行。强热期结束、熄灭喷灯以后，需经过3min，才能取出圆铁罩和外铁坩埚盖，再经15min后，才能将坩埚移入干燥器，这段冷却时间可使瓷坩埚温度从600~700℃降至200℃左右。如不遵守上述操作步骤，刚停止加热，就马上揭开外铁坩埚盖，让空气进入瓷坩埚，在高温下残炭将与氧作用，立即烧掉，而使结果偏小。如超过时间尚未取出，因温度降至很低，有吸收空气中水分的可能，这样会增加坩埚的重量。故必须严格遵守方法上规定的冷却时间并准确称量,以免影响测定结果。

(5)加热强度和加热时间的影响。测定康氏残炭时,对试油加热可分为预热期、燃烧期、强热期三阶段。在预热期时,应根据试油馏分的轻重情况,调整喷灯火焰,控制加热强度,使预热期的加热自始至终保持均匀。如加热强度过大,试油会飞溅出瓷坩埚外,使燃烧时的火焰超过火桥,造成燃烧期提前结束,使测定结果偏低;如加热强度小,使燃烧期时间延长,延长的时间越长,测出的残炭结果越大。燃烧期应控制好加热强度,使火焰不超过火桥,如掌握不好,会使测得的结果偏小。强热7min时,如加热强度不够,会影响到残炭的形成,使其没有光泽且不呈鱼鳞片状,造成结果偏大。

三、石油产品凝点的测定

(一)任务目标

(1)掌握石油产品凝点的测定方法和操作技术。

(2)了解凝点对油品生产及使用的重要性。

(二)任务准备

1. 知识准备

1)测定依据

标准:GB 510—1983《石油产品凝点测定法》。

适用范围:适用于测定深色石油产品及润滑油的凝点。

方法要点:将装在规定试管中的试样冷却到预期温度时,倾斜试管45°,保持1min,观察液面是否移动。

2) 基本概念

(1)凝点:油品的凝点(凝固点)是指油品在规定的条件下,冷却至液面不移动时的最高温度,以℃表示。

(2)黏温凝固:对含蜡很少或不含蜡的油品,当温度降低时,其黏度增加,当黏度增加到一定程度时,油品就会变成无定形的黏稠玻璃状物质而失去流动性,这种现象称为黏温凝固。

(3)构造凝固:含蜡油品降温时,油中蜡逐渐析出并形成结晶,当大量蜡结晶聚集起来会形成结晶网络,蜡结晶均匀分散在液相中,将处于液相的油包在其中,使整个油品失去流动性,这种现象称为构造凝固。

2. 仪器、试剂准备

1)仪器

(1)圆底试管:1支,高度为(160±10)mm,内径为(20±1)mm,在距管底30mm的外壁处有一环形标线。

(2)圆底玻璃套管:高度为(130±10)mm,内径为(40±2)mm。

(3)广口保温瓶或筒形容器:用于盛放冷却剂,高度不小于160mm,内径不小于120mm,可用陶瓷、玻璃、木材或带有绝缘层的铁片制成。

(4)水银温度计:1支,最小分度值为1℃,可测定高于−35℃的油品凝点。

(5)液体温度计:1支,最小分度值为1℃,温度范围为−80~60℃,用于测定低于−35℃的油品凝点。

(6)普通温度计:1支,用于测定冷却剂温度。

(7)支架:用于固定套管、冷却剂容器和温度计。

(8)水浴:0~100℃。

2)试剂

(1)轻柴油或车用柴油。

(2)无水乙醇(化学纯)。

(3)冷却剂。当实验温度高于0℃时,使用水和冰作冷却剂;当实验温度为-20~0℃时,用盐和碎冰或雪作冷却剂;当实验温度低于-20℃时,用工业乙醇和干冰作冷却剂。

(三)任务实施

1. 操作准备

(1)试样脱水。若试样含水量大于产品标准的允许范围,必须先行脱水。对含水多的试样应先静置,取其澄清部分进行脱水。对易流动的试样,脱水时应加入新煅烧的粉状硫酸钠或小粒氯化钙,定期振摇10~15min,静置,用干燥的滤纸滤取澄清部分。对黏度大的试样,先预热试样不高于50℃,再通过食盐层过滤。食盐层的制备是在漏斗中放入金属网或少许棉花,然后再铺上新煅烧的粗食盐。试样含水多时,需要经过2~3个漏斗的食盐层过滤。

(2)制备含有干冰的冷却剂。在盛放冷却剂的容器中注入工业乙醇,至容器内深度的2/3,在搅拌下按需要逐渐加入适量的细块干冰。当气体不再剧烈冒出后,添加工业乙醇达到必要的高度,注意加干冰时,要防止工业乙醇外溅或溢出。目前多采用制冷设备进行试验。

2. 操作要领

(1)在干燥清洁的试管中注入试样,使液面至环形刻线处,注意切勿使试样黏在试管上部内壁上。

(2)用软木塞将温度计固定在试管中央,水银球距管底8~10mm。注意温度计的安装要固定在试管中央,不能活动,防止影响石蜡结晶的形成,造成测定结果偏低。

(3)预热试样。将装有试样和温度计的试管垂直浸在(50±1)℃的水浴中,直至试样温度达到(50±1)℃为止。

(4)原油凝点高于40℃时,预热温度可高于预计凝点10℃。

(5)冷却试样。从水浴中取出试管,擦干外壁,将试管安装在套管中央,垂直固定在支架上,在室温条件下静置,使试样冷却到(35±5)℃;然后将试管放入装好冷却剂的容器中,冷却剂的温度要比试样预期凝点低7~8℃。外套管浸入冷却剂的深度应不少于70mm。注意:冷却试样时冷却剂温度的控制必须准确到±1℃;当试样凝点低于0℃时,应事先在套管底部注入1~2mm高的无水乙醇。

(6)测定试样凝点范围。

①当试样冷却到预期凝点时,将浸在冷却剂中的试管倾斜45°,保持1min,然后小心取出仪器,迅速地用工业乙醇擦拭套管外壁,垂直放置仪器,透过套管观察试管中试样液面是否有过移动。

②当液面位置有移动时,从套管中取出试管,并将试管重新预热到(50±1)℃,然后用比前次低4℃的温度重新测定,直至某试验温度能使试样液面停止移动为止。

③当试验温度低于-20℃时,应先除去套管,将盛有试样和温度计的试管在室温条件下升温到-20℃,再水浴加热。

④当液面没有移动时,从套管中取出试管,重新预热到(50±1)℃,然后用比前次高4℃的温度重新测定,直至某试验温度能使试样液面出现移动为止。

(7)确定试样凝点。找出凝点的温度范围(液面位置从移动到不移动或从不移动到移动的温度范围)之后,采用比移动的温度低2℃或比不移动的温度高2℃的温度,重新进行试验。如此反复试验,直至能使液面位置静止不动,而当提高2℃后又能使液面移动时,取液面不动的温度作为试样的凝点。

(8)重复测定。试样的凝点必须进行重复测定,第二次测定时的开始试验温度要比第一次测出的凝点高2℃。

3. 项目报告

1)数据精密度的判断

重复性:由同一操作人员,用同一仪器和设备,对同一试样连续做两次重复试验,测定两次结果之差应不超过2℃。

再现性:在任意两个不同的实验室,由不同操作人员,用不同仪器和设备,对同一试样所测得的结果之差应不超过4℃。

2)数据处理

取重复测定两次结果的算术平均值作为试样的凝点。当检测试样的凝点是否符合技术标准时,应采用比技术标准规定的凝点高1℃的温度进行试验,如果液面位置能够移动,就认为凝点合格。

4. 项目实施中的注意事项

(1)试油的含水量对凝点的测定影响较大,因此在测定前要对试油进行脱水处理。当试油含水0.5%(质量分数)以上时,对凝点影响较大,含水过多,水在0℃结冰会影响试油的流动,使测定结果偏高。

(2)测定油品的凝点时试管应倾斜45°,停留1min,在测定中要最大限度地消除人为影响。从冷浴中拿出试管观察的次数不能太多,更不准倾斜拿出,每次倾斜都可能破坏石油的蜡结晶,从而使试油凝点降低。

(3)含蜡油品凝点与热处理(即将油品加热至某一温度后再冷却至最初温度的过程)有关。随着热处理温度的升高,含蜡油品凝点先升高后降低,这主要是由于热处理影响了蜡的分布及结晶特性。所以一般原油规定热处理脱水48h后,才能取样测定凝点。

(4)试油必须按规定,在(50±1)℃或高于预计凝点10℃下预热后再降温,否则影响测定结果。

(5)冷却剂与预计试油凝点的温差要符合规定,如温差小,油品降温慢,不仅延长试验时间,同时实验结果的偏差较大。

四、硫含量的测定(燃灯法)

(一)任务目标

(1)掌握燃灯法测定轻质油品硫含量的原理及试验方法。

(2)掌握容量分析的操作技术。

(二)任务准备

1.知识准备

1)测定依据

标准:GB/T 380—1977《石油产品硫含量测定法(燃灯法)》。

适用范围:适用于测定雷德蒸气压力不高于80kPa(600mmHg)轻质石油产品(如汽油、煤油、柴油等)的硫含量。

方法要点:将石油产品在灯中燃烧,用Na_2CO_3水溶液吸收生成的SO_2,并用容量分析法测定硫含量。

2)基本概念

(1)硫含量:存在于油品中的硫及其衍生物(硫化氢、硫醇、二硫化物等)的含量,通常以质量分数表示。

(2)燃灯法:燃灯法测定油品硫含量的测定原理与管式炉法类似,都属于间接测定石油产品中硫含量的定量分析方法,即将试样中的待测物质先转化为可以检测的成分后再进行间接测定。测定原理为:将试样装入特定的灯中进行完全燃烧,使试样中的含硫化合物转化为二氧化硫,用碳酸钠水溶液吸收生成的二氧化硫,再用已知浓度的盐酸溶液滴定,由滴定时消耗盐酸溶液的体积,计算出试样中的硫含量。试样中的含硫化合物在灯中完全燃烧,生成二氧化硫,其化学反应式如下:

$$硫化物 + O^2 \longrightarrow SO_2 \uparrow$$

二氧化硫经10mL质量分数为0.3%的碳酸钠溶液(过量)吸收后,生成亚硫酸钠:

$$SO_2 + Na_2CO_3 \longrightarrow Na_2SO_3 + CO_2 \uparrow$$

剩余的碳酸钠再用已知浓度的盐酸溶液返滴定,由消耗盐酸溶液的体积可计算出试样中的硫含量,即:

$$Na_2CO_3 + 2HCl \longrightarrow 2NaCl + H_2O + CO_2 \uparrow$$

2. 仪器、试剂准备

1)仪器

如图5-5所示,硫含量(燃灯法)测定器由以下部分组成:

(1)吸滤瓶:500mL或1000mL。

(2)滴定管:25mL。

(3)吸量管:2mL、5mL和10mL。

(4)玻璃珠:直径为5~6mm。

(5)棉纱灯芯。

(6)洗瓶、水流泵或真空泵。

2)试剂

(1)碳酸钠:分析纯(配成质量分数为3%的

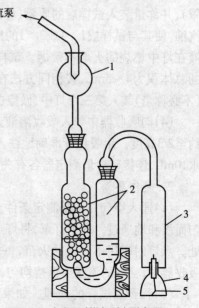

图5-5 硫含量(燃灯法)测定器

1—液滴收集器;2—吸收器;3—烟道;
4—燃烧灯;5—灯芯

Na$_2$CO$_3$水溶液)。

(2)盐酸:分析纯(配成浓度为0.05mol/L的盐酸标准溶液)。

(3)乙醇:95%(质量分数)。

(4)标准正庚烷。

(5)汽油:馏程为80~120℃,硫含量不超过0.005%(质量分数)。

(6)石油醚:化学纯,馏程为60~90℃。

(7)指示剂:预先配制0.2%(质量分数)的溴甲酚绿乙醇溶液和0.2%(质量分数)的甲基红乙醇溶液(使用时用5份体积的溴甲酚绿乙醇溶液和1份体积的甲基红乙醇溶液混合而成,酸性显红色,碱性显绿色)。

(三)任务实施

1. 操作准备

(1)测定器的准备。仪器安装之前,将吸收器、液滴收集器及烟道仔细用蒸馏水洗净,灯及灯芯用石油醚洗涤并干燥。

(2)取样与装样。按试样中硫含量的预测数据注入灯中:含硫量小于0.05%(质量分数)的低沸点试样(如航空汽油),注入量为4~5mL;硫含量在0.05%(质量分数)以上的较高沸点试样(如汽油、煤油等),注入量为1.5~3mL。试样注入清洁、干燥的灯中(不必预先称量)后,用穿有灯芯的灯芯管将灯塞上,灯芯的下端沿着灯内底部周围放置。当灯芯被油品浸润后,将灯芯管外的灯芯剪断,使其与灯芯管上边缘齐平。然后点燃灯,调整火焰,使其高度为5~6mm;随后将灯熄灭,用灯罩盖上,用分析天平称量(称准至0.0004g),并用标准正庚烷或95%乙醇或汽油(不必称量)做空白试验。

(3)冒浓烟试样的处理。单独在灯中燃烧而产生浓烟的石油产品(如柴油、高温裂化产品或催化裂化产品等),则取1~2mL试样注入预先称量过的洁净、干燥的灯中(连同灯芯及灯罩),并称量装入试样后的质量(称准至0.0004g)。然后往灯内注入标准正庚烷或95%乙醇或汽油,使其与试样成1:1或2:1的比例,必要时可为3:1(均为体积比),达到所组成的混合溶液在灯中燃烧的火焰不带烟。试样和注入标准正庚烷或95%乙醇或汽油所组成的混合溶液的总体积为4~5mL,按相同方法在第二个灯中装入试样。将标准正庚烷或95%乙醇或汽油(不必称量)装入第三个灯中,做空白试验。

(4)向吸收器中装入吸收溶液。向吸收器的大容器里装入用蒸馏水小心洗涤过的玻璃珠约至2/3高度。用吸量管准确地注入0.3%(质量分数)的Na$_2$CO$_3$溶液10mL,再用量筒注入蒸馏水10mL,连接硫含量测定器各有关部件。

2. 操作要领

(1)通入空气并调整测定条件。测定器连通妥当后,开动水流泵,使空气全部自吸收器均匀而缓和地通过。取下灯罩,将灯点燃,放在烟道下面,使灯芯管的边缘不高过烟道下边8mm处。点灯时需用不含硫的火苗,每个灯的火焰需调整为6~8mm(可用针挑拨灯芯)。在所有吸收器中,空气的流速要保持均匀,使火焰不带黑烟。

(2)稀释后试样的处理。如果是用标准正庚烷或95%乙醇或汽油稀释过的试样,当混合溶液完全燃尽以后,再向灯中注入1~2mL标准正庚烷或95%乙醇或汽油(目的是将稀释过的试样燃烧彻底)。稀释过的试样燃烧完毕以后,将灯熄灭,盖上灯罩,再经过3~5min后,关闭水流泵。

(3)试样燃烧量的计算。对未稀释的试样,当燃烧完毕以后,将灯放在分析天平上称量(称准至0.0004g),并计算盛有试样的灯在试验前质量与该灯在燃烧后质量间的差值,作为试样的燃烧量。对稀释过的试样,当再次燃烧完毕以后,计算盛有试样灯的质量与未装试样的清洁、干燥灯质量间的差数,作为试样的燃烧量。

(4)吸收液的收集。拆开测定器并用洗瓶中的蒸馏水喷射洗涤液滴收集器、烟道和吸收器上部。将洗涤后的蒸馏水收集于盛有0.3%(质量分数)Na_2CO_3溶液的吸收器中,吸收燃烧产物二氧化硫。在吸收器中加入1~2滴指示剂,如此时吸收瓶中的溶液呈红色,则认为此次试验无效,应重做试验;若溶液呈绿色,则可正常进行后续试验操作步骤。注意:若注入10mL0.3%(质量分数)Na_2CO_3的浓度和体积比较准确,则导致这种情形的原因是:一是试样含硫量比预计的高,应减少试样的燃烧量;二是空气中有含硫成分,应彻底通风后再行测定。

(5)滴定操作。在吸收器的玻璃管处接上橡皮管,并用橡皮球或泵对吸收溶液进行打气或抽气搅拌,用0.05mol/L盐酸标准溶液进行滴定。先将空白试液(标准正庚烷或95%乙醇或汽油燃烧后生成物质的吸收溶液)滴定至呈现红色为止,作为空白试验。然后滴定含有试样燃烧生成物的各吸收溶液,当待测溶液呈现与已滴定的空白试验同样的红色时,即达到滴定终点。另用0.3%(质量分数)Na_2CO_3溶液进行滴定,与空白试验进行比较。这两次实验所消耗0.05mol/L的盐酸标准溶液的体积之差如果超过0.05mL,即证明空气中已染有馏分。在此种情况下,该实验作废,待实验室通风后,再另行测定。

3. 项目报告

1)数据精密度的判断

重复测定两个结果间的差值,不应超过表5-10中的数值范围。

表5-10 平行试验硫含量(质量分数)测定重复性要求

硫含量,%	<0.1	≥0.1
允许差值,%	≤0.006	最小测定值×6%

2)数据处理

试样的硫含量按式(5-7)进行计算:

$$w = \frac{0.0008(V_0 - V)K}{m} \times 100\% \qquad (5-7)$$

式中 w——试样硫含量;

V_0——滴定空白试液所消耗盐酸的体积,mL;

V——滴定吸收试样燃烧生成物溶液所消耗盐酸的体积,mL;

0.0008——与1mL 0.05mol/L盐酸溶液相当的硫含量;

K——换算为0.05mol/L盐酸溶液的修正系数(试验中实际使用的盐酸溶液的物质的量浓度与0.05mol/L的比值);

m——试样的燃烧质量,g。

取平行测定两个结果的算术平均值作为试样的硫含量。

4. 项目实施中的注意事项

(1)试样在灯中能否完全燃烧对测定结果影响很大,如试样在燃烧过程中冒黑烟或未经燃烧而挥发跑掉,则使测定结果偏低。

(2)如果使用材料或环境空气中含有硫成分,会影响测定结果。不允许用火柴等含硫引火器具点火,也不允许试验环境的空气中染有硫组分。

(3)每次加入吸收器内碳酸钠溶液的体积是否准确一致、操作过程中有无损失,对测定结果也有影响。

(4)为了正确判断滴定终点,在滴定的同时要搅拌吸收溶液,还要与空白试验达到终点所显现的颜色作比较。

复习思考题

一、名词解释

十六烷值、凝点、浊点、冷滤点

二、填空题

1. 我国采用_____作为评定柴油低温性能的指标,并据此把柴油划为六个牌号。

2. 油品低温下失去流动性的原因有两个,即_____凝固和_____凝固。

3. 柴油的抗爆性能用_____表示。

4. 影响柴油安定性的主要化学组分是_____和_____。

5. 柴油标准中与雾化密切相关的指标主要有_____和_____。

6. 国内评价柴油低温流动性的指标有_____和_____。

7. 柴油安定性的评价指标主要有_____、_____和_____等。

8. 柴油颜色深、色号大,表明其含胶质_____,储存安定性较_____。

9. 我国轻柴油是按照_____的不同来划分牌号的。列举几个常见的牌号,如_____、_____、_____、_____等。

10. 残炭测定时,试样必须摇匀_____,黏稠和含蜡石油产品应加热到_____才摇动。对于含水量大于_____的试样,要进行脱水。

11. 燃灯法测定硫含量,是使油品中的含硫化合物转化为_____,并用Na_2CO_3溶液吸收,然后用_____滴定过剩的Na_2CO_3,进而计算试样中的硫含量。

三、简答题

1. 直馏汽油、柴油与催化汽油、柴油的抗爆性有何不同?

2. 汽油机和柴油机发生爆震的原因有何不同?

3. 简述汽油的物理性质及其使用性能?

4. 柴油机发生爆震的原因有哪些?与柴油化学组成的关系是什么?

5. 柴油的低油性能主要有哪些指标?低温性能与化学组成的关系是什么?

6. 汽油机和柴油机相比,有哪些优缺点?
7. 为保证柴油的蒸发性能,是不是闪点越低越好?
8. 影响柴油燃烧性能的主要因素有哪些?
9. 测定凝点时,如何观察是否凝固?

第六章 喷气燃料的使用要求与参数测定

喷气燃料又称航空燃料,是航空涡轮发动机和航空涡轮螺旋桨发动机使用的各种牌号燃料的总称,是一种易燃的轻质石油产品。喷气燃料按生产方法分为直馏型和二次加工型;按馏分轻重和馏程宽窄分为煤油型、重煤油型和宽馏分型;国外又分为民用喷气燃料和军用喷气燃料。煤油型喷气燃料又称航空煤油,外观为清澈透明液体,馏程为150~250℃,密度为0.775g/cm³,闪点不低于28℃;重煤油型产品的沸程与煤油型相近,密度为0.775~0.830g/cm³,闪点不低于38℃;宽馏分型产品的沸程为60~280℃,密度不小于0.750g/cm³。

第一节 喷气燃料的使用要求

活塞式飞机发动机在高空飞行时,因为高空空气稀薄,气缸吸入的空气量少,发动机功率下降,而且受螺旋桨效率的限制,飞机只能在10000m以下空域飞行,飞行速度很难超过900km/h。为了提高飞行速度和飞机发动机的功率,出现了喷气发动机。喷气发动机利用高温燃气从尾喷管喷出时的反作用力推动飞机前进,因高空中发动机内外压差大,推动力相应增加,所以适宜在20000~30000m高空飞行。喷气发动机的突出特点是飞行速度快,发动机重量比活塞式发动机轻。

根据燃料燃烧所需氧化剂的差别,喷气发动机分为空气喷气发动机和火箭发动机两类。前者利用空气中的氧气作为氧化剂使燃料燃烧,因而适合在大气层中飞行;火箭发动机需自带氧化剂,适合在大气层外飞行。

空气喷气发动机主要有三种类型,即涡轮喷气发动机、涡轮螺旋桨喷气发动机和冲压式发动机。

涡轮喷气发动机的结构如图6-1所示。空气经压缩后进入燃烧室,与喷油嘴喷出的燃料混合后燃烧,燃气通过尾喷管喷入大气,推动飞机前进。燃烧产生的高温高压气体,推动涡轮旋转,并带动压气机工作。涡轮螺旋桨喷气发动机的结构如图6-2所示,燃料燃烧产生的能量,大部分传给螺旋桨产生推动力,小部分从尾喷管喷出变为推力。冲压式发动机没有压缩机构,空气以高速进入进气道,在进气道内动压头逐步转变为静压头,目前广泛应用

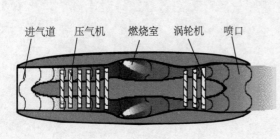

图6-1 涡轮喷气发动机

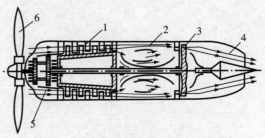

图6-2 涡轮螺旋桨喷气发动机
1—离心式压缩机;2—燃烧室;3—涡轮;4—尾喷管;
5—变速器;6—螺旋桨

的是前两类。军用歼击机、轰炸机和强击机等发动机多为涡轮喷气发动机,飞机速度可达1.5～3马赫,飞行高度在10000m以上。涡轮螺旋桨发动机适用于飞行速度较低的民航和军用运输机,它比涡轮喷气发动机更为经济。

一、涡轮喷气发动机的工作原理

涡轮喷气发动机的工作原理如图6-3所示。

涡轮喷气发动机主要由进气装置、燃烧室、燃气涡轮、喷气装置等四部分组成,还有燃料、润滑、启动和操纵等系统。空气进入进气道,通过高速旋转的离心式压缩机被压缩后送入燃烧室,此时空气压力为$(3～5)\times10^5$Pa,温度升高到150～200℃。燃料由高压燃油泵经喷油嘴连续喷入燃烧室,与空气混合后燃烧,形成高温燃气。燃烧室中心燃气温度高达1900～2200℃。为了避免烧毁涡轮叶片,在燃烧室第二区内送入过量空气,使燃烧室末端温度降到750～850℃。随后燃气推动涡轮高速(转速可达8000～16000r/min)旋转,带动空气

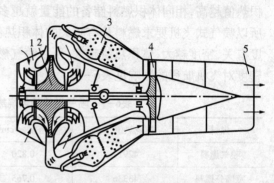

图6-3 涡轮喷气发动机的工作原理
1—进气装置;2—离心式压缩机;3—燃烧室;
4—燃气涡轮;5—尾喷管

离心式压缩机工作。燃气进入尾喷管后膨胀加速,在500～600℃下,从尾喷管高速喷出,同时产生向前的反作用推力,推动飞机前进。军用飞机上的喷气发动机,在涡轮与尾喷管之间装有加力燃烧室,在此处喷入部分燃料使之燃烧,提高燃气温度,进一步提高发动机的推动力。

二、喷气燃料的使用要求概述

喷气发动机在高空、低温、低气压条件下工作,其工作特点是喷气发动机在启动时由电火花把喷出的汽油引燃后再换用喷气燃料,喷气燃料由喷油嘴在高速空气流中连续喷出,连续燃烧,其燃烧速度比活塞式发动机快数倍,其燃烧要满足连续、平稳、迅速、安全的要求。但是,当飞机在高空飞行时要使燃料满足上述要求,会遇到很多问题。例如,因为高空的空气稀薄,氧气不足,发动机变换工作状态时容易熄火,也容易使燃料的燃烧不完全,以致产生积炭和增加耗油率;由于高空气温低,燃料较难顺利地从油箱流入发动机;高空的低气压使燃料容易蒸发,生产气阻;由于飞机高速飞行与空气摩擦产生热量,使燃料温度升高,致使材料变质等。为了保证喷气发动机正常工作,杜绝上述问题的发生,喷气燃料必须具备以下一些性能:良好的燃烧性能、适当的蒸发性、良好的低温流动性、较好的热安定性和储存安定性、良好的润滑性能、没有腐蚀性等。

(一)燃烧性能

喷气燃料的燃烧性能是指使飞机具有较远的航程,能在高空中连续地进行雾化、蒸发,燃料燃烧迅速、稳定、安全且积炭少,燃烧产物不腐蚀金属等性能。

1. 燃烧热值与密度

燃烧热值与密度两个指标是为了满足飞机具有较大的航程和功率而设定的。

喷气式飞机要求飞得快、飞得远,这样就必须千方百计降低自身的重量,同时也决定了飞机不可能携带太多的燃料。因而要求燃料具有较大的燃烧热值,以便携带的有限燃料能提供最多的能量。所谓燃烧热值,是指单位质量(或体积)的燃料完全燃烧时释放出的全部热量,可分为质量热值和体积热值,分别以J/g和J/cm³来表示。燃烧热值决定了喷气发动机的推动力和耗油率。

燃料的质量热值越高,耗油率越小,当飞机携带相同质量的燃料时,飞得越远。燃料的体积热值越高,相同体积燃料储备的能量就越多,飞机航程就越远。因为飞机油箱的容积有限,所以喷气式飞机要求燃料具有较大的体积热值,以满足大航程的要求。燃料的体积热值与密度有关,密度越大,体积热值越大,所以喷气燃料应具有较大的密度。喷气燃料的燃烧热值与密度对飞机航程的影响见表6-1。

表6-1　喷气燃料的燃烧热值与密度对飞机航程的影响

燃料	燃烧热值,J/g	密度,g/cm³	油箱储备热量,×10¹²J	航程,km
喷气燃料	42917	0.820	4.4	15000
宽馏分燃料	43336	0.765	4.13	14500

从表6-1中的数据可以看出为了保证喷气发动机的大航程和低耗油率,燃料必须同时具备较高的质量热值和体积热值,换言之,即具有高的质量热值和大的密度。国产喷气燃料的重量热值一般要求不低于42800J/g,密度不小于0.750~0.775g/cm³。

一般战斗机小巧灵活,飞行速度快,但油箱小、航程短。为弥补这一缺陷,国内外大力发展密度大于0.835g/cm³的大密度喷气燃料。燃料的特点是密度大、馏分重、黏度大、闪点高、能量特性好,与普通的喷气燃料相比,可增加航程4%~6%。同时因馏分重,高空中不易产生气阻,蒸发损失小,安全性能好,是较理想的喷气燃料。

燃料的热值与密度都取决于其化学组成。氢气的燃烧热为121000kJ/kg,碳的燃烧热为34070kJ/kg,因此燃料的氢碳比越大,其质量热值也越大。从烃的结构上看,烷烃的氢碳比最大,芳香烃最低,所以烷烃的质量热值最高,环烷烃次之,芳香烃最低。而密度正好相反,芳香烃最大,环烷烃次之,烷烃最低。对于同一族烃来说,随沸点升高,质量热值变小,密度增大。由于质量热值与体积热值互相矛盾,为了兼顾两者,使喷气燃料具有良好的能量特性,喷气燃料最理想的化学组分是环烷烃。芳香烃不仅质量热值低,燃烧时还易生成积炭,必须限制它的含量,国产喷气燃料标准规定芳香烃含量不大于20%(体积分数),从馏分组成来看,一般喷气燃料属于煤油型。

喷气燃料的热值可以根据GB 384—1981《石油产品热值测定法》所规定的氧弹法确定,也可根据较简便的GB/T 2429—1988《航空燃料净热值计算法》确定,只要已知喷气燃料的密度和苯胺点,即可按式(6-1)、式(6-2)、式(6-3)计算不同型号喷气燃料的净热值。

对于1号、2号和3号喷气燃料:

$$Q_P = 41.6796 + 0.00025407AG \tag{6-1}$$

对于4号喷气燃料:

$$Q_P = 41.8145 + 0.00024563AG \tag{6-2}$$

含硫喷气燃料应按式(4-19)计算净热值：

$$Q_T = Q_P(1 - 0.01w_s) + 0.1016w_s \qquad (6-3)$$

式中　Q_T——含硫喷气燃料的净热值，MJ/kg；

　　　Q_P——无硫喷气燃料的净热值，MJ/kg；

　　　w_s——喷气燃料的硫含量(质量分数)，%；

　　　A——苯胺点，℉；

　　　G——API度。

净热值又称为低热值，不包括水分凝结热的热值。国外有的喷气燃料标准同时规定热值和热值指数，所谓热值指数，是指比重指数与苯胺点的乘积，这样能较好地反映燃料的能量特性。

2. 雾化和蒸发性能

喷气燃料的雾化程度影响燃料燃烧的完全程度。燃料喷入燃烧室时，雾化得越好，燃料的蒸发表面越大，形成混合气的速度越快，从而加快了燃烧速度，提高了燃烧完全程度。影响雾化程度的质量标准是燃料的黏度。黏度过大，则喷射角小而射程远、液滴大，因而雾化不良，燃烧不完全；黏度过小，则喷射角大而射程近，容易引起局部过热。

燃料的蒸发性能对燃料的启动性、燃烧完全程度和蒸发损失影响很大。蒸发性能好的燃料，与空气形成混合气的速度快，因而燃烧完全，耗油率低，同时也容易启动。燃料的蒸发性能取决于燃料中的轻组分含量，这反映在质量标准中馏程的10%馏出温度和蒸气压。但蒸气压过高也是不利的，在高空低气压下，容易形成气阻；飞机起飞时，由于气压急剧降低，而油温下降很慢，以致燃料猛烈蒸发，造成燃料大量损失。

国产1、2、3号喷气燃料是煤油型的，它们的蒸发性能由馏程的10%馏出温度加以控制。4号喷气燃料是宽馏分型的，除馏程外，主要由饱和蒸气压控制，规定饱和蒸气压不大于20kPa。

除了上述性质影响燃料燃烧的完全程度外，在高空的气温、气压条件下，当混合气过稀或过浓时，燃料的化学组成对燃烧完全程度也有显著的影响。烃的氢碳比越大，燃烧完全程度越高。研究表明，各种烃类燃烧完全程度的高低顺序是：正构烷烃＞异构烷烃＞单环环烷烃＞双环环烷烃。因此烷烃的燃烧完全性最好，芳香烃最差，芳香烃的环数越多，燃烧完全性越差，这也是喷气燃料中限制芳香烃含量的原因之一。

3. 积炭性能

喷气燃料在发动机中燃烧时生成积炭的倾向称为燃料的积炭性能。燃料在燃烧过程中生成的炭微粒积聚在不同部位，造成一系列问题。积聚在燃烧室火焰筒壁上的积炭，会恶化热传导，产生局部过热，使火焰筒壁变形，甚至产生裂纹。火焰筒壁上的积炭有时可能脱落下来，随气流进入高速旋转的燃气涡轮，造成堵塞、侵蚀和打坏叶片等事故。积炭附在喷油嘴上，使燃料雾化恶化，火舌位移，燃烧状况变坏，促使火焰筒壁生成积炭。电点火器电极上的积炭，会使电极短路，影响发动机启动。

喷气燃料的积炭性与蒸发性能、化学组成有关。燃料的蒸发性能差，不易汽化，高温下易缩合产生积炭。组成相近的燃料，积炭倾向随燃料沸点上升而增大。影响积炭生成最主要的因素是燃料的化学组成。大量试验证明，燃料中的芳香烃最容易生成积炭。相同平均沸点的燃料，积炭生成量随芳香烃含量增大而显著增加。芳香烃中以双环芳香烃(沸点高于205℃的芳香烃大都是双环芳香烃)影响最大,它不仅使积炭量增多,还能增加火焰中的炭微粒,以致显著增强火馅明亮度,从而提高了热辐射强度,过强的热辐射使火焰筒壁过热,引起变形、裂纹,甚至烧穿。因此喷气燃料标准中不仅限制芳香烃含量不超过20%(体积分数),同时也限制萘系芳香烃(双环)的含量不能超过3%(体积分数)。

控制喷气燃料积炭性能的标准有烟点、辉光值和萘系烃含量,通常只要求其中的一项指标。

(1)烟点:又称无烟火焰高度,是在特制的灯具内,在规定条件下燃料燃烧时无烟火焰的最大高度,单位为mm。燃料的烟点对发动机燃烧室中生炭倾向影响很大,烟点越高,积炭生成量越小,国产喷气燃料要求烟点不低于25mm。

(2)辉光值:主要用来表示燃料燃烧时火焰的辐射强度。燃料的积炭性强,燃气中的炭微粒增多,炽热的炭粒增加了火焰的辐射强度和明亮度,加速火焰筒出现裂纹和烧穿,缩短使用期限。辉光值越高,表明辐射强度越低,燃烧越完全。辉光值也与化学组成有关,正构烷烃的辉光值最高,芳香烃最低。国产喷气燃料规定辉光值不得小于45。

(3)萘系烃含量:燃料中的芳香烃含量和萘系烃含量对烟点和辉光值影响都很大。燃料中芳香烃含量高,烟点和辉光值则低。对于芳香烃含量相同的燃料,萘系烃含量多的,其烟点和辉光值低。

由于烟点、辉光值和萘系烃含量三者之间关系密切,因此国产喷气燃料标准规定上述三项指标有一项符合标准即可。

(二)低温性能

喷气燃料的低温性能是指在低温条件下燃料的泵送和通过过滤器的流动能力,喷气燃料的低温性能用结晶点或冰点表示。结晶点是燃料在低温下出现肉眼可辨的结晶时的最高温度;冰点是在测定条件下,燃料出现结晶后,再升高温度,使原来形成的烃结晶消失时的最低温度,一段冰点比结晶点高1~3℃。

对喷气燃料低温性能的要求,取决于使用地区地面的最低温度和高空、低温下油箱中燃料可能达到的最低温度。储存在洞库中的燃料油随气温变化不大,但燃料加入飞机油箱后,其温度一天之内就能同地面气温一样。飞机在高空飞行时,无论南方和北方、冬季和夏季都会受高空、低温的影响。高空飞行试验表明,长期在低温下飞行,油箱中最低油温可达-50.5℃,因而国产1、2号喷气燃料要求其结晶点分别低于-60℃和-50℃。

影响喷气燃料低温性能的主要因素是化学组成和吸水性。燃料是由烃类组成的,正构烷烃和某些芳香烃的结晶点高,而环烷烃和烯烃较低。同一族烃中,相对分子质量增加,其结晶点升高。燃料在某个温度下,只要有少量烃开始结晶,就会使其结晶点升高。因而由石蜡基原油(如大庆原油)生产的直馏喷气燃料,结晶点只能达到-50℃左右,而中间基原油(如克拉玛依原油)可以生产结晶点低于-60℃的直馏喷气燃料。

从使用角度来看,结晶点高的燃料很容易在低温下出现烃结晶,堵塞过滤器,因而希望燃料的结晶点低,但这会严重影响喷气燃料的产率。我国根据不同地区最低气温情况,生产出了结晶点分别为-60℃、-50℃和-40℃的1号、2号和4号喷气燃料,这样既满足了各地区使用要求,又充分利用了石油资源。

油品的吸水性也严重影响燃料油的低温性能。燃料中含有的微量水分在低温下形成冰晶,造成过滤器堵塞、供油不畅等问题。燃料中的水分除来源于储运保管、使用中管理不善而落入雨雪外,主要是因为烃类具有溶水性,会从空气中吸收水分,使无水燃料"自动"地含有微量水分。

燃料中的水分以溶解水和游离水两种形式存在。溶解水是由于燃料中烃类具有微弱的溶水性,从空气中溶解一些水分所形成的。不同烃类的溶水性是有差别的,在相同温度下,芳香烃(特别是苯)的溶水性最强,环烷烃次之,烷烃最弱。因此从降低结晶点的角度考虑,也需要限制芳香烃的含量。

水在燃料中的溶解度随温度升高而增大,喷气燃料在储存过程中,当温度升高时,对水的溶解度增大,燃料会从大气中吸收水分直至饱和。当油温降低时,对水的溶解度也随之降低,使已溶解的少量水分从油中析出,成为游离水,沉积在油罐底部。这个过程反复多次,罐底积水就会增加,同时这个过程随空气湿度增大、温度变化幅度的增大而加剧。我国南方湿度大,这个问题比较严重。

喷气燃料中冰结晶的规律可归纳为:温度升高,燃料溶水性增大;温度降低,部分水分析出;温度降低到0℃以下,水呈冰晶态析出,堵塞油路,影响正常供油。

为了改善喷气燃料的低温性能,用热空气加热燃料和过滤器,或用润滑油预热燃料,防止冰晶析出;在冬季气温低于0℃的地区,可以用冷冻过滤方法,即把油温较高的燃料用泵送到露天小油罐中,利用低于0℃的气温将油冷冻24h,油中水分形成冰晶,然后过滤除去。处理后的燃料应立即密闭注入飞机油箱中使用,否则在较高温度下与空气接触,会重新溶入水分。

在喷气燃料中加入防冰添加剂是有效防止冰晶析出的简便方法。常用的防冰添加剂有醇类和醚类,效果较好的是醇醚类化合物,它们有很强的溶水性,在低温时不会析出水分,也就不会出现冰晶。我国使用的醇醚类化合物防冰剂是乙二醇甲醚,它是一种有醇味的无色透明液体,有毒,密度不大于0.95g/cm³,易溶于燃料,具有很强的吸水性,必须密封储存。防冰添加剂应在油库现用现加,否则会影响防冰效果。

(三)安定性

在常温储存和高温使用过程中,喷气燃料应具有保持本身质量不变的能力,即具有良好的储存安定性和热氧化安定性。

1. 储存安定性

影响喷气燃料储存安定性的因素与汽油、柴油相近,即油品的化学组成、储存条件、相应质量指标有实际胶质和酸度等,在此不再重复。

试验表明,国产1号和2号喷气燃料在不同气候条件下储存6～10年后,只有酸度和实际胶质略有增加,颜色有所加深,其他无明显变化,全部质量标准仍然合格,可见这两种喷气燃料的储存安定性是很好的。其原因是这两种喷气燃料大多是直馏产品,烯烃含量极少,硫化物特别是硫醇性硫控制很严,在储存过程中氧化反应很微弱,胶质和酸性物质生成量很少。

2. 热氧化安定性

热氧化安定性是表示燃料抵抗热和氧气的作用而保持其自身性质不发生永久性变化的能力。高速飞行的飞机因与空气发生摩擦作用,飞机表面温度迅速升高,部分热量传递给油箱中的燃料,使燃料温度升高,此外因为燃料同时用于冷却润滑油、液压油和座舱空气,导致燃料温度进一步升高。例如,以3马赫速度进行超音速飞行的飞机,油箱中燃料的温度可达到

110℃（局部温度可达200℃），润滑油散热器中的燃料，在飞机降落时最高可达260℃。

喷气燃料在高温和溶解氧的作用下，氧化生成胶质和沉渣的数量虽然不多，但危害甚大，它能堵塞过滤器，使喷油嘴压力降增大，供油量下降，甚至中断。因此对长期以2马赫速度飞行的飞机，要求使用热安定性好的喷气燃料。

燃料中的热氧化沉渣是燃料中不安定的烃类和非烃化物的氧化产物聚合和缩合的结果。烃类中最容易生成沉渣的是萘类和四氢萘类，后者在76℃时就能氧化，烯烃在125℃时才开始氧化，非烃化物更容易被氧化，含氮化合物如吡啶在50℃就开始氧化，而硫化物甚至在室温下也能反应。

国产喷气燃料标准规定用动态热安定性测定结果来衡量其热安定性。动态热安定性测定法模拟喷气发动机燃料系统中燃料与润滑油换热后，测定因温度升高而产生的沉渣堵塞燃料过滤器的程度以及燃料在高温下使金属表面腐蚀和积垢的程度。此方法与实际情况相近，燃料以一定流量通过加热到恒定温度的预热器，燃料被加热氧化而生成沉淀，然后通过过滤器，由于沉淀物堵塞过滤器，使过滤器前后产生压差，用过滤器前后的压差和预热器内管表面沉积物的色度来评定该温度下燃料的热安定性。

（四）腐蚀性

喷气燃料的腐蚀性对发动机工作的可靠性和使用寿命有很大影响，燃料的腐蚀作用表现在气相腐蚀和液相腐蚀两方面，引起腐蚀的原因不同，解决方法也有差别。

1. 气相腐蚀

喷气燃料在燃烧过程中，对燃烧室有腐蚀作用，同时燃烧产物也侵蚀导向器叶片和涡轮叶片，这种高温燃气对金属的侵蚀，称为高温气相腐蚀或烧蚀。

喷气发动机的燃气系统部件都是由耐高温的镍铬合金制造的。使用硫含量低于0.05%（质量分数）的直馏喷气燃料时，出现高温燃气腐蚀合金，使金属表面出现深坑，坑上积有毛状炭，严重时蚀坑连成片，甚至使金属壁穿孔。

试验表明，镍铬合金的烧蚀现象是由燃料燃烧不完全的产物在一定高温（750℃）下造成的。当镍铬合金与高温还原性燃气接触时，气体中的一氧化碳与合金中的铬反应，生成三氧化二铬，破坏了合金表面的晶格。由于铬被氧化，使镍析出富集，因为镍对烃类脱氢反应有催化作用，结果产生结晶炭。合金表面细微间隙中的结晶炭能使镍脱离合金基体，形成凹坑。镍铬合金烧蚀后，表面的毛状炭就是由析出的金属和结晶炭构成的。

在喷气燃料中加入一定量的非活性硫化物，能有效防止高温烧蚀作用。硫化物能在金属表面形成一层耐高温的保护膜，同时使金属镍中毒，失去催化作用，使烧蚀反应无法进行，从而保护了合金。如果仅仅预先使金属表面硫化，形成一薄层硫化膜，在燃气中存在氧和一氧化碳的情况下，硫化膜会逐渐被破坏，失去保护作用。现广泛采用在燃料中加入33号或134号抗烧蚀添加剂，它们都是硫化物，效果很好。33号添加剂加入量约为0.09%～0.12%（质量分数）。加有33号添加剂的燃料应在低温下储存，以防添加剂蒸发损失，并应注意防止曝晒、防止水分混入、减少与空气接触，以免添加剂变质失效。

2. 液相腐蚀

液相腐蚀的原因、危害及控制指标与汽油、柴油类似，但因喷气发动机燃料系统有些部件精密度很高，合金材料多，所以腐蚀问题更为严重。燃料中的烃类在液态时并无腐蚀作用，对金属的腐蚀主要是由含硫化合物(如硫、硫化氢、低分子硫醇等)、含氧化合物(环烷酸等)、水分和细菌等引起的。含硫化合物除了腐蚀铜、镉、锌、铁、铝等金属外,还腐蚀铜的合金。硫醇腐蚀金属后生成难溶的胶状沉淀物,易堵塞喷嘴和过滤器,影响发动机正常工作。硫醇还能与人造橡胶起作用,破坏飞机上橡胶油箱的缝合胶,引起漏油。因此,喷气燃料标准明确规定了硫醇性硫含量,1号喷气燃料不大于0.5%,2、3号喷气燃料不大于0.2%(均为质量分数)。

由于铜对硫和活性硫化物的腐蚀非常敏感,可以用铜片腐蚀试验来定性检验燃料中是否存在硫和活性硫化物。喷气发动机燃料系统燃料工作温度较高,在50℃下铜片腐蚀试验合格的燃料,在较高温度下仍会出现腐蚀,因而喷气燃料的铜片腐蚀试验规定测定温度为100℃,测定时间为2h。

近年来,喷气发动机的高压油泵采用镀银附件,以提高其耐磨性。而银对某些硫化物腐蚀比铜更为敏感,所以喷气燃料标准中规定了银片腐蚀不能超过一级。

喷气燃料中的细菌种类达100种以上,它们不仅会污染燃料,而且以正构烷烃为食物,同时生成二氧化碳、醇、酯和有机酸;有的细菌还使燃料中的硫化物转化为活性硫化物,这些产物会腐蚀金属。为了防止细菌引起腐蚀,可以在燃料中加入适量的杀菌剂,如每毫升燃料中加入10^{-6}g的甲基紫,即可有效防止细菌引起的腐蚀。在储存和使用中防止油中出现游离水,杜绝细菌繁殖的条件,也能防止细菌引起腐蚀。控制喷气燃料腐蚀性指标除含硫量、硫醇性硫含量、铜片腐蚀、银片腐蚀外,还有酸度和水溶性酸或碱。

(五)其他性能

1. 洁净度

喷气燃料的洁净度目前已成为影响飞行安全的重要因素之一,引起燃料洁净度下降的主要物质有水分、固体杂质、表面活性物质以及细菌等。

1)水分

水分对喷气燃料的危害,除了能增加燃料腐蚀性、恶化低温性能外,还能破坏燃料的润滑性,增大磨损,严重时会卡死油泵的柱塞;水分过多还会引起发动机熄火。因此国际民航规定喷气燃料中悬浮水含量不得超过0.003%(质量分数),当悬浮水含量超过0.003%时,会出现浑浊现象。

水分还会引起燃料生成片状或头皮状悬浮物和絮状物,它们是水、铁锈和碱相互作用的产物,主要成分是氢氧化铁。当游离水超过一定数量后,能和燃料中的微量胶质结合,在燃料过滤器的过滤网上形成一层黏稠薄膜,使过滤效率降低,甚至堵塞滤网,中止供油。

储存喷气燃料的容器中禁止出现游离水,因为游离水会引起燃料细菌滋生。细菌代谢作用生成的表面活性物质会污染油品,有的细菌能使油中的硫酸盐还原成硫化氢,使油品产生腐蚀性,大大加速燃料容器的腐蚀,并使涂层变松。在适宜条件下大量繁殖的细菌也会堵塞过滤器。

2)固体杂质

喷气燃料在储运、使用过程中,由外界混入的固体杂质主要有尘土、砂砾、纤维和腐蚀产生的黑色四氧化三铁和红色三氧化二铁。较大的固体直径可达0.01~0.1mm,它们对燃料系统高压油泵和喷油嘴之类的精密部件危害很大。这些精密部件的装配间隙仅为0.005~0.01mm,燃料中的固体颗粒会划伤甚至卡死这些零件。杂质进入喷油嘴会堵塞油路,减少喷油量,使涡轮所受燃气压力不均,严重时发动机涡轮叶片根部出现裂纹,甚至折断。因此国际航空运输协会(IATA)主张喷气燃料中固体微粒的直径不得大于5μm,含量不能超过1mg/L。国产3号喷气燃料规定了固体颗粒污染物的含量指标。

3)表面活性物质

表面活性物质是指分子中同时具有亲水基因和亲油基团,能使界面张力显著降低的物质。喷气燃料中的表面活性物质种类很多,常见的有环烷酸和环烷酸盐、磺酸和磺酸盐,此外还有胺类和酚类等。这些表面活性物质部分是油中固有的,部分是精制过程中产生的。

喷气燃料中表面活性物质的含量很少,但是这些物质对燃料影响却很大。当燃料中的表面活性物质含量达到0.00005%~0.00015%(质量分数)时,燃料中的游离水就难以分离干净;同时,表面活性物质会降低过滤器滤网上油膜的表面张力,固体微粒和水分聚集在过滤器上,使过滤器使用周期下降4/5。表面活性物质还会形成绿色或黑色的黏液,影响过滤器正常供油。当有机盐和有机酸盐这类表面活性剂含量超过一定数量时,燃料的氧化安定性会变坏,颜色变深。

综上所述,为了保证喷气燃料的洁净度,除了在石油炼制过程中完全脱除水分、碱、机械杂质外,在储运和使用过程中还要精心管理,注意在收发、运输、加注等各个环节杜绝水分、固体颗粒杂质等混入油中,才能有效防止燃料中污染物的形成和凝聚。为保证飞行安全,机场的飞机加油车装有三级过滤器,其中精过滤器可以除去大于5μm的固体颗粒,有些国家的机场,在加油车上甚至装有白土过滤器,以保证燃料的洁净度。在喷气燃料的质量标准中,表达洁净度的指标有水反应、固体颗粒污染物含量、机械杂质、水分等。

2. 润滑性

喷气发动机的润滑系统和柴油机相似,是靠燃料自身的润滑性能来润滑的,燃料还作为冷却剂带走摩擦产生的热量。

喷气发动机的高压油泵运转时,既有滑动摩擦,又有滚动摩擦。摩擦表面的温度、压力很高,温度最高达300~400℃、接触应力为(2500~3000)×10^{5}Pa。在如此苛刻的条件下,要保证摩擦表面可靠的润滑,主要依靠燃料中的极性非烃类化合物,如环烷酸、酚类、含硫化合物、含氮化合物等。这些物质具有较强的极性,容易吸附在金属表面上,形成牢固的油膜,有效降低了金属间的摩擦和磨损。烃类的极性很弱,难以保证润滑。但上述非烃化合物的存在会影响喷气燃料的热安定性,因此通常采用精制方法除去燃料中的非烃化合物,以保证燃料的热安定性,然后加入少量抗磨添加剂,提高燃料的润滑性能,这类添加剂能在金属表面形成一层对水无渗透性的吸附膜,同时具有防腐和抗磨作用。常用的防腐抗磨添加剂有长烷基链的脂肪酸、烷基胺基磷酸酯等。

喷气燃料的黏度主要影响雾化性能,它不能反映燃料在高温摩擦表面上的润滑性能。目前国内外还没有统一的标准来评定喷气燃料的润滑性,不同方法评定的结果差别很大。我国采用环块试验机评定,用测得的抗磨指数表示喷气燃料的润滑性能好坏,与实际使用情况基本吻合。当抗磨指数大于90时,可保证燃料油柱塞泵的正常工作。但此方法尚未列入喷气燃料的质量标准。

3. 静电着火性

喷气发动机的耗油量很大,为节省注油时间,机场采用高速加油,而战斗机的空中加油速度更快。喷气燃料与管道、容器、注油设备发生剧烈摩擦,产生大量静电荷。注油速度越快,产生静电荷的数量越多。由于烃类燃料是绝缘体,电导率很低,燃料越纯净,电导率越低,一般喷气燃料的电导率在$1 \times 10^{-12} \Omega^{-1} \cdot m^{-1}$以下。而研究发现,只有当燃料电导率大于$50 \times 10^{-12}$ $\Omega^{-1} \cdot m^{-1}$时才能保证安全。因而高速注油时摩擦产生的静电荷就会聚积起来,其静电势可达到数千至数万伏,可能引起火花放电,此时如遇到可燃性混合气体,就会引起火灾。

航空燃料的静电失火事故,国内外曾多次发生,主要出现在干燥、炎热的季节,发生在向加油车或飞机加油的过程中。为此,提出了改善操作方法、改装加油设备和在燃料中加入防静电添加剂等措施,通常这三种方法联合使用,效果很好。

加入抗静电添加剂是防止喷气燃料静电着火最有效的措施,国内外已广泛采用。常用的是有机酸金属盐类,如国产的抗静电添加剂是由烷基水杨酸铬、丁二酸二异辛酯磺酸钙和"603"无灰清静分散剂三部分组成,它们能提高燃料的电导率。当加入量达0.0001%(质量分数)时,燃料的电导率可提高到$300 \times 10^{-12} \Omega^{-1} \cdot m^{-1}$以上。燃料的电导率随温度降低而下降,油品的安全电导率应在-29℃时应不小于$50 \times 10^{-12} \Omega^{-1} \cdot m^{-1}$,因而一般添加剂的用量在0.00005%(质量分数)左右。

对喷气燃料还规定了闪点要求,以保证飞机的防火安全性和保证燃料在油路中不产生气阻。国产1号和2号喷气燃料标准要求闭口杯闪点不低于28℃,3号喷气燃料要求不低于38℃,国际民航一般使用闪点高于38℃的喷气燃料。

闪点与蒸气压有关。一般燃料的闪点越低,其蒸气压就越高。蒸气压高的燃料在高空易形成气阻,并导致蒸发损失增加。闪点高于28℃的喷气燃料,其馏程大致为140~250℃,可以保证在12000~14000m高空中无故障飞行,因而标准中不再规定蒸气压。对于宽馏分型的4号喷气燃料,其馏程为60~250℃,闪点很低,因而规定了蒸气压的要求,其饱和蒸气压应不大于20kPa。

第二节　喷气燃料的参数测定

国产喷气燃料的标准代号为RP,即表示燃料类(R)的喷气燃料(P),四个牌号分别为RP-1、RP-2、RP-3和RP-4,其中RP-4为宽馏分型燃料,其他三种牌号均为煤油型燃料。RP-1的低温性能指标较高,结晶点不高于-60℃,适用于寒冷地区;RP-2的结晶点不高于-50℃,适用于一般地区;随着国际交往和民航事业的发展,喷气燃料已成为全球性产品,要求其质量具有国际通用性,因此出现了3号喷气燃料RP-3,该型燃料广泛用于出口、民航、过境飞机加油等,已逐渐取代RP-1、RP-2;RP-4的特点是馏分宽,相对密度不小于0.750,冰点不高于-40℃,对闪点无要求。所有质量指标的下降都是为了最大限度地增加喷气燃料收率,在一般情况下不生产该型燃料,只作为特殊情况(军事)下的应急燃料。我国各牌号喷气燃料的主要用途和执行标准见表6-2。各标准的详细内容见表6-3。

表6-2　我国各牌号喷气燃料的主要用途和执行标准

牌号	代号	类型	主要用途	执行标准
1号喷气燃料	RP-1	煤油型	民航机、军用机	GB 438—1977
2号喷气燃料	RP-2	煤油型	民航机、军用机	GB 1788—1979
3号喷气燃料	RP-3	煤油型	民航机、军用机	GB 6537—2006
4号喷气燃料	RP-4	宽馏分型	备用、军用机	

表6-3 喷气燃料质量标准

项　目		喷气燃料质量指标			试验方法
		RP-1 GB 438—1977 (1988)	RP-2 GB 1788—1979 (1988)	RP-3 GB 6537—2006	
外观		—	—	室温下清澈透明,目视无不溶解水及固体物质	目测
颜色	不大于	—	—	+25	GB/T 3555
组成					
总酸值,mgKOH/g	不大于	—	—	0.015	GB/T 12574
酸度,mg NaOH/100mL	不大于	1.0	1.0		
碘值,gI₂/100g	不大于	3.5	4.2		
芳香烃含量(体积分数),%	不大于	20.0	20.0	20.0	GB/T 11132
烯烃含量(体积分数),%	不大于	—	—	5.0	GB/T 11132
总硫含量(质量分数),%	不大于	0.20	0.20	0.20	GB/T 380、GB/T 11140 GB/T 17040、SH/T 0253
硫醇性硫(质量分数),%	不大于	0.005	0.002	0.002	GB/T 1792
博士实验		—	—	通过	SH/T 0174
直馏组分(体积分数),%		—	—	报告	
加氢精制组分(体积分数),%		—	—	报告	
加氢裂化组分(体积分数),%		—	—	报告	
挥发性					
馏程					GB/T 6536
初馏点℃	不小于	150	150	报告	
10%馏出温度,℃	不大于	165	165	205	
20%馏出温度,℃	不大于	—	—	报告	
50%馏出温度,℃	不大于	195	195	232	
90%馏出温度,℃	不大于	230	230	报告	
98%馏出温度,℃	不大于	250	250	—	
终馏点,℃		—	—	300	
残留量(体积分数),%	不大于	—	—	1.5	
损失量(体积分数)%	不大于	—	—	1.5	
残留及损失(体积分数),%	不大于	2.0	2.0	—	
闪点(闭口),℃		28	28	38	GB/T 261
密度(20℃),kg/m³		775	775	775~830	GB/T 1884、GB/T 1885
流动性					
冰点,℃	不大于	—	—	-47	GB/T 2430、SH/T 0770
结晶点,℃	不大于	-60	-50		SH/T 0179
运动黏度,mm²/s					GB/T 265
20℃		1.25	1.25	1.25	
-20℃		—	—	8.0	
-40℃		8.0	8.0		
燃烧性					
净热值,MJ/kg	不小于	42.9	42.9	42.8	GB/T 384、GB/T 2429
烟点,mm	不小于	25	25	25.0	GB/T 384
烟点最小为20mm时萘系					
烃含量(体积分数),%	不大于	3.0	3.0	3.0	SH/T 0181
辉光值	不大于	45	45	45	GB/T 11128

项 目		喷气燃料质量指标			试验方法
		RP-1 GB 438—1977 (1988)	RP-2 GB 1788—1979 (1988)	RP-3 GB 6537—2006	
腐蚀性					
铜片腐蚀(100℃,2h),级	不大于	1	1	1	GB/T 5096
银片腐蚀(50℃,4h),级	不大于	1	1	1	SH/T 0023
安定性					
热安定性(260℃,2.5h)				3.3	GB/T 9169
过滤器压力降,kPa	不大于	—	—	小于3,且无孔雀	
管壁评级		—	—	蓝色或异常沉淀物	
洁净性					
实际胶质,mg/100mL	不大于	5	5	7	GB/T 8019、GB/T 509
水反应					GB/T 1793
界面情况,级	不大于	1b	1b	1b	
分离程度,级	不大于	报告	报告	报告	
固体颗粒污染物含量,mg/L	不大于	—	—	报告	SH/T 0093
导电性					
导电率(20℃),pS/m		—	—	50～450	GB/T 6539
水分离指数					SH/T 0616
未加静电剂	不小于	—	—	85	
加入静电剂	不小于	—	—	70	

一、浊点和结晶点的测定

(一)任务目标

学会使用双壁玻璃管测定喷气燃料(轻质油)的浊点和结晶点的操作方法;

(二)任务准备

1. 知识准备

1)测定依据

标准:SH/T 0179—1992《轻质石油产品浊点和结晶点测定法》。

适用范围:适用于测定未脱水或脱水轻质石油产品的浊点和结晶点。

方法要点:试样在规定的试验条件下冷却降温,并定期地进行检查;把试样开始呈现浑浊的最高温度作为浊点;当继续降温,试样中会出现结晶;把试样中出现肉眼可见的结晶时的最高温度作为结晶点。

2)基本概念

(1)浊点:燃料在规定条件下冷却至开始出现混浊时的最高温度。

(2)结晶点:燃料在低温下出现肉眼可辨的结晶时的最高温度。

2. 仪器、试剂准备

1）仪器

需要的仪器为双壁玻璃试管、搅拌器、广口保温瓶或圆筒型容器、水银温度计、低温液体温度计等。

（1）双壁玻璃试管：试管上端的两条支管可以焊闭或敞开。

（2）搅拌器：用铝或其他金属丝制成，利用手摇、机械或电磁搅拌。

（3）广口保温瓶或圆筒型容器：高度不低于220mm，直径不小于120mm，有保温层。容器的盖（木制或厚纸板制）上有插试管、温度计和加入干冰的孔口。

（4）水银温度计：能测量−30℃的试样温度。

（5）低温液体温度计：分别具有低于−30 ℃和低于−80 ℃的量程，可用来测量低温液体的温度。

2）试剂

需要的试剂为干冰、工业乙醇、无水乙醇、硫酸钠或氯化钙（化学纯）等。

（三）任务实施

1. 未脱水试样浊点和结晶点的测定

1）操作准备

（1）取样前，摇荡瓶中的试样，使其混合均匀。

（2）准备两支清洁、干燥的双壁玻璃试管。分别向两支试管加入试样至标线处，其中第一支试管用来实验，另一支试管用作标准物。如果试管的支管未经焊闭，需在试管的夹层中注入0.5～1mL的无水乙醇，以防试管夹层内凝结水滴。每支试管要用带有温度计和搅拌器的橡胶塞塞上，温度计要位于试管的中心，并与内管底部距离15mm。

（3）在装有低温温度计的冷剂容器（广口保温瓶或圆筒型容器）中注入工业乙醇，再缓慢加入干冰（若用半导体制冷器时，可调解电流），使温度下降到比试样的预期浊点低（15±2）℃。将装有试样的第一支试管通过盖上的孔口插入冷剂容器中。容器中所储冷剂的液面，必须比试管中试样的液面高30～40mm。

2）操作要领

（1）测定浊点。

冷却双壁试管中的试样，冷却的同时，使用搅拌器不断搅拌试样。搅拌的方法是：将搅拌器降到管底再提到液面，如此反复。搅拌频率为60～200次/min。使用手摇搅拌器时，连续搅拌的时间至少为20s，搅拌中断的时间不应超过15s。

在到达预期浊点前3℃时，从冷剂中取出试管，迅速放在一杯工业乙醇中浸一浸；然后在透明良好的条件下，将这支试管插在试管架上，与并排的标准物进行比较，观察试样的状态。每次观察所需的时间（即从冷剂中取出试管的一瞬间起，到把试管放回冷剂的一瞬间止）不得超过12s。

如果试样与标准物比较，没有发生异样（或有轻微的色泽变化，但在进一步降低温度时，色泽不再变深，这时应认为尚未达到浊点），将试管放回冷剂中，以后每经1℃就观察一次，仍与标准物进行比较，直至试样开始呈现浑浊为止。试样开始呈现浑浊时，温度计所示的温度就是浊点。

(2)测定结晶点。

在完成浊点测定后,继续对试样冷却降温,冷却时要继续搅拌试样。在到达预期结晶点前3℃时,从冷剂中取出试管,迅速放在一杯工业乙醇中浸一浸,然后观察试样的状态。如果试样中未呈现晶体,再将试管放入冷剂中,以后每经1℃观察一次,每次观察所需的时间不超过12s。当燃料中开始呈现肉眼能看见的晶体时,温度计所示的温度就是结晶点。

2. 脱水试样浊点的测定

1)操作准备

(1)试样脱水:向试样中加入新煅烧过的粉状硫酸钠或粒状氯化钙,摇荡10~15min。

(2)待试样澄清后,将试样用干燥的滤纸过滤。

(3)安装试管,并将装有试样与温度计的试管放入80~100℃的水浴中,使试样温度达到(50±1)℃。

(4)在装有低温温度计的冷剂容器中注入工业乙醇,工业乙醇的液面必须比试管中试样液面高30~40mm;之后加入干冰,使冷剂的温度下降到比试样的预期浊点低(10±2)℃。

2)操作要领

将装试样的试管从水浴中取出,垂直固定在支架上,在室温中静置,直至试样冷却至30~40℃,再将试管插在装有冷剂的容器中。

在到达预期浊点前3℃时,从冷剂中取出试管,迅速放在一杯工业乙醇中浸一浸,然后按前述方法观察试样的浑浊状态,确定浊点温度。

将试样温度降至预期结晶点前3℃时,从冷剂中取出试管,迅速放在一杯工业乙醇中浸一浸,然后观察试样的状态,按前述方法确定结晶点。

3. 项目报告

(1)数据精密度的判断。对浊点或结晶点重复测定,重复测定的两个结果之差不应大于2℃。

(2)数据处理。取重复测定两个结果的算术平均值作为试样的浊点或结晶点。

4. 项目实施中的注意事项

(1)如果试管的支管是敞开的,需在试管的夹层中注入0.5~1mL的无水乙醇,以防试管夹层内凝结水滴。

(2)将冷剂温度降到要求的温度,在实验过程中通过补充干冰来维持冷剂的温度。

(3)试样脱水过程中,硫酸钠和氯化钙等脱水剂必须经过煅烧,并在高温下及时放入装有试样的试管中进行脱水。

(4)在每次观察试样过程中,观察时间不能超过12s。

二、喷气燃料冰点的测定

(一)任务目标

(1)学会喷气燃料冰点的测定方法。

(2)能对冰点测定的相关仪器进行操作。

(二)任务准备

1. 知识准备

1)测定依据

标准:GB/T 2430—2008《航空燃料冰点测定法》。

适用范围:适用于测定喷气燃料和航空活塞式发动机燃料的冰点。

方法要点:取25mL试样倒入洁净干燥的双壁试管中,装好搅拌器及温度计,将双壁试管放入有冷却介质的保温瓶中,不断搅拌试样使其温度下降,直至试样中开始呈现肉眼能看见的晶体,然后从冷剂中取出双壁试管,使试样慢慢升温,并连续不断地搅拌试样,直至烃类结晶完全消失,此时的最低温度即为冰点。

2)基本概念

冰点:在测定条件下,试样出现结晶后,再使其升温,原来形成的烃类结晶消失时的最低温度称为冰点。

2. 仪器、试剂准备

1)仪器

需要的仪器主要为双壁玻璃试管、压帽、搅拌器、真空保温瓶、温度计等。

(1)双壁玻璃试管:如图6-4所示,在内外壁之间的空间充满常压的干燥氮气或空气。管口用软木塞塞紧,将温度计和压盖插入软木塞内,搅拌器穿过压盖。

(2)压帽:在低温试验时,防止空气中的湿气在样品管中冷凝,形成冷凝水影响测定结果。

(3)搅拌器:是一个下端平滑、弯成三圈螺旋、直径约为1.6mm的黄铜棒。

(4)真空保温瓶:不镀水银的真空保温瓶,其容积足以容纳所需体积的冷却液,并能使双壁试管浸入规定的深度。

(5)温度计:全浸式温度计,温度范围为 $-80 \sim +20℃$。

2)试剂

需要的试剂为无水硫酸钙、工业乙醇、氮气或干冰。

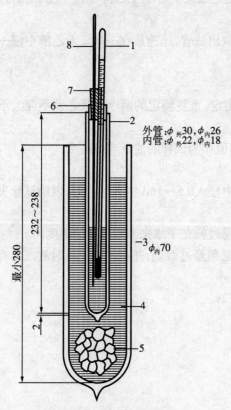

外管: $\phi_{外}30, \phi_{内}26$
内管: $\phi_{外}22, \phi_{内}18$

图6-4 喷气燃料冰点测定仪
1—温度计;2—双壁玻璃试管;3—不镀水银的
真空保温瓶;4—冷剂;5—干冰;6—软木塞;
7—压盖;8—搅拌器

(三)任务实施

1. 操作准备

量取 (25 ± 1) mL试样倒入清洁、干燥的双壁试管中,用带有搅拌器的软木塞紧紧地塞住双壁试管,并调节温度计位置,使温度计水银球位于试样的中心,向搅拌器内滴入1滴乙醇以润湿填充压盖,并尽可能地使搅拌器平滑运动。

2. 操作要领

(1)调节冷剂温度。用丙酮或乙醇作冷却介质,向其中加入干冰冷却液体,也可以用液氮代替干冰或使用机械制冷装置。

(2)夹紧双壁试管,将其放入盛有冷却介质的真空保温瓶中,试样液面应在冷却剂液面下15～20mm处。整个实验过程不需要添加干冰,以保持真空瓶中冷却剂的液面高度。

(3)搅拌试样。除观察时,整个试验期间要连续不断地搅拌试样,搅拌时,注意不要使搅拌器的圈露出燃料表面。如果−10℃时,试样内出现云状物,并且继续降温时云状物不再严重,可能是有水存在的缘故,可不必考虑。

(4)读取数据。当试样中开始呈现肉眼能看见的晶体时,记录此时的温度,该温度即是结晶点。从冷剂中取出双壁试管,使试样慢慢升温,同时连续不断地搅拌试样,记录烃类结晶完全消失时的最低温度,该温度就是冰点。如果已知试样的预期冰点,当温度高于预期冰点10℃以上时,只进行间断搅拌即可。但在此之后,需要进行连续搅拌,也可以使用机械搅拌装置。如果两次测定结果之差大于3℃,重复进行冷却、升温等操作,直至差值小于3℃为止。当报告烃类冰点时,要加上所用温度计的修正值,准确到0.5℃作为冰点。

3. 项目报告

1)数据精密度的判断

用下列数值判断结果的可靠性(95%置信水平)。

重复性:同一操作者重复测定两次结果之差不应超过1.5℃。

再现性:由两个实验室提出同一试样的两个测定结果之差不应超过2.6℃。

2)数据处理

把重复测定两次结果的算术平均值作为本试样的测定结果,精确到0.5℃。

4. 项目实施中的注意事项

(1)冷剂的温度一定要降到试样结晶点以下,具体的温度要根据所测试样确定。

(2)实验过程中,由于试管中的温度较低,一定要利用压盖或防潮管防止试管内壁形成冷凝水。

(3)在整个实验过程中要保证连续不断地搅拌试样。

(4)当试样中含有水分时,温度降到−10℃左右会出现云状物,要避免对结晶点判断的影响,必要时可使用无水硫酸钠对试样进行预先干燥。

(5)对使用的温度计进行校准,将修正值加到温度计的读数上。

三、铜片腐蚀的测定

(一)任务目标

(1)学会测定喷气燃料、汽油、柴油等油品铜片腐蚀的方法。

(2)能操作铜片腐蚀测定仪。

(二)任务准备

1. 知识准备

1)测定依据

标准:GB 5096—1985《石油产品铜片腐蚀试验法》。

适用范围：适用于测定航空汽油、喷气燃料、车用汽油、天然汽油或雷德蒸气压不大于124kPa的烃类、溶剂油、煤油、柴油、馏分燃料油、润滑油等油品对铜的腐蚀程度。

方法要点：把一块已磨光的铜片浸没在一定量的试样中，并按产品标准要求加热到指定温度，保持一定的时间。试验周期结束时，取出铜片，经洗涤后与腐蚀标准色板进行比较，确定腐蚀级别，腐蚀级别分为4级。

2）基本概念

(1)金属腐蚀：金属材料与环境介质接触发生化学或电化学反应而被破坏的现象称为金属腐蚀。金属腐蚀直接影响机械性能，降低有关仪器、仪表设备的精密度和灵敏度，缩短使用寿命，导致重大生产事故。金属腐蚀分为化学腐蚀和电化学腐蚀两大类。加速金属腐蚀现象的根本原因在于金属材料本身组成、性质和环境介质条件。

(2)铜片腐蚀试验：通过油品对铜片的腐蚀程度来评定油品的腐蚀性，通过腐蚀等级反映油品中"活性硫"含量的多少，也在一定程度上显示出油品中酸、碱存在时的协同效果。

2. 仪器、试剂准备

1）仪器

需要的仪器主要包括试验弹、试管、水浴(或其他液体浴)、磨片夹钳或夹具、观察试管、温度计等。

(1)试验弹：主要设备，能承受689kPa表压。

(2)试管：长150mm，外径25mm，壁厚1～2mm，在试管30mL处刻一环线。

(3)水浴(或其他液体浴)：能维持试验所需的温度，如40℃、50℃、(100±1)℃，有合适的支架把试验弹保持在垂直位置，并使整个试验弹浸没在浴液中。有合适的支架把试管支持在垂直位置，并浸没至浴液中约100mm深度。由于光线对试验结果有干扰，因此水浴应该用不透明的材料制成。

(4)磨片夹钳或夹具：用来牢固地夹住铜片而不损坏其边缘。

(5)观察试管：一种扁平形试管，试验结束时供检验用或储存期间盛放腐蚀铜片。

(6)温度计：全浸，最小分度不大于1℃。

2）试剂、材料

需要的试剂和材料主要有洗涤溶剂、铜片、磨光材料、腐蚀标准色板等。

(1)洗涤溶剂：在50℃温度下，试验3h不使铜片变色的任何易挥发、无硫烃类溶剂均可使用，如异辛烷、分析纯石油醚(馏程90～120℃)等。在有争议时，应该用分析纯异辛烷或标准异辛烷。

(2)铜片：纯度大于99.9%的电解铜。其尺寸为：长75mm，宽12.5mm，厚度1.5～3.0mm。铜片可以重复使用，但当铜片表面出现不能磨去的坑点或深道痕迹(或在处理过程中表面发生变形)时不能再用。

(3)磨光材料：65μm的碳化硅或氧化铝(刚玉)砂纸(或砂布)；105μm碳化硅或氧化铝(刚玉)砂粒以及药用脱脂棉。

(4)腐蚀标准色板：由能表示失去光泽表面和腐蚀增加程度的典型试验铜片组成，其分级见表6-4。为了起到保护作用，这些腐蚀标准色板应嵌在塑料板中。每块标准色板的反面给出了腐蚀标准色板的使用说明。为了避免色板褪色，腐蚀标准色板应避光存放。试验用的腐蚀标准色板要用另一块在避光下仔细保护的(新的)腐蚀标准色板与它进行比较来检查其褪色情况。具体做法是在散射的日光(或与散射日光相当的光线)下,对色板进行观察:先从上方直接看,然后再从45°角看。如果观察到有任何褪色的迹象,特别是最左边的色板有这种迹象,则废弃这块色板。如果塑料板表面有过多的划痕,也应该更换这块腐蚀标准色板。

表6-4　腐蚀标准色板的分级

分级	名称	说明
新磨光的铜片	—	作为实验前磨光铜片的外观标志
1	轻度变色	(1)淡橙色,几乎与新磨光的铜片一样; (2)深橙色
2	中度变色	(1)紫红色; (2)淡紫色; (3)带有淡紫蓝色或银色,或两种都有,并分别覆盖在紫红色上的多彩色; (4)银色; (5)黄铜色或多黄色
3	深度变色	(1)洋红色覆盖在黄铜色上的多彩色; (2)有红和绿显示的多彩色(孔雀绿),但不带灰色
4	腐蚀	(1)透明的黑色、深灰色或仅带有孔雀绿的棕色; (2)石墨黑色或无光泽的黑色; (3)有光泽的黑色或乌黑发亮的黑色

(三)任务实施

1. 操作准备

1)铜片表面准备

为了有效地达到预期结果,需先用105μm碳化硅或氧化铝(刚玉)砂纸(或砂布)把铜片六个面上的瑕疵去掉,再用65μm碳化硅或氧化铝(刚玉)砂纸(或砂布)处理,以除去其他等级砂纸留下的打磨痕迹。用定量滤纸擦去铜片上的金属屑后,把铜片浸没在洗涤溶剂中。铜片从洗涤溶剂中取出后,可直接进行最后磨光,或储存在洗涤溶剂中备用。

具体的操作步骤是:一种方法是把一张砂纸放在平坦的表面上,用煤油或洗涤溶剂湿润砂纸,以旋转动作将铜片对着砂纸摩擦。用无灰滤纸或夹钳夹持,以防铜片与手指接触。另一种方法是用粒度合适的干砂纸(或砂布)装在马达上,通过驱动马达来加工铜片表面。

2)磨光

从洗涤溶剂中取出铜片,用无灰滤纸保护手指来夹拿铜片。取一些105μm的碳化硅或氧化铝(刚玉)砂粒放在玻璃板上,用1滴洗涤溶剂湿润,并用一块脱脂棉蘸取砂粒。用不锈钢镊子夹持铜片,千万不能接触手指,先摩擦铜片各端边,然后将铜片夹在夹钳上,用沾在脱脂棉上的碳化硅或氧化铝(刚玉)砂粒磨光主要表面。磨时要沿铜片的长轴方向,在返回磨以前,注意使动程越出铜片的末端。用一块干净的脱脂棉使劲地摩擦铜片,以除去所有的金属屑,直到用一块新的脱脂棉擦拭时不再留下污斑为止。当铜片擦净后,马上浸入已准备好的试样中。

3)取样

对可能使铜片造成轻度变暗的试样,应该存放在干净、深色的玻璃瓶、塑料瓶或其他不影响试样腐蚀性的容器中。

容器要尽可能装满试样,取样后立即盖上。取样时要小心,防止试样暴露于直接的阳光下,甚至散射的日光下。实验室收到试样后,在打开容器后应尽快进行实验。

如果在试样中看到有悬浮水(浑浊),则用一张中速定性滤纸把足够的试样过滤到一个清洁、干燥的试管中。此操作应尽可能在暗室或避光的屏风下进行。

2. 油品腐蚀度的测定

1)试验条件的选择

不同油品采用不同的试验条件,分别如下:

(1)航空汽油、喷气燃料。把清澈、无水的试样倒入清洁、干燥的试管中30mL刻线处,并将经过最后磨光的干净的铜片在1min内浸入该试管的试样中。把该试管小心地滑入试验弹中,并把弹盖旋紧。把试验弹完全浸入(100 ± 1)℃的水浴中,在浴中放置2h(误差不超过5min)后,取出试验弹。在自来水中冲几分钟,打开试验弹盖,取出试管后,进行后面的铜片检查实验。

(2)天然汽油。按照(1)所述进行,但水浴的温度控制在(40 ± 1)℃,试验时间为3h(误差不超过5min)。

(3)柴油、燃料油、车用汽油。把清澈、无水的试样,倒入清洁、干燥的试管中30mL刻线处,并将经过最后磨光、干净的铜片在1min内浸入该试管的试样中。用一个有排气孔(可以打一个直径为$2\sim3$mm的小孔)的软木塞塞住试管,把该试管放到(50 ± 1)℃的水浴中。在试验过程中,试管的内容物要防止强烈的光线。在浴中放置3h后,再进行后面的铜片检查实验。

(4)溶剂油、煤油。按照(3)所述进行,但温度为(100 ± 1)℃。

(5)润滑油。按照(3)所述进行,但温度为(100 ± 1)℃。此外,还可以在改变了的试验时间和温度下进行试验。为统一起见,建议从120℃起,以30℃为一个平均增量提高温度。

2)铜片的检查

把试管的内容物倒入150mL高型烧杯中,倒时要让铜片轻轻地滑入,以避免碰破烧杯。用不锈钢镊子立即将铜片取出,浸入洗涤溶剂中,洗去试样。洗后立即取出铜片,用定量滤纸吸干铜片上的洗涤溶剂。把铜片与腐蚀标准色板比较来检查变色或腐蚀迹象,比较时,把铜片和腐蚀标准色板对光线成45°角折射的方式拿持,进行观察。

如果把铜片放在扁平试管中进行观察,能避免夹持的铜片在检查和比较过程中留下斑迹和弄脏,但扁平试管要用脱脂棉塞住。

3. 项目报告

1)数据精密度的判断

如果重复测定的两个结果不相同,则重新进行试验。当重新试验的两个结果仍不相同时,则按变色严重的腐蚀级来判断试样。

2)数据处理

按表6-4中的一个腐蚀级报告试样的腐蚀性,并报告试验时间和试验温度。

4. 项目实施中的注意事项

(1)镀锡容器会影响试样的腐蚀程度,因此不能使用镀锡铁皮容器来储存试样。

(2)当铜片介于两种相邻标准色板之间的腐蚀级时,则按其变色严重的腐蚀级来判断试样。当铜片出现有比标准色板中1(2)还深的橙色时,则认为铜片仍属1级;但是,如果观察到有红颜色时,则观察的铜片判断为2级。

（3）2级中紫红色铜片可能被误认为黄铜色完全被洋红色所覆盖的3级。为了区别这两个级别，可以把铜片浸没在洗涤溶剂中。2级会出现一个深橙色，而3级不变色。

（4）为了区别2级和3级中多种颜色的铜片，把铜片放入试管中，并把这支试管平躺在315～370℃的电热板上4～6min。另外用一支试管，放入一支高温蒸馏用温度计，观察这支温度计的温度来调节电炉的温度。如果铜片呈现银色，然后再呈现为金黄色，则认为铜片为2级。如果铜片出现如4级所述透明的黑色及其他各色，则认为铜片为3级。

（5）在加热浸提过程中，如果发现手指印、任何颗粒或水滴弄脏了铜片，则需重新进行试验。

（6）如果沿铜片平面的边缘棱角出现比铜片大部分表面腐蚀级还高的腐蚀级别的情况，则需重新进行试验，这种情况大多是由于磨片时磨损了边缘而引起的。

四、石油产品水溶性酸及碱的测定

（一）任务目标

（1）学会石油产品中水溶性酸及碱的测定方法。

（2）会进行水溶性酸及碱测定仪器的操作。

（二）任务准备

1. 知识准备

1）测定依据

标准：GB 259—1988《石油产品水溶性酸及碱测定法》。

适用范围：适于测定液体石油产品、添加剂、润滑脂、石蜡、地蜡及含蜡组分的水溶性酸或碱。

方法要点：用蒸馏水或乙醇水溶液抽提试样中的水溶性酸或碱，然后分别用甲基橙或酚酞指示剂检查抽出液颜色的变化情况，或用酸度计测定抽提物的pH值，以判断有无水溶性酸或碱的存在。

2）基本概念

（1）酸度：一种新的酸碱度定义，可以取代过去一直沿用的pH表示酸碱度。其定义是中和100mL油品所消耗氢氧化钾的毫克数，以mgKOH/100mL表示。

（2）酸值：另一种表示油品中有机酸的指标。其定义是在试验条件下，中和1g油品所需氢氧化钾的毫克数，以mgKOH/g表示。

2. 仪器、试剂准备

1）仪器

（1）分液漏斗：250mL和500mL。

（2）试管：直径为15～20mm，高度为140～150mm，用无色玻璃制成。

（3）漏斗：普通玻璃漏斗。

（4）量筒：25mL、50mL和100mL。

（5）锥形瓶：100mL和250mL。

（6）瓷蒸发皿。

（7）电热板及水浴。

(8)酸度计:具有玻璃—氯化银电极(或玻璃—甘汞电极),精度为0.01pH。

2)试剂

(1)甲基橙:配成0.02%甲基橙水溶液。

(2)酚酞:配成1%酚酞乙醇溶液。

(3)95%乙醇。

3)材料

(1)滤纸:工业滤纸。

(2)溶剂油:符合SH 0004—1990《橡胶工业用溶剂油》规定。

(3)蒸馏水:符合GB/T 6682—2008《分析实验室用水规格和试验方法》中三级水规定。

(三)任务实施

1. 操作准备

1)试样的准备

(1)将试样放入玻璃瓶中,不超过容积的3/4,摇动5min。黏稠试样或石蜡试样应预先加热至50~60℃再摇动。

(2)当试样为润滑脂时,用刮刀将试样的表层(3~5mm)刮掉,然后至少在不靠近容器壁的三处,取约等量的试样放入瓷蒸发皿,并小心地用玻璃棒搅匀。

2)检验乙醇溶液

95%乙醇必须用甲基橙和酚酞指示剂或酸度计检验呈中性后,方可使用。

2. 操作要领

1)用水或乙醇抽提试样中的水溶性酸或碱

当试样的状态不同时,抽提方式也略有不同:

(1)当试样为液体石油产品时,将50mL试样和50mL蒸馏水放入分液漏斗,加热至50~60℃。汽油和溶剂油等轻质石油产品不需加热。当试样50℃的运动黏度大于75mm²/s时,应预先在室温下与50mL汽油混合,然后加入50mL 50~60℃的蒸馏水。将分液漏斗中的试验溶液轻轻摇动5min,不允许乳化。待下部的水层澄清后,放出水层,经滤纸滤入锥形瓶中。

(2)当试样为润滑脂、石蜡、地蜡或其他含蜡组分时,取50g(称准至0.01g)预先熔化好的试样,将其放入瓷蒸发皿或锥形烧中,然后注入50mL蒸馏水,并煮沸至完全熔化。冷却至室温后,小心地将下部水层倒入有滤纸的漏斗中,滤入锥形瓶。对已凝固的产品(如石蜡、地蜡)事先用玻璃棒刺破蜡层。

(3)当试验含有添加剂的产品时,向分液漏斗中注入10mL试样和40mL溶剂油,再加入50mL;50~60℃的蒸馏水。将分液漏斗摇动5min,澄清后分出下部水层,经有滤纸的漏斗,滤入锥形瓶。

(4)当石油产品用水抽提水溶性酸或碱时,如果产生乳化,用50~60℃的95%乙醇水溶液代替蒸馏水进行抽提、过滤。

2)测定抽提液的酸碱性

(1)用酸度计测定水溶性酸或碱。

向烧杯中注入30~50mL抽提物,电极浸入深度为10~12mm,利用酸度计测定pH值。根据表6-5确定试样抽提物水溶液或乙醇水溶液中有无水溶性酸或碱。

表6-5　测试结果与pH值对应关系

抽提物测试结果	酸性	弱酸性	无水溶性酸或碱	弱碱性	碱性
pH值	<4.5	4.5~5.0	5.0~9.0	9.0~10.0	>10.0

(2)用指示剂测定水溶性酸或碱。

向两个试管中分别放1~2mL抽提液,在第一支试管中加入2滴甲基橙溶液,并将它与装有相同体积蒸馏水和甲基橙溶液的第三支试管相比较。如果抽提液呈玫瑰色,则表示油品中有水溶性酸存在。在第二支盛有抽提液的试管中加入3滴酚酞溶液,如果溶液呈玫瑰色或红色时,则表示有水溶性碱存在。当抽提液用甲基橙或酚酞为指示剂,没有呈现玫瑰色或红色时,则认为没有水溶性酸或碱。

3. 项目报告

1)数据精密度的判断

重复性:同一操作者重复测定两个结果之差不应超过0.05pH。

2)数据处理

取重复测定两个pH值的算术平均值作为实验结果。

4. 项目实施中的注意事项

(1)当试样为轻质石油产品时无需加热,否则可能造成试样大量挥发。

(2)抽提时,轻轻摇动5min,并待水与油层充分分离后再放出下面的水层。

(3)当用乙醇代替水溶液时,所用的乙醇必须是中性的,否则会导致测试结果偏差较大。

(4)当试样是柴油、碱洗润滑油、含添加剂润滑油和粗制的残留石油产品时,试样的水抽出液对酚酞呈现碱性反应可能是由于皂化物发生水解作用引起的,为了消除水解反应,也可用乙醇代替水进行试验。

(5)当对油品的酸碱评价出现不一致时,用酸度计测定水溶性酸或碱作为仲裁实验。

复习思考题

一、名词解释

冰点、结晶点

二、填空题

1. _____是评价原油及其产品流动性能的指标,是喷气燃料、柴油、重油和润滑油的重要质量标准之一。

2. 燃料对喷气发动机的腐蚀作用表现在_____和_____两方面。

三、简答题

1. 什么叫净热值？净热值对喷气燃料的意义是什么？
2. 简述燃料的化学组成对喷气燃料积炭性能的影响。
3. 评价喷气燃料低温性能的指标是哪些？与化学组成的关系是什么？
4. 简述测定浊点、结晶点的方法要点。

第七章　燃料油性质与参数测定

燃料油又名重油或烧火油,是成品油的一种,主要是常减压渣油、裂化渣油、减黏渣油,或加入柴油调和而成的。燃料油按应用的领域分为军用和民用两大类,军用燃料油主要应用于军舰的锅炉,民用燃料油主要应用于船舶、金属加工、冶金、玻璃制造等行业的工业锅炉。

燃料油一般是黑褐色黏稠状可燃液体,黏度适中,密度一般为 $820 \sim 950 kg/m^3$,燃烧性能好,发热量大,热值约为 $(40 \sim 42) \times 10^3 kJ/kg$,雾化性良好,燃烧完全,积炭及灰分少,腐蚀性小。

第一节　燃料油的使用要求

使用燃料油的各种工业锅炉主要由储油罐、抽油泵、过滤器、预热器、调节阀、喷油嘴等设备组成。其工作过程是抽油泵把燃料油从储油罐中抽出,经过粗细过滤器过滤除去机械杂质,再经预热器加热到 $70 \sim 120℃$,然后经过调节阀,在 $0.8 \sim 2MPa$ 的压力下,通过喷油嘴,由空气或蒸汽将其分散成雾状喷入炉膛,进行燃烧,燃烧生成的废气经烟囱排入大气。

由燃料系统的工作过程可知,燃料油是通过喷嘴直接喷散在炉膛内进行燃烧的,所以对燃料油的要求远不如对内燃机燃料那样严格。由于燃料油的特点是黏度大,含非烃化合物、胶质、沥青质多,为了保证工业锅炉具有高的热效率,燃料油必须具有易被喷散、雾化良好、燃烧安全等特点,同时还应具备一些其他必要的使用性能,如腐蚀性小、稳定、闪点较高、安全性好等。

一、燃料油的燃烧性能

(一)黏度

黏度是燃料油最重要的质量指标,它决定了燃料油的使用可能性和使用条件。燃料油黏度直接影响抽油泵的效率和燃料消耗量,使用黏度过大的燃料油,抽油泵的效率明显降低,喷油速度减慢,会引起燃油雾化性能恶化,喷出油滴过大,导致燃烧不完全、烟囱冒黑烟、喷油嘴中积炭量和燃烧炉中残渣、焦炭量增加,并进一步恶化燃料雾化状况,大大增加了耗油量,从而导致燃烧炉热效率下降。所以使用黏度较大的燃料时必须经过加热,以保证喷嘴要求的适当黏度。低黏度燃料油的质量指标中规定了 $40℃$ 运动黏度范围,对于高黏度燃料油则以其 $100℃$ 运动黏度为指标。

燃料油的泵送阻力受黏度影响很大,所以为了提高抽油泵的效率和抽油速度,必须加热燃料油以减低其黏度。某燃料油加热温度对其黏度和离心泵有效功率的影响见表7-1。由表中数据可见随加热温度的升高,黏度减小,泵的有效功率增加。

表7-1 燃料油加热温度对燃料油黏度和离心泵效率的影响

加热温度,℃	40	50	52	55	59	60	68	70	75
重油恩氏黏度,°E	140.0	70.9	66.8	48.0	41.0	35.0	23.3	19.0	14.1
泵的有效功率,%	—	5.8	6.0	7.5	8.6	9.6	12.7	13.8	15.8

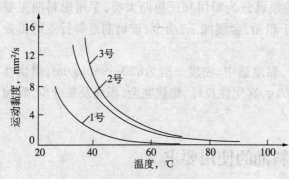

图7-1 燃料油黏度与温度的关系
1—1号燃料油;2—2号燃料油;3—3号燃料油

温度对燃料油的黏度具有直接的影响。图7-1所示为不同燃料油黏度与温度的关系,从图7-1中可以看到,黏度最大的3#燃料油,随着温度的升高,黏度下降最快;当温度升高到一定程度(约70℃)后,燃料油的变化趋势趋于稳定。为了保证正常供油、正常雾化,使用燃料油时,应把燃料油加热到黏度较小,并趋于相对稳定时的温度为宜。燃料油的牌号不同,需要加热的温度也不同,一般应控制在70~120℃。

除温度外,燃料油的黏度还与其组成、胶质含量、蜡含量等多种因素有关。由于燃料油主要由石油的裂化残渣油和直馏残渣油制成,因此燃料油中含有大量胶质。燃料油的含胶质量越大,其黏度也越大。含蜡量对黏度的影响较复杂,是许多学者研究的课题。

海军燃料油根据战斗需要,燃烧时不应该有冒黑烟火和炉膛结焦的现象,以免影响舰艇的隐蔽性和燃烧炉的热效率。为了保证舰艇快速行动,避免贻误战机,海军燃料油常掺有部分柴油,用以降低燃料油的黏度,提高其启动性。

(二)热值

燃料油的热值是决定炉膛热强度和燃料消耗的重要因素,对海军舰船使用的燃料更为重要,因为船上的储油容器有限,使用热值越高的燃料油,其续航里程越长,这对远航舰船和战备来说都具有重要意义。通常燃料油热值约为40000~42000kJ/kg,民用燃料油的质量标准中对热值未作规定,但海军燃料油把热值作为一个重要的质量指标加以限制,需要检测热值。

二、燃料油的供油性能

(一)低温性能

燃料油的低温性能严重影响着燃料油的泵送、运输以及储存作业的温度,是燃料油最重要的质量指标之一。燃料油低油性能,在旧标准中使用凝点作为评定指标,在新标准中使用倾点作为评定指标。

燃料油的凝点取决于其化学组成,燃料油中烷烃含量越高、相对分子质量越大,其凝点也越高。原油的类型和加工方法影响着燃料油的化学组成,因此也影响着燃料油的凝点。从表7-2中数据可以看出:裂化燃料油的凝点比直馏燃料油凝点低很多;石蜡基原油的直馏燃料油凝点比环烷基原油的直馏燃料油凝点高很多。

表7-2　原油类型和加工方法对重油凝点的影响

原油类型	加工方法	凝点,℃
石蜡基原油	直馏	+32
环烷基原油	直馏	−20
石蜡基原油	裂化	−12

由于凝点是在规定的试验条件下测定的,与实用条件不可能相同,因而凝点只能作为燃料油在不加热情况下,丧失流动性的温度参考,并不等于实际使用中燃料油丧失流动性的最高温度。

在现行的燃料油质量标准SH/T 0356—1996《燃料油》中,规定了燃料油的倾点,用倾点来评定燃料油的低温性能。燃料油的倾点与其含蜡量有关,石蜡基原油生产的燃料油因含蜡较多而倾点较高。对于低黏度的燃料油,质量标准中要求其倾点不能太高,以保证它在储运和使用中的流动性。质量指标中规定1号燃料油的倾点不高于−18℃,2号、4号轻及4号燃料油的倾点不高于−6℃;而对于黏度较大的燃料油,因使用时需加热,所以一般不控制其倾点;部分牌号的燃料油质量指标见本节后参数测定部分内容。

(二)灰分

灰分是燃烧后剩余不能燃烧的部分。燃料油的灰分是由无机盐类组成的,它来自溶于燃料油或油田水中的无机盐类。在油田和炼油厂的脱盐、脱水过程中脱去了大部分盐类,残留在原油中的无机盐类,绝大部分都集中在燃料油里,因此燃料油的灰分含量与原油脱盐、脱水程度有密切关系。

燃料油燃烧后,灰分聚集在炉管和炉膛内的各种设备上,降低了炉管传热效率,增加了燃烧消耗量,缩短了炉管和设备的使用寿命。特别是催化裂化循环油和油浆渗入燃料油后,硅铝催化剂粉末会使泵、阀磨损加速;另外灰分还会覆盖在锅炉受热面上,使传热性变坏。灰分中如含有微量的钠和钒,高温下还可产生气相腐蚀,对炉管寿命的影响更为严重。

(三)机械杂质和水分

燃料油中的机械杂质会堵塞过滤网、磨坏抽油泵、堵塞喷油嘴,严重影响其正常燃烧,所以必须加以限制,机械杂质中的含量一般要求不能大于1.5%～2.5%(质量分数)。

燃料油中的水分影响其凝点,随着含水量的增加,燃料油的凝点逐渐上升,其影响情况见表7-3,从表中可以看出,随着油中含水量的增加,燃料油的凝点逐渐上升,因此必须限制燃料油的含水量。

表7-3　燃料油含水量对凝点的影响

含水量(质量分数),%	0	0.5	1.0	2.0	5.0
凝点,℃	−5	−4	0	+2	+2

此外,燃料油中水分对燃烧也有很大危害。含水燃料油燃烧时,水分会消耗很多热量,从而增加了耗油量。当燃料油含水量较多,喷入炉膛时,可能造成炉膛熄火,停炉事故。含水多

的燃料油,燃烧后废气中水蒸气含量多,如果废气温度低于其露点,就会引起严重腐蚀。

燃料油的水分主要是在存储、倒装、输送过程中,因管理不善而混入或因水蒸气盘管加热燃料油时漏入的。燃料油含水量有时可高达12%(质量分数)以上,对其使用性能影响很大,因此燃料油在使用前,必须先进行脱水。通常采用加热、重力沉降等方法进行脱水,加热温度一般为40~70℃。如果油中存在乳化水,还需要加入破乳剂进行破乳脱水。

三、燃料油的储存性能

(一)燃料油的腐蚀性能

燃料油中的硫含量过高会引起金属设备的腐蚀和环境污染。在石油的组分中除碳、氢外,硫是第三个主要组分,虽然在含量上远低于前两者,但是其含量仍然是很重要的一个指标。一般有两种分类方法,一种是根据含硫量的高低,燃料油可以划分为高硫、中硫、低硫燃料油;另一种方法是按含硫量的多少,分为低硫和高硫,前者含硫在1%以下,后者通常高达3.5%甚至超过4.5%(均为质量分数)。

燃料油中所有硫化物燃烧后生成SO_2和SO_3,它们遇水生成H_2SO_3和H_2SO_4,会严重腐蚀金属设备,因此必须控制燃料油中的含硫量。例如,1号和2号燃料油的质量标准规定硫含量不能大于0.50%(质量分数)。即使在满足标准的情况下,所含硫化物引起的腐蚀问题也是很严重的。为了防止金属设备被腐蚀,除了限制燃料油含硫量以外,在燃烧炉工作时,应保证废气在离开炉子之前,温度不低于废气的露点。在此条件下,即使燃料油含硫量超出质量标准中的规定数值,燃烧废气也不会引起金属腐蚀。对于高黏度燃料油的含硫量,目前尚无控制指标。

用于冶金、陶瓷和玻璃等工业炉的燃料油,为了防止硫对产品质量的不良影响,必须选用含硫量低的燃料油作燃料。含硫量高的燃料油除了能引起金属设备腐蚀外,还会对环境造成严重污染,影响人体健康,因而须采用必要的防污染措施。

(二)燃料油的安全性能

燃料油的防火防爆安全性是其十分重要的使用性能,特别是在舰船上,燃料油的储存和使用都是在密闭的舱室里,相距很近,底舱温度有时可达72℃左右,所以对燃料油要求更高。若燃料油中含有较轻组分,很容易发生火灾。

燃料油的防火安全性能由闪点来决定,燃料油的闭口闪点根据牌号不同而不同:1号、2号、4号轻燃料油不低于38℃,4号、5号轻、5号重燃料油不低于55℃;6号燃料油不低于60℃;7号燃料油闭口闪点要求不低于130℃。在保证燃料油闪点质量标准的前提下,注意燃料油预热温度不要过高,并杜绝火源,这样可以避免火灾,保证安全。燃料油的着火危险性也与燃料油的黏度有关,因为黏度大的燃料油,要能保证燃料系统正常工作,就必须提高燃料油的预热温度,随之着火危险性也增大。因而燃料油在使用时,必须严格控制其预热温度。如果在敞口容器中加热燃料油,油温必须控制在燃料油闪点以下17℃,绝不允许油温达到或超过闪点温度,也绝不允许用明火加热燃料油。

(三)燃料油的安定性

高黏度燃料油往往是以减黏渣油为原料通过调和进行生产的。由于渣油在热转化过程中,其化学组成与物理结构均会发生变化,若所用的条件不当,就有可能导致储存及使用中出现沉淀、分层和表面结皮现象,从而会影响输送供油并降低传热效率,为此要求高黏度的燃料油具有较好的热安定性和储存安定性。

第二节 国产燃料油的牌号和质量指标

一、普通燃料油

国产普通燃料油分1号、2号、4号轻、4号、5号轻、5号重、6号和7号八个牌号。1号和2号是馏分燃料油,可在家用或工业小型燃烧器上使用,特别是1号适用于汽化型燃烧器,或储存条件要求低倾点的场合。4号轻和4号是重质馏分燃料油,或者是馏分燃料油与残渣燃料油混合而成的燃料油,适用于要求该黏度范围的工业燃烧器上。5号轻、5号重、6号和7号是黏度和馏程范围递增的残渣燃料油,适用于工业燃烧器。为了便于装卸和正常雾化,此类燃料油通常需要预热。

燃料油中应不含无机酸、无过量的固体物质和外来的纤维状物质。在正常储存条件下,含有残渣组分的各号燃料油都应保持均质,不因重力作用而分成黏度超过该牌号范围的轻、重两种油。

此类燃料油应黏度适中,发热量高,燃烧性能好,用于做锅炉燃料,雾化良好,燃烧完全,产生的积炭及灰分少,腐蚀性小。此类燃料油因硫含量较低,在燃烧过程中不致腐蚀设备和污染大气。由于本产品中金属杂质含量极少,燃烧后产生的灰分少,能保持锅炉管有良好的传热效率。此类燃料油闪点高,储存使用安全,部分牌号的燃料油质量指标见本节的参数测定部分。

二、船舶用燃料油

船舶锅炉与一般锅炉不同,具有体积小、蒸发量大等特点,并且大都是水管锅炉,因而对燃料油质量要求比较高,其基本要求是:使用温度下便于泵送、热值高、雾化性好、燃烧完全、不冒黑烟、不结焦积炭、灰分小,对金属无明显腐蚀性,闪点高,储存及使用较安全,储存安定性及热安定性较好。

使用中注意预热温度不宜过高,以免影响安全。注意储存时间不宜过长,以免影响其低温性能,防止海水混入。GB/T 17411—1998《船用燃料油》规定了船用柴油机和锅炉的燃料油要求,见表7-4。

表7-4 船用燃料油质量指标

项 目		质量指标	项 目		质量指标
恩氏黏度(50℃),°E		2~6	硫含量,%	不大于	0.8
运动黏度(50℃,逆流法),mm²/s		12~15	机械杂质,%	不大于	0.15
闪点(闭口),℃	不低于	80	水溶性酸碱		实测
灰分,%	不大于	0.1	热值,kJ/kg		实测
残炭含量,%		实测	低温泵送黏度(9℃),Pa·s		12
水分,%	不大于	0.5	爆炸性,%	不大于	50

项　目		质量指标	项　目		质量指标
密度(20℃),kg/m³	不大于	970	热安定性	不大于	安定
凝点,℃	不高于	0			

三、军舰用燃料油

船舶用燃料油不适于军舰锅炉使用。GJB 2913A—2004《军舰用燃料油》作为海军军舰的燃料对质量指标有更高的要求:低温泵送性能好,热值高,燃烧完全,不冒黑烟,不产生大量焦炭,灰分少,对金属无明显腐蚀,储存安定性和热安定性好等。因而军舰用燃料油一般由减压渣油和催化柴油等组分调和而成,其质量指标见表7-5。

表7-5　军舰用燃料油标准

项　目		质量指标	试验方法
恩氏黏度(50℃),°E		2~6	GB/T 266
运动黏度(50℃),mm²/s		12~15	GB/T 11137
闪点(闭口),℃	不低于	80	GB/T 261
灰分,%	不大于	0.1	GB/T 508
残炭,%		报告	SH/T 0160
水分,%	不大于	0.5	GB/T 260
密度(20℃),kg/m³	不大于	970	GB/T 1884和GB/T 1885
倾点,℃		报告	GB/T 3535
凝点,℃	不高于	0	GB/T 510
硫含量,%	不大于	0.8	GB/T 387
机械杂质,%	不大于	0.10	GB/T 511
水溶性酸碱		无	GB/T 259
净热值,kJ/kg		报告	GB/T 384
低温泵送黏度(9℃),Pa·s	不大于	1.2	SH/T 0249
爆炸性,%	不大于	50	SH/T 0183
热安定性		安定	SH/T 0250

第三节　燃料油的参数测定

目前,我国对燃料油的质量要求执行的是行业标准SH/T 0356—1996《燃料油》,其对燃料油的技术要求和试验方法做出了明确的规定,见表7-6。

表7-6 燃料油技术要求和试验方法

项目		质量指标								试验方法
		1号	2号	4号轻	4号	5号轻	5号重	6号	7号	
闪点(闭口),℃	不低于	38	38	38	55	55	55	60	—	GB/T 261
闪点(开口),℃	不低于	—	—	—	—	—	—	—	130	GB/T 3536
水和沉淀物体积分数,%	不大于	0.05	0.05	0.50①	0.50①	1.00①	1.00①	2.00①	3.00①	GB/T 6533
馏程:℃ 10%回收温度	不高于	215	—	—	—	—	—	—	—	GB/T 6536
90%回收温度	不低于	—	282	—	—	—	—	—	—	
90%回收温度	不高于	288	338	—	—	—	—	—	—	
运动黏度,mm²/s 40℃	不小于	1.3	1.9	1.9	5.5	—	—	—	—	GB/T 265
40℃	不大于	2.1	3.4	5.5	24.0②	—	—	—	—	或GB/T 11137
100℃	不小于	—	—	—	—	5.0	9.0	15.0	—	
100℃	不大于	—	—	—	—	8.9②	14.9②	50.0②	185	
10%蒸余物残炭质量分数,%	不大于	0.15	0.35	—	—	—	—	—	—	SH/T 0160
灰分质量分数,%	不大于	—	—	0.05	0.10	0.15	0.15	—	—	GB/T 508
硫含量质量分数,%	不大于	0.50	0.50	0.05	—	—	—	—	—	GB/T 380或GB/T 388 或GB/T 11140
铜片腐蚀(50℃/3h),级	不大于	3	3	—	—	—	—	—	—	GB/T 5096
密度(20℃),kg/m³	不小于	—	—	872②	—	—	—	—	—	GB/T 1884及 GB/T 1885
	不大于	846	872	—	—	—	—	—	—	
倾点,℃⑤	不高于	-18	-6	-6	-6	—	—	⑤	—	GB/T 3535

①用GB/T 260蒸馏方法测得的水加上用GB/T 6531抽提法测得的沉淀物的总量不应超过表上所示的值。对6号燃料油抽提法所得的沉淀物的总量不应超过0.50%(质量分数),当水分和沉淀物超过1%(体积分数)时,可在总量中全部扣除。当7号燃料油的水分和沉淀物超过2%(体积分数)时,应在总量中全部扣除。

②当需要低硫燃料油时,可根据实际情况下,供需双方商定,供给黏度小的燃料油。

③这个下限值是为了保证最低的热值,也为了避免误报为2号燃料油和不正确的使用。

④只要规定使用需要,可以规定较低和较高的倾点,但当规定倾点低于-18℃时,2号燃料油的黏度应不小于1.7mm²/s,同时不控制90%的回收温度。

⑤如果需要低倾点燃料油,6号燃料油应分等级为低倾点的(不高于+15℃)或高倾点的,如果油罐和管线无加热设施,应使用低倾点的燃料油。

一、闪点和燃点的测定（开口杯法）

(一)任务目标

(1)掌握开口杯法闪点的测定和大气压力修正计算方法。

(2)掌握开口杯法闪点器的使用性能和操作方法。

(二)任务准备

1. 知识准备

1)测定依据

标准：GB/T 267—1988《石油产品闪点和燃点测定法(开口杯法)》。

适用范围：适用于多数润滑油及重质油，尤其是在非密闭机件或温度不高条件下使用的润滑油的闪点和燃点的测定。对于测定表面不成膜的油漆和清漆、未用过的润滑油及残渣燃料油、稀释沥青、用过润滑油、表面趋于成膜的液体、带悬浮颗粒的液体及高黏稠材料等油品适用于GB/T 261—2008《闪点的测定 宾斯基—马丁闭口杯法》规定的闭口闪点测定法。

方法要点：将试样装入试验杯至规定刻线，先迅速升高试样的温度，然后缓慢升温，当接近闪点时，恒速升温。在规定的温度间隔，用点火器的小火焰按规定通过试样表面，使试样表面上的蒸气发生闪火的最低温度，作为开口杯法闪点。继续进行试验，直到用点火器使试样发生点燃并至少燃烧5s时的最低温度，即为开口杯法燃点。

2)基本概念

(1)闪点：石油产品在规定的条件下，加热到其蒸气与空气形成的混合气接触火焰能发生瞬间闪火的最低温度，以℃表示。闪点的测定方法主要有闭口杯法、开口杯法两种。

(2)闭口杯法：将试样装入油杯至环状刻度线处，在连续搅拌的情况下加热，控制恒定的升温速度，在规定温度间隔内用一小火焰进行点火试验，在点火过程中必须中断搅拌，当试样表面蒸气闪光时的最低温度即为闭口杯法闪点。

(3)开口杯法：将试样装入坩埚至规定的刻度线处，迅速升温后再缓慢升温，当接近闪点时，恒速升温。在规定的温度间隔，将火焰按规定通过试样表面，试样蒸气出现闪光时的最低温度即为开口杯法闪点。

2. 仪器、试剂准备

1)仪器

开口杯法闪点测定器的结构如图7-2所示，符合SH/T 0318—1992《开口闪点测定器技术条件》，需要的仪器还有煤气灯、酒精喷灯或电炉等。

2)试剂：

(1)溶剂油或车用无铅汽油。

(2)汽油机油试样(闪点为200~225℃)。

(3)柴油试样等。

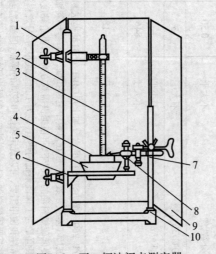

图7-2 开口杯法闪点测定器

1—温度器夹；2—支柱；3—温度计；4—内坩埚；5—外坩埚；
6—坩埚夹；7—点火器支柱；8—点火器；9—屏风；10—底座

（三）任务实施

1. 操作准备

（1）试样脱水。试样的水分大于0.1%（质量分数）时，必须脱水。脱水处理的方法是：在试样中加入脱水剂（新煅烧并冷却的食盐、硫酸钠或无水氯化钙），脱水后，取试样的上层澄清部分供试验使用。闪点低于100℃的试样脱水时不必加热，其他试样允许加热至50~80℃时用脱水剂脱水。

（2）清洗安装坩埚。内坩埚用溶剂油（或无铅汽油）洗涤后，放在点燃的煤气灯上加热，除去遗留的溶剂油。待内坩埚冷却至室温时，放入装有细沙（经过煅烧）的外坩埚中，使细沙表面距内坩埚的口部边缘约12mm，并使内坩埚底部与外坩埚底部之间保持5~8mm厚的沙层。对于闪点在300℃以上的油样进行测定时，两只坩埚底部之间的沙层厚度允许酌量减薄，但在试验时必须保持规定的升温速度。

（3）注入试样。试样注入内坩埚时，不应溅出，而且液面以上的坩埚不应沾有试样。对于闪点低于210℃的试样，液面距坩埚口边缘为12mm（即内坩埚内的上刻度线处）；对于闪点高于210℃的试样，液面距离口部边缘为18mm（即内坩埚内的下刻度线处）。

（4）安装仪器。将装好试样的坩埚平稳地放置在支架上的铁环（或电路）中，再将温度计垂直地固定在温度计夹上，并使温度计水银球位于内坩埚中央，使之与坩埚底部和试样液面的距离大致相等。

（5）围好防护屏。测定装置应放在避风和较暗的地方，并用防护屏围着，使闪火现象能够看得清楚。

2. 操作要领

1）闪点测定

（1）加热坩埚。使试样逐渐升高温度，当试样温度达到预计闪点前60℃时，调整加热速度；在试样温度达到闪点前40℃时，控制升温速度为每分钟升高（4±1）℃。

（2）点火试验。试样温度达到预计闪点前10℃时，将点火器的火焰放到距离试样液面10~14mm处，并在水平方向沿坩埚内径作直线运动，从坩埚的一边移至另一边所经过的时间为2~3s。试样温度每升高2℃应重复一次点火试验，点火器的火焰长度应预先调整至3~4mm。

（3）测定闪点。试样液面上方最初出现蓝色火焰时，立即从温度计读出温度，作为闪点的测定结果，同时记录大气压力。试样蒸气发生的闪火与点火器火焰的闪光不应混淆，如果闪火现象不明显，必须在试样升高2℃时继续点火证实。

2）燃点测定

（1）点火试验。测得试样的闪点之后，如果还需要测定燃点，应继续对外坩埚进行加热，使试样升温速度为每分钟升高（4±1）℃；然后按上述步骤1）（2）所述方法进行点火试验。

（2）测定燃点。试样接触火焰后，立即着火并能持续燃烧不少于5s，此时立即从温度计读出温度，作为燃点的测定结果，同时记录大气压力。

3. 项目报告

1）数据精密度的判断

重复性：由同一操作人员，用同一仪器和设备，对同一试样连续做两次重复试验，测定的两个闪点之差应符合如下要求:闪点≤150℃时,其差值<4℃;闪点>150℃时,其差值<6℃。

再现性:在不同实验室,由不同操作者,用不同的仪器和设备,按照相同的方法,对同一试样所测得的两个闪点之差应符合以下要求:闪点≤150℃时,其差值<4℃;闪点>150℃时,其差值<6℃;燃点结果之差不应大于6℃。

2)数据处理

取重复测定的两个闪点结果的算术平均值作为试样的闪点。取重复测定的两个燃点结果的算术平均值作为试样的燃点。

4. 项目实施中的注意事项

(1)试样的含水量。开口闪点测定时,试样的含水量不大于0.1%(质量分数);否则加热时出现气泡,会推迟闪光时间,使测定结果偏高。

(2)测定闪点过程中,要注意控制好加热的速度。加热速度过快时,试样蒸发迅速,会使混合气的局部浓度达到爆炸下限而提前闪光,导致结果偏低;还会使油气大量产生,给试验带来一定的危险。加热速度过慢使测定时间拉长,点火次数增多,油气消耗较大,达到爆炸下限的温度升高,结果偏高。

(3)点火时要调整好火焰的高度,火焰过高闪点现象观察不明显,火焰过低对实验结果会产生一定的影响。火焰直径如果偏大,与液面距离较近,停留时间过长,会使测定结果偏高。

(4)试样的装入量过多会使测定结果低;装入量过少,会使测定结果偏高。

(5)大气压力低,油品易挥发,闪点偏低;反之闪点偏高。通常压力每降低0.133kPa,闪点降低0.033~0.036℃,所以规定以101.3kPa压力下测定的闪点为标准,对实测闪点进行压力校正。

二、净热值的测定

(一)任务目标

(1)能进行燃料油净热值的测定。

(2)会进行净热值的计算。

(二)任务准备

1. 知识准备

1)测定依据

标准:GB 384—1981《石油产品热值测定法》。

适用范围:适用于用量热计氧弹测定不含水的石油产品(汽油、喷气燃料、柴油和重油等)的总热值及净热值。

方法要点:将试样装在氧弹内的小皿中,用易燃而不透气的胶片封闭起来,使试样在压缩氧气中燃烧,以测定其燃烧时放出的热值(弹热值),作为总热值与净热值的测定基础。

2)基本概念

(1)弹热值:在氧弹式量热计中测定的单位质量试样完全燃烧时所放出的热量。

(2)总热值:弹热值中包含了试样中含硫、氮化合物在燃烧过程中放出的热量以及生成的二氧化硫、氮氧化物溶解生成硫酸、硝酸时放出的热量。因此从弹热值中扣除这些热量后得到的热值称为总热值。

(3)净热值:又称为低热值,它与总热值的区别在于燃烧生成的水是以蒸汽状态存在的。而测定总热值时燃料燃烧生成的水蒸气被全部冷凝成液态水,包含了水凝结时的放热。

2. 仪器、试剂准备

1)仪器

需要的仪器为测定热值的量热计设备及附件,它们应符合热值测定的各项要求。

(1)量热计小皿:简称小皿,由不锈钢制成。

(2)瓷或玻璃制的平盘:可以用平底、直径为100~200mm的浅结晶皿或表面皿,供制备胶片用。

(3)瓷坩埚:矮型,3号或4号(视量热弹底部大小而定),盛吸水剂用(附有特制的玻璃三脚架)。

(4)蒸发皿:4号或5号。

(5)称量瓶:矮型,直径35~50mm(视装吸水剂的瓷坩埚大小而定);高型,直径30~40mm,高45~60mm,作为保存新制备的浮石用。

(6)容量瓶:2000mL和1000mL。

(7)吸液管:1mL。

(8)带盖的金属罐:直径150~160mm,高200~220mm,盛热水用。

(9)分析天平和重负荷的5kg天平。

(10)其他仪器:注射器、瓷刮勺、电炉、干燥器、金属钳、秒表等。

2)试剂与材料

(1)试剂。

浮石(多孔),硫酸(分析纯)。

(2)材料。

①导火线:直径不大于0.2mm的镍铬合金、铜线或其他导火线,截成长60~120mm(视氧弹内附件结构及导火线系统而定)的等分线段。

②瓶装压缩氧气:其中应不含有氢气及其他易燃杂物,不允许使用电解氧气。

③氧弹、压力表及氧气连接管:用直径1~1.5mm的无缝钢管。

(三)任务实施

1. 操作准备

(1)吸水剂的制备。将150~200g浮石打成碎块,并选取(或筛取)3~5mm的碎粒。将准备好的碎粒在800℃的高温中煅烧1.5~2h,将冷却的浮石置于瓷皿中,注入硫酸使成稠糊状的物质,并移置于电炉上。

(2)浮石的准备。将带有硫酸的浮石加热至沸腾,同时用玻璃棒偶尔搅拌一下混合物。煮沸30min后,使盛有浮石的瓷皿稍稍冷却,检查吸酸是否充分。如酸已完全渗入,则再加入10~15mL的硫酸,再煮沸半小时。小心地将其过剩部分倒出,然后再将混合物煮沸。经过1h的煮沸后,将瓷皿从电炉上取下,使其冷却至硫酸停止蒸发为止;然后再将温热的浮石移置于几个称量瓶中,保存在干燥器里。这样制得的浮石,从外观看必须是干燥的(使用过的浮石也用此法进行再生,在处理时须加入少量的硫酸)。

2. 操作要领

1)空白试验

(1)将7～8g用硫酸浸透的浮石置入坩埚中,并在盖好的称量瓶中称量这份浮石和坩埚的质量,称准至0.0002g。然后将坩埚迅速置于氧弹底部的玻璃三脚架上,将氧弹盖拧紧。

(2)由进气阀管小心地(不使浮石被吹散)用氧气将氧弹充至30～32kgf/cm²的压力,然后在室温下放置1h。

(3)在4～5min内,小心地将氧气从氧弹中放出,拧开盖,迅速将盛浮石的坩埚从氧弹中移入称量瓶中,并测定浮石中增加的水量。

(4)空白试验至少进行两次,如试验结果有显著的变动(1～2mg以上),则须进行补充测定。

(5)算出氧气中的水分、氧弹体积中空气的水分、氧弹内表面所吸附的水分以及吸收剂在称量瓶与氧弹之间来回移动时所吸收水分的平均修正数,在每次更换氧气瓶时,必须测定水分的修正数。

2)氢的测定

(1)将蒸馏水装入量热容器中,无须精确称量,但数量须使氧弹沉没至阀的锁紧螺母处,水的温度应与室温相同,将装水的容器置于量热计外壳中的绝缘底座上。

(2)在盖好的称量瓶中的瓷坩埚里,称量7～8g用硫酸浸透的浮石,称准至0.0002g,在装入氧弹前,将装浮石的称量瓶置于干燥器中。

(3)试验轻质油品时,用注射器向准备好的小皿中,由侧孔注入试样,小心地用塞将孔塞上。试验重质油品时,向准备好的小皿中加入试样0.3～0.4g(对于含氢较多的石油产品则酌量减少)并称其质量,准确至0.0002g。

(4)将盛有试样的小皿固定在电极环上,同时使塞通过环的开口,然后将导火线的一端接于电极上,试验轻质石油产品时,将导火线的另一端穿过点火小条并固定于电极的另一端。试验重质油品时,将导火线的中段浸在小皿的试样中,使导火线呈U字形,两端分别固定在电极上。

(5)将盛有硫酸浸透的浮石的坩埚移置于氧弹底部的玻璃三脚架上,小心地用手将盖拧紧,经进气阀向氧弹内充氧气至(30～32)×10⁵Pa的压力。将氧弹小心地浸入装水的量热容器中,将导线接在氧弹电极上,把搅拌器及温度计浸入水中,用盖将外壳盖好,然后开动搅拌器。

(6)将全部装置在搅拌下放置2～3min,使温度均匀,然后将点火电路接通,按温度计水银柱的上升(或按指示灯),观察试样是否发火。

(7)将氧弹从量热器中取出,使铜线由阀头上的孔穿过,然后再将氧弹移入预先准备好沸腾水的金属罐中,并将金属罐放在电炉上。往金属罐中注水时,应使水达到标记处,以使氧弹沉入时完全淹没。将氧弹在沸水中放置30min,然后将氧弹取出,室温下放置1h,若氧弹在此期间并未完全冷却,则可将其沉入冷水中2～3min,以达到室温为止。

(8)在4～5min内慢慢地将气体从氧弹中放出,拧开盖,迅速将盛浮石的坩埚从氧弹中移入称量瓶中,并测定浮石中增加的水量。

(9)检查氧弹内表面,以确定试样是否完全燃烧及湿气是否完全被吸收,氧弹的内表面应是干燥的。但在燃烧含大量硫的石油产品的情况下,由于与空气接触可稍呈湿润,如在氧弹内壁上存有烟臭或未被吸收的水分时,则该试验作废。

(10)将使用过的浮石收集到有磨口的广口瓶中,以备再生。

3. 项目报告

1)数据精密度判断

重复性:由同一操作人员,用同一仪器和设备,对同一试样连续做两次重复试验,测定的两个结果之差不超过30cal/g。

再现性:在不同实验室,由不同操作者,用不同的仪器和设备,按照相同的方法,对同一试样所测得的两个结果之差不应超过30cal/g。

2)数据处理

(1)氢含量的计算方法一。

轻质试样氢含量H(质量分数)按式(7-1)计算:

$$H = \frac{(G_2 - G_1) \times 0.1119 \times 100 - H_J \cdot G_3}{G} \quad (7-1)$$

式中 G_2——用硫酸浸透的浮石在试样燃烧后增加的质量,g;

G_1——用硫酸浸透的浮石在空白试验后增加的质量,g;

0.1119——水的质量换算成含氢的质量的系数;

G_3——小皿上的胶片质量,g;

G——试样的质量,g;

H_J——胶片的氢含量。

胶片中的氢含量H_J也按本方法测定,但有所更改。在内敷煅烧石棉的小皿中燃烧胶片,但不用覆盖点火胶片;燃烧时将胶片卷成重0.5~0.7g的紧密小团,刺穿后用导火线缠缚,并固定在小皿上方氧弹的电极上,氧弹的放置时间在沸水中为15min,在空气中为30min。胶片中的氢含量H_J按式(7-2)计算:

$$H_J = \frac{(G_2 - G_1) \times 0.1119}{G} \times 100 \quad (7-2)$$

式中 G_2——用硫酸浸透的浮石在胶片燃烧后增加的质量,g;

G_1——用硫酸浸透的浮石在空白试验后增加的质量,g;

0.1119——水的质量换算成含氢的质量的系数;

重质试样氢含量H按式(7-3)计算,即:

$$H = 0.1119 \left[\frac{100(G_2 - G_1)}{G} - W \right] \quad (7-3)$$

式中 G_2——用硫酸浸透的浮石在试样燃烧后增加的质量,g;

G_1——用硫酸浸透的浮石在空白试验后增加的质量,g;

G——试样的质量,g;

W——试样中的水含量;

0.1119——水的质量换算成含氢的质量的系数。

试样及胶片中的氢含量,取不少于两次测定结果的算术平均值,其差数不应超过0.2%。

(2)氢含量的计算方法二(经验公式)。

轻质石油产品氢含量H(质量分数)按式(7-4)计算,即:

$$H = 0.005Q_D - 41.4 \tag{7-4}$$

式中　Q_D——试样的弹热值,cal/g;

　　　0.005和41.4——经验系数。

重质油品氢含量H按式(7-5)计算,即:

$$H = 0.0047Q_{D/C} - 37.6 \tag{7-5}$$

式中　$Q_{D/C}$——不含水试样的弹热值,cal/g;

　　　0.0047和37.6——经验系数。

3)净热值的计算

(1)计算试样的净热值时,要在总热值中修正水蒸气在氧弹中凝结所放出的热量。

(2)试样的净热值Q_1(cal/g)按式(7-6)或式(7-7)计算:

轻质油品　　　　　$$Q_1 = Q_Z - 6 \times 9H \tag{7-6}$$

重质油品　　　　　$$Q_1 = Q_Z - 6 \times 9(H + W) \tag{7-7}$$

式中　Q_Z——试样的总热值,cal/g;

　　　6——在氧弹中水蒸气每1%(0.01g)在凝结时放出的潜热,cal/g;

　　　9——氢含量百分数换算为水含量百分数的系数;

　　　H——试样中的氢含量;

　　　W——试样中的水含量。

在氧弹中测定净热值的结果,计算准确到cal/g。最后结果取整数,并准确到10cal/g,个位数字四舍五入处理。以氧弹测定油品热值时,应作重复试验,其结果间的差数不得超过30cal/g,若超过此值,则进行第三次测定,取其在允许差数范围内两次测定结果的算术平均值作为试验结果。若第三次测定结果与前两次结果的差数都在允许差数范围内,则取三次测定的算术平均值作为试验结果。

4. 项目实施中的注意事项

(1)用于测定氢含量的氧弹应检查其密闭性,应不漏气,在使用前应将氧弹干燥。为此,打开排气阀若干转,用氧气吹并装入吸水剂(硫酸浸透的浮石);打开排气阀并将盖拧入一半,这样放置至少1h;同时必须注意使导电销的末端及氧弹氧气管的末端距离装吸水剂的瓷坩埚边缘不小于20mm。最好使用单独的氧弹测定氢含量,在这种情况下,氧弹在不用时可装入吸水剂,只有吸收水分不完全时,才更换吸水剂。

(2)装有吸水剂瓷坩埚的称量瓶及装有硫酸浸透浮石的称量瓶,必须在干燥器中保存。

(3)盛吸水剂的瓷坩埚应在干燥器中保存,在使用之后应该用水洗净并干燥。

三、机械杂质的测定

(一)任务目标

(1)掌握重量法测定油品机械杂质的操作技术。

(2)掌握恒定质量的操作技术及分析结果的计算方法。

(二)任务准备

1. 知识准备

1)测定依据

标准:GB/T 511—2010《石油和石油产品及添加剂机械杂质测定法》。

适用范围:适用于测定石油、液态石油产品和添加剂中的机械杂质,不适用于润滑脂和沥青。

方法要点:称取一定量的试样,溶于所用的溶剂中,用已恒定质量的滤纸或微孔玻璃过滤器过滤,被留在滤纸或微孔玻璃过滤器上的杂质即为机械杂质。

2)基本概念

机械杂质:存在于油品中所有不溶于特定溶剂的沉淀状物质或悬浮状物质。

2. 仪器、试剂准备

1)仪器

需要的仪器为烧杯或宽颈的锥形烧瓶、称量瓶、玻璃漏斗、保温漏斗、洗瓶、玻璃棒、吸滤瓶、水浴或电热板、真空泵或水流泵(保证残压不大于1.33×10^3Pa)、干燥器、烘箱[可加热到(105 ± 2)℃]、红外线灯泡、微孔玻璃过滤器(漏斗式,孔径为$4 \sim 10$ μm,直径为40mm、60mm、90mm)、分析天平(感量0.1mg)。

2)试剂

(1)95%乙醇:化学纯。

(2)乙醚:化学纯。

(3)甲苯:化学纯。

(4)乙醇—甲苯混合溶剂:用95%乙醇和甲苯按体积比1:4配成。

(5)乙醇—乙醚混合溶剂:用95%乙醇和乙醚按体积比4:1配成。

(6)硝酸银:分析纯,配成0.1mol/L的水溶液。

(7)水:符合GB/T 6682—2008《分析实验室用水规格和试验方法》中三级水的要求。

3)材料

(1)定量滤纸:中速,直径11cm,符合GB/T 1914—2007《化学分析滤纸》标准要求。

(2)溶剂油:符合SH 0004—1990《橡胶工业用溶剂油》标准要求,使用前要用与试验时所采用的型号相同的滤纸或微孔玻璃过滤器过滤,然后做溶剂用。

(三)任务实施

1. 操作准备

(1)试样的准备。将容器中的试样(不超过容器容积的3/4)摇动5min,使之混合均匀。石蜡基和黏稠的石油产品应预先加热到40~80℃,润滑油添加剂加热至70~80℃,然后用玻璃棒仔细搅拌5min。

(2)试验用的滤纸应放在清洁干燥的称量瓶中称量。

(3)带滤纸的敞口称量瓶或微孔玻璃过滤器放在烘箱内,在(105 ± 2)℃下干燥不少于45min,然后放在干燥器中冷却30min(称量瓶的瓶盖应盖上)进行称量,称准至0.0002g。重复干燥(第二次干燥时间只需30min)及称量,直至连续两次称量间的差数不超过0.0004g。

(4)将滤纸折叠放在玻璃漏斗中,用50mL温热的溶剂油洗涤,然后干燥恒重,干净的滤纸和带有有机杂质的滤纸不应放在同一烘箱中干燥,以免吸附溶剂或油蒸气。常用的溶剂油是乙醇—乙醚混合液(4:1)、乙醚—苯混合液(1:4)等。

2. 操作要领

(1)按表7-7的要求将混合好的试样加入烧杯内并称量(至少能容纳稀释试样后的总体积),并用加热溶剂(溶剂油或甲苯)按比例稀释。在测定石油、深色石油产品,加添加剂的润滑油和添加剂中的机械杂质时,采用甲苯作为溶剂。溶解试样的溶剂油或甲苯,应预先放在水浴内分别加热至40℃和80℃,不应使溶剂沸腾。

表7-7 不同试样的称取量和稀释比例

试 样		样品质量,g	称准值,g	溶剂体积与样品质量的比例
石油产品:100℃运动黏度	≤20mm²/s	100	0.05	2～4
	>20mm²/s	50	0.01	4～6
石油:含机械杂质(质量分数)≤1%时		50	0.01	5～10
锅炉燃料:含机械杂质(质量分数)	≤1%	25	0.01	5～10
	>1%	10	0.01	≤15
添加剂		10	0.01	≤15

(2)将恒重好的滤纸放在玻璃漏斗中。放滤纸的漏斗或已恒重的微孔玻璃过滤器用支架固定,趁热过滤试样溶液。溶液沿着玻璃棒流入漏斗(滤纸)或微孔玻璃过滤器,过滤时溶液高度不应超过漏斗(滤纸)或微孔玻璃过滤器的3/4。烧杯上的残留物用热的溶剂油(或甲苯)冲洗后倒入漏斗(滤纸)或微孔玻璃过滤器,黏附在烧杯壁上的试样残渣和固体杂质要用玻璃棒使其松动,并用加热到40℃的溶剂油(或加热到80℃的甲苯)冲洗到滤纸或微孔玻璃过滤器上。重复冲洗烧杯直到将溶液滴在滤纸上,蒸发之后不再留下油斑为止。

(3)若试样含水较难过滤时,将试样溶液静止10～20min,然后将烧杯内沉降物上层的溶剂油(或甲苯)溶液小心地倒入漏斗或微孔玻璃过滤器内。再向烧杯的沉淀物中加入5～15倍(体积)的乙醇—乙醚混合溶剂稀释,进行过滤,烧杯中的残渣要用乙醇—乙醚混合溶剂和热的溶剂油(或甲苯)彻底冲洗到滤纸或微孔玻璃过滤器内。

(4)在测定难于过滤的试样时,允许使用减压吸滤和保温漏斗或红外线灯泡保温等措施。减压过滤时,可用橡皮塞把过滤漏斗安装在吸滤瓶上,然后将吸滤瓶与真空泵连接。滤纸用溶剂润湿,使它完全与漏斗壁紧贴,倒入的溶液高度不应超过滤纸或微孔玻璃过滤器的3/4,当前一部分溶液完全流尽后,再加入新的一部分溶液。抽滤速度应控制在使滤液成滴状,而不允许呈线状。热过滤时不应使过滤的溶液沸腾,溶剂油溶液加热不超过40℃,甲苯溶液加热不超过80℃。新的微孔玻璃过滤器在使用前需用铬酸洗液处理,然后用蒸馏水冲洗干净,置于干燥箱干燥后备用。在试验结束后,应放在铬酸洗液中浸泡4～5h后再用蒸馏水洗净,干燥后放入干燥器内备用。当试验中采用微孔玻璃过滤器与滤纸所测结果发生争议时,以滤纸过滤的测定结果为准。

(5)在过滤结束后,对带有沉淀物的滤纸或微孔玻璃过滤器,用装有不超过40℃溶剂油的洗瓶进行清洗,直至滤纸或微孔玻璃过滤器上不再留有试样痕迹,而且使滤出的溶剂完全透明和无色为止。在测定石油、深色石油产品、带添加剂的润滑油和添加剂中的机械杂质时,采用不超过80℃的甲苯冲洗滤纸或微孔玻璃过滤器。测定添加剂和带添加剂的润滑油中的机械杂质时,若滤纸或微孔玻璃过滤器中有不溶于溶剂油和甲苯的残渣,可用加热到60℃的乙醇—甲苯混合溶剂补充冲洗。

(6)在测定石油、添加剂和带添加剂润滑油的机械杂质时,允许使用热蒸馏水冲洗残渣。对带有沉淀物的滤纸或微孔玻璃过滤器用溶剂冲洗后,在空气中干燥10～15min,然后用200～300mL加热到80℃的蒸馏水冲洗。若测定石油中的机械杂质时,应用热水冲洗,直到滤液中没有氯离子为止,并用0.1mol/L的硝酸银溶液检验滤液中氯离子的存在,滤液不混浊即为无氯离子。

(7)带有沉淀物的滤纸或微孔玻璃过滤器冲洗完毕后,将带有沉淀物的滤纸放入过滤前所对应的称量瓶中,将敞口称量瓶或微孔玻璃过滤器放在(105±2)℃的烘箱内干燥不少于45min;然后放在干燥器中冷却30min(称量瓶的瓶盖应盖上)进行称量,称准至0.0002g,重复干燥(第二次干燥只需30min)称量的操作,直至两次连续称量间的差数不超过0.0004g为止。

(8)如果机械杂质的含量不超过石油产品或添加剂技术标准的要求范围,第二次干燥及称量处理可以省略。

(9)试验时,应同时进行溶剂的空白试验补正。

3. 项目报告

1)数据精密度的判断

重复性:在同一实验室,同一操作者使用同一台仪器,对同一试样连续测得的两次试验结果之差,不应超过表7-8所规定的数值。

再现性:不同操作者在不同实验室,使用不同仪器,对同一试样测得两个单一、独立的试验结果之差,不应超过表7-8所规定的数值。

表7-8　数据精密度的判断(质量分数)

机械杂质,%	重复性,%	再现性,%
≤0.01	0.0025	0.005
0.01～0.1	0.005	0.01
0.1～1.0	0.01	0.02
>1.0	0.10	0.20

2)数据处理

试样的机械杂质含量w(质量分数,%)按式(7-8)计算:

$$w = \frac{(m_2 - m_1) - (m_4 - m_3)}{m} \tag{7-8}$$

式中　m_1——滤纸和称量瓶的质量(或微孔玻璃过滤器的质量),g;

m_2——带有机械杂质的滤纸和称量瓶的质量(或带有机械杂质的微孔玻璃过滤器的质量),g;

m_3——空白试验过滤前滤纸和称量瓶的质量(或微孔玻璃过滤器的质量),g;

m_4——空白试验过滤后滤纸和称量瓶的质量(或微孔玻璃过滤器的质量),g;

m——试样的质量,g。

取重复测定两个结果的算术平均值作为试验结果。机械杂质的含量不超过0.005%(质量分数)时,可认为无机械杂质。

4. 项目实施中的注意事项

(1)在测定过程中,一定要对混合溶液进行摇匀,否则测试结果偏差较大。对于石蜡或黏稠的试样应先经加热,再摇匀后称取。

(2)做溶剂的空白试验,补正实验结果。用苯、石油醚或蒸馏水冲洗滤纸后质量减少,而用乙醇或汽油冲洗后滤纸质量增大,特别是乙醇冲洗滤纸,质量增加明显,所以在实验室中使用滤纸时,必须进行溶剂的空白实验补正。

(3)所用的溶剂在使用前均应先过滤,否则会影响检测结果。

(4)所选滤纸的疏密、薄厚及溶剂的种类、用量应保持相同。

(5)在规定冷却时间后,应立即称量,以免时间拖长,因滤纸吸湿而影响恒重。

复习思考题

一、名词解释

热值、净热值

二、填空题

1. 测定闪点过程中,要注意控制好加热的速度。加热速度过快,试样蒸发_____,导致测定结果_____;加热速度过慢,使测定时间_____,点火次数增多,使测定结果_____。

2. 测定燃料油净热值时,制备吸水剂过程是将约_____克浮石打成碎块,并选取_____毫米的碎粒。将准备好的碎粒在_____的高温中煅烧_____小时,将冷却的浮石置于瓷皿中,注入_____使成稠糊状的物质,并移置于电炉上。

3. 与燃料油的燃烧性能密切相关的指标有_____和_____。

4. 现行的质量标准中,用_____来评定燃料油的低温性能。

5. 燃料油的防火安全性能由_____来决定。

三、简答题

1. 我国现行的标准中对硫含量是如何规定的?

2. 简述燃料油的物理性质。

3. 简述燃料油黏度对抽油泵的影响。

4. 灰分对燃料油燃烧有何影响?

5. 水分对燃料油燃烧有何影响?

6. 燃料油含硫的危害有哪些?

7. 国产普通燃料油分为哪些牌号？
8. 国产普通燃料油八种牌号分别适用于什么场合？
9. 简述测定燃料油闪点和燃点的方法概要。
10. 燃料油机械杂质测定时，为什么要做空白试验？

第八章　润滑油性质与参数测定

　　润滑油是成品油库和炼油厂油品车间储存管理的一大类油品,品种繁多、牌号各异、质量要求严格。为了科学地搞好润滑油的储运管理,必须对润滑油的物化性质、使用要求及主要参数的测定方法等有一全面的认识。

第一节　润滑与润滑油

一、润滑的相关概念

(一)摩擦与磨损

　　两个表面直接接触的物体在做相对运动时,物体运动受阻碍的现象称为摩擦。摩擦时产生的阻力称为摩擦力,因摩擦而使物体表面损伤的现象称为磨损。产生摩擦的原因有两个:一是由于任何光滑的表面都不是绝对平滑的,当两个表面直接接触做相对运动时,凸起部分就会相互碰撞,产生摩擦;二是由于分子间引力,两个表面互相接触的部位,因距离十分接近,分子之间存在分子引力,阻碍物体之间的相对运动。

　　摩擦对机械部件造成严重的损伤。摩擦时消耗的部分动能转化为热能,使表面温度升高,在万分之几秒的瞬间,温度可升高到$200 \sim 300{}^\circ\text{C}$,甚至$1000{}^\circ\text{C}$以上;凸起部位的瞬间压力局部可达$(2000 \sim 3000) \times 10^5\text{Pa}$,这样的高温、高压会引起金属融熔、机件烧毁事故。脱落的金属屑夹在摩擦面之间加重了摩擦。

　　摩擦还造成大量的功率损失,如纺织机械总功率的85%消耗在干摩擦上;汽车内燃机在良好的润滑情况下,摩擦消耗的功率也达20%。全世界因摩擦消耗的动力约占全部动力能量的30%～40%。因而改善润滑状况,降低摩擦损失具有重大的经济意义。

(二)润滑机理

　　两个表面直接接触产生的摩擦称为干摩擦,干摩擦造成的磨损最严重,消耗的能量最大。为了解决干摩擦问题,只增加摩擦表面的光滑程度是行不通的。这样不仅增加了机件加工费用,而且因为表面越光滑,两个表面接触点越多,分子引力越大,反而增加了运动阻力。通常采用的方法是用一种摩擦系数很小的物质把两个摩擦面隔开,以这种物质的内摩擦代替物体表面的干摩擦,从而减小了摩擦和磨损,这种方法称为润滑,所加入的物质称为润滑剂。润滑剂可分为固体润滑剂(如石墨等)、半固态润滑剂(如润滑脂)、液体润滑剂(如润滑油等)三类。

　　润滑油吸附在机件表面上,形成一层有一定厚度的液膜。当液膜厚度大于$1.5 \sim 2 \mu\text{m}$时,液膜可以将摩擦表面完全隔开,这种润滑方式称为液体润滑;当油膜的厚度小于$0.1 \mu\text{m}$时,由于液膜极薄,此时的润滑处于液体润滑过渡到干摩擦过程之前的临界状态,此时的润滑称为边界润滑。当液膜局部破裂,破裂的部位形成干摩擦,此时的润滑称为混合润滑。

　　液体润滑是最理想的润滑状态,能否形成液体润滑取决于摩擦表面的运动形式、负荷、运动速度和润滑油的性质。运动速度越快或润滑油的黏度越大,越易形成油膜;而负荷大则不利于油膜的形成。黏度是选择润滑油的首要因素,一般低速、高负荷的机械选用高黏度润滑油,高速、低负荷的机械选用低黏度润滑油。润滑油主要起减少摩擦、磨损、防止烧结的作用,同时还对摩擦面起冷却、清洗、密封、减震、卸荷、抗腐、防锈等作用。

二、润滑油

润滑油由基础油和添加剂组成。基础油是润滑油的主要成分,决定着润滑油的基本性质。基础油的化学成分包括高沸点、高相对分子质量烃类和非烃化物;其组成一般为烷烃(直链、支链、多支链)、环烷烃(单环、双环、多环)、芳香烃(单环芳香烃、多环芳香烃)、环烷基芳香烃以及含氧、氮、硫的非烃类化合物。其中异构烷烃、少环长侧链烃是润滑油的理想成分;胶质沥青质、短侧链多环芳香烃以及流动性差的高凝点烃类是润滑油的非理想组分。润滑油添加剂有清净剂、抗氧化剂、极压抗磨剂、防锈剂、增黏剂、降凝剂、抗乳化剂等。

润滑油是一种黏稠的液体,其色泽从清澈、透明到不透明、黑色。油品的颜色反映了精制程度和稳定性,润滑油的精制程度越高,其中的含氧、硫非烃化物脱除得越干净,颜色也就越浅。

第二节　内燃机润滑油

内燃机润滑油简称内燃机油,也称发动机油。用于汽油机、柴油机和喷气内燃机,起润滑、密封、冷却和清洗作用的润滑油,分别称为汽油机润滑油、柴油机润滑油、喷气机润滑油(或航空润滑油)。内燃机润滑油消耗量最大,约占润滑油总量的50%。

一、内燃机润滑系统的工作原理

内燃机中需要润滑的部位主要是主轴承、凸轮轴、联杆轴、减速齿轮、活塞环和气缸内壁等。内燃机的润滑靠滑润油系统来完成,现以汽油机为例,说明内燃机润滑油系统的工作原理。

汽油机的润滑系统由润滑油泵、粗过滤器、细过滤器、润滑油散热器、下曲轴箱和集滤器等组成,如图8-1所示。汽油机的曲轴箱(俗称底盘或油底壳)中储有一定量的润滑油(大卡车存油量为7~12L,小轿车为2~7L)。

汽油机主要通过压力润滑和喷溅润滑两种方式实现润滑。压力润滑是指润滑油泵把经过粗过滤器过滤(除去机损杂质和金属碎屑)的润滑油,经油导管泵入曲轴润滑孔道、润滑轴承、曲轴间隙等部位,然后回到曲轴箱,循环运行。润滑油循环的频率约100次/h。喷溅润滑是指当内燃机运行时,靠曲轴的转动使曲轴箱中的润滑油飞溅起来,形成细滴飞沫,沿曲轴、连杆沟槽进入气缸内壁,起到润滑作用。多余的润滑油沿气缸内壁和连杆流回曲轴箱内。由于活塞做上下往复运动总有少量润滑油进入燃烧室被烧掉[1~5g/(hp·h)],所以内燃机运转一个阶段后,需要补充润滑油。

压力润滑和喷溅润滑后的润滑油都回到曲轴箱中,进行连续循环运行。循环的润滑油量大大超过内燃机润滑的需要量,以便带走因磨损产生的金属粉末和摩擦热,起到清洗和冷却的作用。为了保持润滑油清净,润滑油经粗过滤器和细过滤器除去机械杂质后循环使用;同时润滑油泵抽取部分润滑油,通过与润滑系统并联的散热器来降低润滑油的温度。

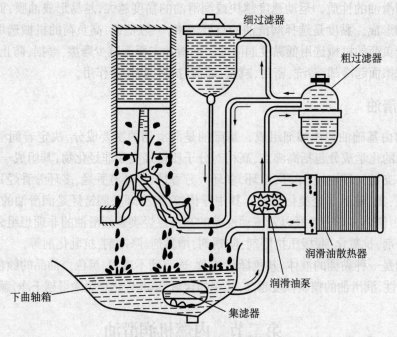

图8-1　汽油机的润滑系统

（细过滤器　粗过滤器　润滑油散热器　润滑油泵　集滤器　下曲轴箱）

汽油机润滑油的工作特点是温度变化大。较长时间停车后或汽车刚刚启动时，曲轴箱内润滑油的温度接近大气温度。当内燃机正常工作时，不同部位的润滑油温度不同：上部活塞环附近200～300℃，曲轴轴承65～100℃，油箱内40～90℃。

润滑油在循环过程中与多种金属及合金接触，这些金属和合金都是润滑油的活性催化剂，会加速润滑油的氧化变质。尤其是喷溅润滑，由于润滑油与空气充分接触，并受到金属及合金的催化作用，润滑油的氧化相当激烈，润滑油氧化生成的酸性物质和沉淀物会导致机件腐蚀、活塞环黏结等问题。

二、润滑油的使用要求

由于润滑油的工作条件较苛刻，所以对润滑油的性能提出了较高的要求。

（一）润湿性能

润滑油的润滑性能由黏度和黏温性能来评定。

1. 黏度和黏温性能

黏度和黏温性能是润滑油最重要的使用性能。润滑油的黏度直接影响内燃机的启动性能、磨损程度、功率损失、燃料和润滑油的损耗等。在液体润滑时，摩擦力与润滑油的黏度、摩擦面积和运动速度成正比。由于摩擦面积和运动速度都是固定的，因此在液体润滑时，黏度就成为影响摩擦的首要因素。

润滑油的黏度过大，摩擦力增加，同时因为流动性差，当内燃机刚刚启动时，润滑油不能迅速流到各个摩擦面上。当内燃机停止工作时，油温和机件温度降低，高黏度的润滑油可能呈半固态或固态凝结在导油管壁上或润滑孔道中，当再次启动时，只有熔化了这些凝结的润滑油以后，润滑油才能正常流动，起润滑作用。上述情况都加剧了机件的磨损，也增加了燃料与润滑油的消耗量。此外,润滑油黏度过大,还会减少摩擦点的润滑油量,使清洗和冷却作用减弱,但密封性能好。

黏度过小的润滑油会因为不能形成足够厚度的润滑油膜而增加磨损,甚至因保持不了油膜而发生烧结,损坏机械。黏度过小的润滑油密封性能差,以致燃烧气体通过活塞环与气缸壁之间的缝隙漏入曲轴箱中,降低了内燃机的功率;低黏度的润滑油也容易进入燃烧室而被烧掉,使润滑油消耗量增加。

在实际使用中,应尽量防止使用黏度偏高的润滑油,在保证内燃机润滑要求的前提下,使用适当的低黏度润滑油可以减轻内燃机磨损,减少功率损失,降低燃料消耗量。总之润滑油黏度过大或过小都是不利的,负荷小、工作温度低、转速快的内燃机应选用黏度较小的润滑油;反之,选用黏度较大的润滑油。

内燃机润滑油的黏度以100℃的运动黏度表示。由于内燃机润滑油工作温度变化很大,因此除黏度外,还要求润滑油具有良好的黏温性能。所谓黏温性能,是指润滑油的黏度随温度变化的性质,黏温性能好的润滑油,当温度变化较大时,黏度变化较小;黏温性能差的润滑油,在内燃机低温启动时,黏度过大,当内燃机正常工作时,因机件温度升高,黏度下降过多,这两种情况都难以保证正常润滑。从实用意义上说,黏温性能比黏度本身更为重要。

衡量油品黏温性能的指标有黏度指数和运动黏度比。在旧的产品标准中采用运动黏度比,在新的标准中已改用黏度指数作为内燃机润滑油黏温性能指标。所谓运动黏度比,就是不同温度下润滑油运动黏度的比值,常用 ν_{50}/ν_{100} 或 ν_{-20}/ν_{50} 表示;黏度比越大的润滑油,其黏温性质越差。所谓黏度指数,是指润滑油在不同温度下黏度的变化程度,黏度指数越高表示润滑油黏度受温度的影响越小,黏度对温度越不敏感,润滑油的黏温性能越好。国产汽油机油的黏度指数一般高于75～80。

2. 影响润滑油润滑性能的因素

影响润滑油润滑性能的因素主要有润滑油的化学组成和压强等。

1)化学组成的影响

润滑油的黏度和黏温性能与其化学组成及馏分组成有密切关系。烃类中烷烃的黏温性能最好,多环芳香烃和胶质、沥青质的黏温性能最差。一般随着烃类分子中环数增多,其黏度增大,但黏温性能显著变差;随环上烷基侧链的数目和长度的增长,黏度增大,黏温性能变好,其中侧链长度对黏温性质影响较大。因此从黏度和黏温性能来说,少环(最好是单环)长侧链的烃类是润滑油的理想组分。

2)压强的影响

在压强低于 40×10^5Pa的情况下,一般不考虑压强的影响。但是在内燃机润滑系统中,有的部位压强很大,例如航空内燃机的主轴承负荷高达 $(100～200) \times 10^5$Pa,连杆轴承的负荷达到 250×10^5Pa,所以内燃机润滑油必须考虑压强对黏度和黏温性能的影响。

在一定温度下,润滑油黏度随压强升高而增大;黏度随压强增大的变化速率随温度升高而减小,且这种变化率随黏度的增大而增大。润滑油的黏温性能也随压强的升高而变差。

(二)低温性能

润滑油的低温性能是指当环境温度较低时,可能因析出蜡结晶,使润滑油的流动性变差,引起内燃机冷启动困难,延长启动时间,增大内燃机磨损和燃料消耗。润滑油的低温性能对内燃机的启动或低温下的正常工作具有重要意义。

影响润滑油低温性能的首要因素是润滑油基础油中含有凝点较高的"蜡"组分。采用深度脱蜡可以明显提高润滑油的低温性能,但脱蜡是个复杂昂贵的工艺过程,因此现实的、最经济合理的润滑油生产工艺是适度脱蜡并加入降凝剂。一般含蜡量小于3%(质量分数)的油料不需要脱蜡,根据需要直接加入适量的降凝剂。常用的降凝剂有烷基萘等,加入量一般为0.5%~0.8%(质量分数),可降低凝点10~20℃。

我国在20世纪80年代前一般采用凝点作为润滑油的低温性能标准,但凝点并不是润滑油能够正常泵送的最低温度,一般泵送温度比凝点高8~25℃,而且二者间没有规律性关系,所以用凝点作低温性能标准没有现实的指导意义。在我国1984年以前修订的内燃机润滑油标准中,已改用倾点替代凝点作为低温性能标准,而且倾点也是润滑油低温性能的国际标准(ISO)。

降凝剂不能代替脱蜡,降凝剂只是阻止蜡形成大结晶,但不能防止蜡析出。加有降凝剂润滑油的凝点不是固定不变的,在长期储存或经常加热的情况下,凝点可能升高10~15℃。加降凝剂的两种润滑油不能随便混合,否则凝点也可能升高。在降凝剂影响下,有时石蜡会凝结并沉淀出来,使储罐底部油品的凝点大大提高。油罐底部如果积有石蜡,可能会堵塞收发油管道口,影响油库正常的油料收发工作。因此,储存加有降凝剂润滑油的容器,必须具有加热和搅拌设备;润滑油加降凝剂的时间最好是在使用前临时调入,切忌加降凝剂以后再长期储存。

(三)抗氧化安定性

内燃机润滑油在循环使用中,由于环境温度较高并与氧气接触而发生氧化,而且与之相接触的金属加快了氧化速度。氧化生成酸性物质和胶质等沉淀物,使润滑油变质。润滑油的抗氧化安定性是反映润滑油耐用性能的指标,内燃机润滑油的使用寿命(即换油期)很大程度取决于它的抗氧化安定性。

内燃机润滑油的工作温度一般不超过250℃,其氧化反应属于自由基反应,特点是烃类与氧接触的开始阶段没有明显的氧化反应,经过一段时间后,氧化反应开始自动加速,从开始同氧接触到开始明显氧化的这段时间称为润滑油的诱导期。润滑油的氧化速度、氧化深度和氧化产物主要同润滑油的化学组成、使用温度、与氧接触情况和金属催化作用有密切关系。

1. 化学组成的影响

润滑油由不同的烃类组成,它们的氧化反应历程各不相同,大致可分为两类。一类是烷烃、环烷烃和带有五个碳原子以上烷基侧链的芳香烃,它们的氧化反应历程大致为:烃类→烃基过氧化物→羧酸→羧基酸→胶状物质;另一类是无侧链或短侧链芳香烃,其氧化历程为:烃类→烃基过氧化物→酚类→胶质→沥青质→油焦质。两类氧化反应生成的中间产物和最终产物都是有害物质,其中羧酸会腐蚀金属,羧基酸、胶质、沥青质、油焦质会进一步生成沉淀物。它们的热安定性很差,黏附在灼热的金属表面(如活塞环)上,受热很容易变成坚韧漆膜,影响传热,增大磨损,严重时会堵塞油路,黏住甚至卡死活塞环。随着润滑油使用时间延长,氧化产物数量增加,润滑油的酸值和黏度增大,颜色变深、变黑,出现沉淀物。润滑油的腐蚀缩短了其使用限期,增大了耗油量,腐蚀严重的润滑油还会因变质而报废。

不同烃类的氧化性能不同。组成润滑油的烃类,其单体烃的高温氧化性能以芳香烃最难氧化,环烷烃次之,烷烃最易氧化。但在烃类混合物中,由于不同烃类之间相互影响,其氧化结果与单体烃氧化有显著差别。混合物氧化时,芳香烃最易氧化,氧化后生成酚类,酚类具有抗氧化性能,因而芳香烃间接起到了抗氧化剂的作用。芳香烃中环数越多,侧链越短,其抗氧化性能越强。通常油中含有3%～5%(质量分数)的无侧链芳香烃时,即具有明显的抗氧化作用;而长侧链芳香烃含量达到20%～30%(质量分数)才能起抗氧化作用;当润滑油中含有20%～30%(质量分数)以上少环长侧链芳香烃时,不仅抗氧化安定性好,而且润滑油具有良好的黏温性质。由此可见,少环长侧链芳香烃是润滑油中最有价值的组分。

应当指出,润滑油中含有适量的芳香烃虽具有抗氧化作用,但芳香烃的结构、含量也会影响抗氧化性能。芳香烃在阻止氧化过程中,本身被氧化,最终生成沉积物。因而润滑油中多环短侧链芳香烃数量过多时,因其本身氧化生成沉淀,使润滑油抗氧化性能变差。胶质是各种烃类的天然抗氧化剂,但油中胶质过多,使润滑油氧化后缩合产物的数量增加,促使润滑油变质。

2. 温度和金属的影响

在常压和低于30℃条件下,内燃机润滑油的氧化速度十分缓慢,在常温下合理储存数年到十几年,也不会因氧化变质而不能使用。但随着温度的升高,润滑油的抗氧化安定性明显变差。当温度高于50℃时,特别是在与金属接触的情况下,氧化反应明显加速;当温度达到125～200℃时,氧化反应剧烈进行,导致生成大量有机酸、沉淀和漆膜等;当温度高于200℃时,氧化反应更为剧烈,部分润滑油甚至焦化,生成积炭,卡死活塞环。温度对润滑油氧化速度的影响见表8-1,当油温从110℃升高到300℃时,其氧化速度增大了近70000倍。

表8-1 温度对润滑油氧化速度的影响

润滑油温度,℃	110	150	250	300
1g润滑油吸收5mg氧所需时间,min	48000	180	23	0.7

金属对润滑油氧化反应具有催化作用,其中以铜、铅、锰、铁及其氧化物的催化作用最强,铂、锡没有氧化催化作用。金属还能与氧化生成的有机酸反应生成有机酸盐,有机酸盐也能加速润滑油的氧化反应。

3. 工作状态的影响

润滑油的工作状态对氧化安定性也有影响,根据润滑油的工作状态,可以分为薄层氧化和厚层氧化两类。所谓薄层氧化,是指在内燃机的特殊部位,在油层较薄的情况下发生的氧化。例如内燃机的活塞与气缸壁之间的润滑油,其厚度小于200μm,与氧充分接触,温度高于200℃,金属催化作用较强,此时润滑油发生明显的氧化反应。一般来说,润滑油发生薄层氧化时的环境条件是比较恶劣的,氧化反应明显,也无法防止。目前,针对薄层氧化采取的办法是加入抗氧化添加剂来减轻其氧化程度和减少氧化产物的影响。

所谓厚层氧化,是指润滑油在油层较厚、油量较大的情况下发生的氧化。发生厚层氧化时,润滑油与空气接触不充分,一般温度低于100℃,金属催化作用也不强。例如曲轴箱中的润滑油就处于厚层氧化状态。

薄层氧化和厚层氧化的不同之处表现在氧化条件的苛刻程度,对两者的防护办法都是加入抗氧化添加剂,但效果差别较大。对于油品厚层氧化,由于氧化条件比较缓和,加入抗氧化添加剂就可以有效地防止润滑油氧化变质,使其在数年内不发生显著的氧化变质;对于薄层氧化,目前还只能靠加入添加剂来减轻氧化产物的影响。

(四)腐蚀性能

内燃机润滑油的腐蚀性能取决于油中含有的有机酸和无机酸。润滑油中含有的有机酸主要包括环烷酸、脂肪酸或使用过程中产生的酸性物质。在绝大多数的润滑油中都含有少量的环烷酸，由含脂肪酸的原油制取的润滑油中还含有少量的脂肪酸。在润滑油使用过程中，由于润滑油的氧化，也生成部分有机酸。这些有机酸使润滑油具有腐蚀性。溶于油的大分子有机酸的腐蚀性较弱，只有和氧化剂共存的情况下，才会引起腐蚀。在润滑油氧化初期生成的烃基过氧化氢就是有效的氧化剂，在氧化剂的作用下，金属先被氧化成金属氧化物，再和大分子有机酸反应。对于能溶于水的低分子酸，它的腐蚀主要在溶于水之后发生，它能与电化顺序在氢之前的任何金属直接作用，引起腐蚀。

润滑油中无机酸主要包括燃料中硫化物燃烧后生成的SO_2和SO_3、燃料添加剂燃烧后生成的HCl和HBr等。这些无机酸在有水存在的情况下，具有很强的腐蚀性。因此要求润滑油最多只能含痕迹量的水分，并要求润滑油具有中和酸性产物和保护金属不被腐蚀的能力。另外，润滑油中应无水溶性酸或碱，以免引起腐蚀。

为了提高内燃机润滑油的抗腐蚀性，除了在生产过程中加深精制，除去腐蚀性物质以外，还可以加入抗腐蚀添加剂，它能在金属零件表面形成一层防护膜，防止金属与润滑油中酸性物质接触，从而避免了金属被腐蚀。

衡量润滑油腐蚀性能的指标包括铜片腐蚀、锈蚀实验、中和值(酸值和碱值)等。

三、内燃机润滑油的分级和牌号

(一)内燃机润滑油的分级

内燃机润滑油最初只是以某一温度下的黏度来划分级别的，根据气温不同进行选用。随着内燃机工业的迅速发展，内燃机热负荷和机械负荷的不断提高，内燃机润滑油的工作条件日益苛刻，仅用黏度对润滑油进行分级难以反映其使用性能，因而出现了按黏度和使用性能进行分级的方法。

1. 按黏度分级

在内燃机工作过程中，机械零件相对运动时的摩擦生热、磨损、密封和泄漏等情况都与润滑油的黏度有密切关系，所以按黏度对润滑油进行分级是最早被采用的方法。黏度分级就是以一定温度下的黏度范围为依据对润滑油进行等级划分。

国际上大多采用美国汽车工程师协会(SAE)规定的黏度分类法对润滑油进行分级，称为SAE分类法。我国的国家标准与国际标准相同，详见GB/T 14906—1994《内燃机油黏度分类》(表8-2)。

表8-2 我国内燃机油黏度分类

黏度等级	低温黏度,mPa·s 不大于	边界泵送温度,℃ 不大于	运动黏度(100℃),mm²/s
1W	3250(−30℃)	−35	≥3.8
5W	3500(−25℃)	−30	≥3.8
10W	3500(−20℃)	−25	≥4.1

黏度等级	低温黏度,mPa·s 不大于	边界泵送温度,℃ 不大于	运动黏度(100℃),mm²/s
15W	3500(−15℃)	−20	≥5.6
20W	4500(−15℃)	−15	≥5.6
25W	6000(−5℃)	−10	≥9.3
20	—	—	5.6~9.3
30	—	—	9.3~12.5
40	—	—	12.5~16.3
50	—	—	16.3~21.9
60	—	—	21.9~26.14

内燃机油的黏度分为11个等级,其中6个低温级号和5个高温级号。低温级号由数字和字母W组成,W是Winter(冬季)的首字母,表示该机油可以在冬季的低温下使用,W前的数字表示机油的低温性能,数字越小,表示该机油低温性能越好,可以在更低的温度下使用。5个高温级号的机油只由数字表达,数字越大表示机油的高温性能越好,能够在更高的温度下使用。

上述11个级号的机油只能满足低温或高温条件使用,所以称为单级油。单级油的使用有明显的地区范围和季节限制,如SAE40是高温润滑油,只规定了100℃时的运动黏度范围(12.5~16.3mm²/s),对低温性能没作要求;SAE15W是低温润滑油,规定了低温(−15℃)黏度范围(不大于3500mPa·s)。

为了使用方便,出现了既适用于低温条件也适用于高温条件的润滑油,称为多级油。多级油的性能既满足低温级号润滑油的要求,同时也满足高温级号润滑油的要求。如SAE15W/40表示该油既符合SAE40黏度等级的要求,即100℃时的运动黏度范围为12.5~16.3mm²/s,又符合SAE15W低温性的要求,即其低温黏度在−15℃时不大于3500mPa·s。

2. 按质量分级

根据内燃机润滑油在单缸和多缸内燃机中运转一定时间后,内燃机某些零件的磨损、腐蚀程度和所生成沉淀物的情况来确定润滑油的质量等级。现通行的分级法是由美国汽车工程师学会(SAE)、美国材料试验学会(ASTM)和美国石油学会(API)于1971年联合提出的,又称为API分级,这种分级方式被很多国家所采用。

我国的润滑油质量分级执行的标准是GB/T 7631.3—1995《内燃机油分类》。该标准把内燃机润滑油分为汽油机油(以S表示)和柴油机油(以C表示)两个系列,每个系列又分为若干级。

汽油机油分为SA、SB、SC、SD、SE、SF、SG、SH共8个质量等级(其中SA、SB已废除),柴油机油分为CA、CB、CC、CD、CD−2、CE、CF−4共7个质量等级(CA、CB已废除),两种机油均以"A、B、C、…"为顺序,且序号越靠后质量越高。我国内燃机油质量分级见表8-3。

表8-3 我国内燃机油质量分级

类型	代号	应用范围
汽油机油	SC	用于货车、客车或其他要求使用API SC级润滑油的汽油机
	SD	用于货车、客车和某些轿车的汽油机以及要求使用API SD级润滑油的汽油机,可替代SC级油
	SE	用于轿车和某些货车的汽油机以及要求使用API SE级润滑油的汽油机,可替代SD级油
	SF	用于轿车和某些货车的汽油机以及要求使用API SF级润滑油的汽油机,可替代SE级油
	SG	用于轿车、货车和轻卡车的汽油机以及要求使用API SG级润滑油的汽油机,可替代SF、SF/CD、SE/CC级油
	SH	用于轿车和轻型卡车的汽油机以及要求使用API SH级润滑油的汽油机,可替代SG级油
柴油机油	CC	用于在中、重负荷条件下运行的非增压、低增压或增压式柴油机,并包括一些重负荷柴油机
	CD	用于需要声效控制磨损及沉积物或使用包括高硫燃料非增压、低增压及增压式柴油机以及国外要求使用API CD级油的柴油机,可替代CC级油
	CD-2	用于要求高效控制磨损和沉积物的重负荷二冲程柴油机以及要求使用API CD-2级油的内燃机,同时也满足CD级性能要求
	CE	用于在低速、高负荷和高速、高负荷条件下运行的低增压及增压式重负荷柴油机以及要求使用API CE级油的内燃机,同时满足CD级油性能要求
	CF-4	用于高速四冲程柴油机以及要求使用API CF-4级油的柴油机,此种油品特别适用于高速公路行驶的重负荷卡车,可替代CE级油

(二)内燃机润滑油的牌号

内燃机润滑油的牌号由字母和数字两部分组成。首字母代表润滑油的系列,其中"S"代表汽油机油,"C"代表柴油机油;第二个字母代表润滑油的质量等级,字母越靠后表示润滑油的质量越好;数字代表润滑油的黏度等级。

如SE30,"S"表示该润滑油为汽油机油;"E"表示该机油的质量等级为SE级,"30"表示机油的黏度等级符合SAE30黏度等级的黏度范围。

如CD15W/40,"C"表示该润滑油为柴油机油;"D"表示该机油的质量等级为SD级;低温黏度等级符合SAE15W黏度等级的低温要求;高温黏度等级符合SAE40黏度等级的黏度范围。

如SF/CD15W/40,表示该润滑油为汽油机、柴油机的通用润滑油;其质量等级分别满足SF级汽油机油和CD级柴油机油的使用要求;低温黏度等级符合SAE15W黏度等级的低温要求;高温黏度等级符合SAE40黏度等级的黏度范围。

四、内燃机润滑油的技术要求

润滑油品种繁多,本书介绍汽油机油和柴油机油的质量标准。目前,我国汽车机油执行的国家标准是GB 11121—2006《汽油机油》;柴油机油执行的标准是GB 11122—2006《柴油机油》。在标准中,对机油的质量指标和实验方法做了详细的规定和说明,部分汽油机油、柴油机油的技术要求见表8-4、表8-5。

表8-4 部分汽油机油的技术要求

项目		低温动力黏度,mPa·s 不大于	边界泵送温度,℃ 不大于	低温泵送黏度(无屈服应力时)mPa·s 不小于	运动黏度(100℃)mm²/s	高温高剪切黏度,150℃,mPa·s 不小于	黏度指数 不小于	倾点,℃ 不大于
试验方法		GB/T 6538	GB/T 9171	SH/T 0562	GB/T 265	SH/T 0618 SH/T 0703 SH/T 0751	GB/T 1995 GB/T 2541	GB/T 3535
SE、SF	5W-20	3500 (-25℃)	-30	—	5.6~9.3	—	—	-35
	5W-30	3500 (-25℃)	-30	—	9.3~12.5	—	—	
	5W-40	3500 (-25℃)	-30	—	12.5~16.3	—	—	
	5W-50	3500 (-25℃)	-30	—	16.3~21.9	—	—	
	10W-30	3500 (-20℃)	-25	—	9.3~12.5	—	—	-30
	10W-40	3500 (-20℃)	-25	—	12.5~16.3	—	—	
	10W-50	3500 (-20℃)	-25	—	16.3~21.9	—	—	
	15W-30	3500 (-15℃)	-20	—	9.3~12.5	—	—	-23
	15W-40	3500 (-15℃)	-20	—	12.5~16.3	—	—	
	15W-50	3500 (-15℃)	-20	—	16.3~21.9	—	—	
	20W-40	3500 (-10℃)	-15	—	12.5~16.3	—	—	-18
	20W-50	3500 (-10℃)	-15	—	16.3~21.9	—	—	
	30	—	—	—	9.3~12.5	—	75	-15
	40	—	—	—	12.5~16.3	—	80	-10
	50	—	—	—	16.3~21.9	—	80	-5
SG、SH	0W-20	6200 (-35℃)	—	6000(-40℃)	5.6~9.3	2.6	—	-40
	0W-30	6200 (-35℃)	—	6000(-40℃)	9.3~12.5	2.9	—	
	5W-20	6600 (-30℃)	—	6000(-35℃)	5.6~9.3	2.6	—	-35
	5W-30	6600 (-30℃)	—	6000(-35℃)	9.3~12.5	2.9	—	

项目		低温动力黏度,mPa·s 不大于	边界泵送温度,℃ 不大于	低温泵送黏度(无屈服应力时)mPa·s 不小于	运动黏度(100℃)mm²/s	高温高剪切黏度,150℃,mPa·s 不小于	黏度指数 不小于	倾点,℃ 不大于
SG、SH	5W-40	6600(-30℃)	—	6000(-35℃)	12.5~16.3	2.9	—	
	5W-50	6600(-30℃)	—	6000(-35℃)	16.3~21.9	3.7	—	
	10W-30	7000(-25℃)	—	6000(-30℃)	9.3~12.5	2.9	—	-30
	10W-40	7000(-25℃)	—	6000(-30℃)	12.5~16.3	2.9	—	
	10W-50	7000(-25℃)	—	6000(-30℃)	16.3~21.9	3.7	—	
	15W-30	7000(-20℃)	—	6000(-25℃)	9.3~12.5	2.9	—	-23
	15W-40	7000(-20℃)	—	6000(-25℃)	12.5~16.3	3.7	—	
	15W-50	7000(-20℃)	—	6000(-25℃)	16.3~21.9	3.7	—	
	20W-40	9500(-15℃)	—	6000(-20℃)	12.5~16.3	3.7	—	-18
	20W-50	9500(-15℃)	—	6000(-20℃)	16.3~21.9	3.7	—	
	30	—	—	—	9.3~12.5	—	75	-15
	40	—	—	—	12.5~16.3	—	80	-10
	50	—	—	—	16.3~21.9	—	80	-5

表8-5 部分柴油机油的技术要求

项目		低温动力黏度,mPa·s 不大于	边界泵送温度,℃ 不高于	低温泵送黏度,mPa·s(无屈服应力时)不小于	运动黏度(100℃)mm²/s	高温高剪切黏度150℃,mPa·s 不小于	黏度指数 不小于	倾点,℃ 不大于
试验方法		GB/T 6538	GB/T 9171	SH/T 0562	GB/T 265	SH/T 0618 SH/T 0703 SH/T 0751	GB/T 1995 GB/T 2541	GB/T 3535
CC、CD	0W-20	3250(-30℃)	-35	—	5.6~9.3	2.6		-40
	0W-30	3250(-30℃)	-35	—	9.3~12.5	2.9		
	0W-40	3250(-30℃)	-35	—	12.5~16.3	2.9	—	

项目		低温动力黏度,mPa·s 不大于	边界泵送温度,℃ 不高于	低温泵送黏度,mPa·s(无屈服应力时) 不小于	运动黏度(100℃) mm²/s	高温高剪切黏度150℃,mPa·s 不小于	黏度指数 不小于	倾点,℃ 不大于
CC、CD	5W-20	3500 (-25℃)	-30	—	5.6~9.3	2.6	—	-35
	5W-30	3500 (-25℃)	-30	—	9.3~12.5	2.9	—	
	5W-40	3500 (-25℃)	-30	—	12.5~16.3	2.9	—	
	5W-50	3500 (-25℃)	-30	—	16.3~21.9	3.7	—	
	10W-30	3500 (-20℃)	-25	—	9.3~12.5	2.9	—	-30
	10W-40	3500 (-20℃)	-25	—	12.5~16.3	2.9	—	
	10W-50	3500 (-20℃)	-25	—	16.3~21.9	3.7	—	
	15W-30	3500 (-15℃)	-20	—	9.3~12.5	2.9	—	-23
	15W-40	3500 (-15℃)	-20	—	12.5~16.3	3.7	—	
	15W-50	3500 (-15℃)	-20	—	16.3~21.9	3.7	—	
	20W-40	4500 (-10℃)	-15	—	12.5~16.3	3.7	—	-18
	20W-50	4500 (-10℃)	-15	—	16.3~21.9	3.7	—	
	20W-60	4500 (-10℃)	-15	—	16.3~21.9	3.7	—	
	30	—	—	—	9.3~12.5	—	75	-15
	40	—	—	—	12.5~16.3	—	80	-10
	50	—	—	—	16.3~21.9	—	80	-5
	60	—	—	—	21.9~26.1	—	80	-5
CF、CF-4	0W-20	6200 (-35℃)	—	6000(-40℃)	5.6~9.3	2.6	—	-40
	0W-30	6200 (-35℃)	—	6000(-40℃)	9.3~12.5	2.9	—	
	0W-40	6200 (-35℃)	—	6000(-40℃)	12.3~16.3	2.9	—	
	5W-20	6600 (-30℃)	—	6000(-35℃)	5.6~9.3	2.6	—	-35

项目		低温动力黏度,mPa·s 不大于	边界泵送温度,℃ 不高于	低温泵送黏度,mPa·s(无屈服应力时) 不小于	运动黏度(100℃)mm²/s	高温高剪切黏度150℃,mPa·s 不小于	黏度指数 不小于	倾点,℃ 不大于
CF、CF—4	5W—30	6600(−30℃)	—	6000(−35℃)	9.3~12.5	2.9	—	−35
	5W—40	6600(−30℃)	—	6000(−35℃)	12.5~16.3	2.9	—	
	5W—50	6600(−30℃)	—	6000(−35℃)	16.3~21.9	3.7	—	
	10W—30	7000(−25℃)	—	6000(−30℃)	9.3~12.5	2.9	—	−30
	10W—40	7000(−25℃)	—	6000(−30℃)	12.5~16.3	2.9	—	
	10W—50	7000(−25℃)	—	6000(−30℃)	16.3~21.9	3.7	—	
	15W—30	7000(−20℃)	—	6000(−25℃)	9.3~12.5	2.9	—	−23
	15W—40	7000(−20℃)	—	6000(−25℃)	12.5~16.3	3.7	—	
	15W—50	7000(−20℃)	—	6000(−25℃)	16.3~21.9	3.7	—	
	20W—40	9500(−15℃)	—	6000(−20℃)	12.5~16.3	3.7	—	−18
	20W—50	9500(−15℃)	—	6000(−20℃)	16.3~21.9	3.7	—	
	20W—60	9500(−15℃)	—	6000(−20℃)	21.9~26.1	3.7	—	
	30	—	—	—	9.3~12.5	—	75	−15
	40	—	—	—	12.5~16.3	—	80	−10
	50	—	—	—	16.3~21.9	—	80	−5
	60	—	—	—	21.9~26.1	—	80	−5

第三节　润滑油的参数测定

一、油品倾点的测定

(一)任务目标

(1)学会倾点测定仪的操作方法。

(2)能进行石油及石油产品倾点的操作。

(二)任务准备

1. 知识准备

1)测定依据

标准:GB/T 3535—2006《石油产品倾点测定法》。

适用范围:适用于测定石油和石油产品的倾点。

方法要点:试样经预热后,在规定速度下冷却,每隔3℃检查一次试样的流动性,将试样能流动的最低温度作为倾点。

2)基本概念

倾点:油品在规定的试验条件下,被冷却的试样能够流动的最低温度,以℃表示。

2. 仪器、试剂准备

需要的仪器主要有倾点试验器、冷浴、试管、高浊点和高倾点温度计或低浊点和低倾点温度计等。

(1)倾点试验器:倾点测定的主设备。

(2)冷浴:型式要适合于温度要求,测定10℃以下的倾点,需要两个以上的冷浴。其浴温可用冷冻或者合适的冷却剂来保持。一般来说,0℃以上的浴温用水和冰即可−15℃以下的浴温需要用工业乙醇和干冰(或液态氮气等),也可用其他致冷方式来达到要求的浴温。

(3)试管:透明玻璃制成的圆筒状仪器,为平底。试管内径为30.0～33.5mm,高为115～125mm。在试管的45mL体积处,标有一条长刻线,刻线上下3mm处标有允许试样量波动的短刻线。

(4)温度计:具有特殊测温范围的温度计一般有两种:一是高浊点和高倾点温度计,测温范围为−38～50℃,分度值为1℃;另一种是低浊点和低倾点温度计,测温范围为−80～20℃,分度值为1℃。

(三)任务实施

1. 操作准备

(1)装试样:将清洁试样倒入试管至长刻线处,对黏稠试样可在水浴中加热至流动后倒入试管内。

(2)仪器安装:用插有倾点温度计的软木塞紧紧地塞住试管,调整软木塞和温度计的位置,使软木塞塞紧试管并使温度计和试管在同一轴线上,浸没温度计水银球,使温度计的毛细管起点浸在试样液面以下3mm处。

2. 操作要领

(1)试样预处理。将试管中的试样进行以下预处理:

①如试样的倾点为−33～33℃:在不搅动试样的情况下,将试样放入(48±1)℃的水浴中加热至(45±1)℃;然后,在空气或约25℃水浴中将试样冷却至(36±1)℃。

②如试样的倾点高于33℃:在不搅动试样的情况下,将试样放入(48±1)℃的水浴中加热至(45±1)℃或加热至比试样预估倾点高9℃的温度,实际实验中取两者较高的温度。

③如试样的倾点低于−33℃:将试样放入(48±1)℃的水浴中加热至(45±1)℃,再放入

(7 ± 1)℃的水浴中冷却至(15 ± 1)℃,取出高倾点温度计,换上低倾点温度计,再继续后面实验。

(2)圆盘、垫圈和套管的操作。保持圆盘、垫圈和套管内外清洁、干燥,将圆盘放在套管的底部,将垫圈放在距试管内试样液面上方约25mm处,将试管放入套管内。

(3)冷浴降温。把带有试管的套管稳定地装在冷浴的垂直位置上,使套管露出冷却介质液面不大于25mm,冷浴的温度选择取决于试样的温度。测定极低的倾点需附加浴时,每个浴的温度要保持比前一个浴的温度低17℃(以下顺序浴温为$-52\sim-49$℃、$-69\sim-66$℃、$-86\sim-83$℃等)。每当试样温度达到高于冷浴温度27℃时,要转移试管到新浴中。

(4)倾点测定。把试样放在冷浴中降温,对倾点高于33℃的试样,试验从高于预期倾点9℃开始,对其他试样,试验从高于预期倾点12℃开始。每当试样温度下降3℃的倍数时,小心地把试管从套管中取出,倾斜试管,到刚好能观察到试管内试样是否流动为止。从取出试管到放回试管的全部操作,要求不超过3s。如试样温度降至9℃或-6℃时试样仍流动,注意更换冷浴。当倾斜试管,发现试样不流动时,就立即将试管放在水平位置上,仔细观察试样的表面,如果在5s内还有流动,则立即将试管放回套管,再降低3℃时,重复进行流动试验。直到试管保持水平位置5s而试样无流动时,记录温度计读数。

3. 项目报告

1)数据精密度的判断

重复性:同一操作者重复测定两个结果之差不应超过3℃。

再现性:由两个实验室提出的两个结果之差不应超过6℃。

2)数据处理

(1)把记录的温度计读数加3℃,作为试样的倾点;

(2)重复测定两个结果的算术平均值作为试样的最终倾点;

(3)对黑色油,按要求报告其结果为上倾点或下倾点。

4. 项目实施中的注意事项

(1)当已知试样在24h前曾加热到高于45℃的某一温度,或不知其加热过程时,则在试验前将试样加热至100 ± 1℃,然后在室温下保持24h。

(2)实验前要校验温度计的冰点,如其冰点偏离0℃,且超过1℃,则应进行检验或重新校正。

(3)实验中避免搅动试样。试样经过足够的冷却后,形成石蜡结晶,应注意不要搅动试样和温度计,也不允许温度计在试样中有移动;对石蜡结晶的海绵网有任何扰动都会导致结果偏低或不真实。

(4)试管从冷浴取出后的倾斜、观察等动作的完成要准确、迅速,全部过程不超过3s。

(5)实验中根据试样的温度及时更换冷浴。

二、润滑油泡沫特性的测定

(一)任务目标

(1)学会润滑油泡沫特性测定相关仪器的操作方法。

(2)能进行润滑油泡沫特性测定的操作。

(二)任务准备

1. 知识准备

1)测定依据

标准：GB/T 12579—2002《润滑油泡沫特性测定法》。

适用范围：适用于已添加或未添加用以改善或遏止形成稳定泡沫倾向添加剂的润滑油。

方法要点：试样在24℃时，用恒定流速的空气吹气5min，然后静止10min，测定试样中泡沫的体积。取第二份试样，在93.5℃下进行试验，测定泡沫的体积；破坏泡沫使泡沫消失，将试样冷却至24℃，进行重复试验。

2)基本概念

(1)泡沫：在液体内部或表面聚集起来的气泡，其中空气(气体)是主要组成部分。

(2)渗透率：在2.45kPa气压下，单位时间通过扩散头的气体流量，以mL/min表示。

2. 仪器、试剂准备

1)仪器

所需仪器主要有泡沫试验设备、试验浴、扩散头、流量计、体积测量装置、计时器、温度计等。

(1)泡沫试验设备：结构如图8-2所示，主要包括下列部件：

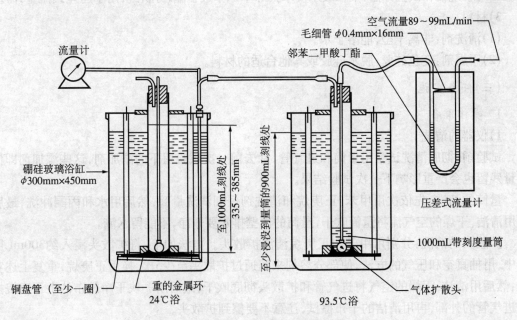

图8-2 泡沫试验设备

①量筒：一种特制容器，容量为1000mL，最小分度为10mL，从量筒内底部到1000mL刻度线距离为335～385mm，圆口，如果切割，需要经过精细抛光。

②塞子：由橡胶或其他合适的材料制成，与上述量筒的圆形顶口相匹配，塞子中心应有两个圆孔，一个插进气管，一个插出气管。

③扩散头：一种将气体扩散至液体里的部件，由烧结的结晶状氧化铝制成的砂芯球，直径为25.4mm或由烧结的5μm多孔不锈钢制成的圆柱形。其最大孔径不大于80μm，渗透率为

3000~6000mL/min。扩散头可用任意便利的方法连接在进气管上。

（2）试验浴：其尺寸足以使量筒至少浸至900mL刻线处，并能使浴温维持在规定温度±0.5℃。试验浴和浴液应透明，以便读取浸入的量筒刻度。

（3）扩散头：通过气体扩散头的空气流量应控制在(94±5)mL/min。空气还须经过一个高为300mm的干燥塔进行干燥。干燥塔应按下述方法填充：在干燥塔的收口以上依次放20mm的脱脂棉、110mm的干燥剂、40mm的变色硅胶、30mm的干燥剂、20mm的脱脂棉。当变色硅胶开始变色时，则必须重新填充干燥塔。

（4）流量计：能够测量(94±5)mL/min的气体流量。当采用压差型流量计时，其中U形管两臂之间的毛细管直径约为0.4mm，高16mm，使用邻苯二甲酸丁酯做填充液。

（5）体积测量装置：在流速为94mL/min时，能精确测量约470mL的气体体积，可选用经校准的、分度值为0.01L的湿式气体流量计。

（6）计时器：电子或手工型，分度值和精度均为1s或更高。

（7）温度计：全浸式水银玻璃温度计，测量范围为0~50℃和150~100℃、最小分度值为0.1℃的温度计。

2）试剂

需要的试剂为正庚烷、丙酮、甲苯、异丙醇(均为分析纯)、水(符合GB/T 6682—2008《分析实验室用水规格和试验方法》中三级水要求)、邻苯二甲酸丁酯(分析纯，用于压差式流量计)。

3）材料

（1）清洗剂：非离子型，能溶于水。

（2）干燥剂：变色硅胶、脱水硅胶或其他合适的材料。

（三）任务实施

1. 操作准备

1）仪器的清洗

试验前，彻底清洗试验用量筒和进气管，除去前一次试验留下的添加剂，这些添加剂即使痕量残留也会严重影响下一次试验结果。

量筒的清洗：先依次用甲苯、正庚烷和清洗剂仔细清洗量筒，然后用水和丙酮冲洗，最后再用清洁、干燥的空气流将量筒吹干，量筒的内壁排水要干净，不能留水滴。

扩散头的清洗：分别用甲苯和正庚烷清洗扩散头。方法如下：将扩散头浸入约300mL甲苯中，用抽真空和压气的方法，使部分溶剂来回通过扩散头至少5次，换用正庚烷，重复上述实验；然后用清洁、干燥的空气将进气管和扩散头彻底吹干；最后用一块干净的布沾上正庚烷擦拭进气管的外部，再用清洁的干布擦拭，注意不要擦到扩散头。

2）仪器的安装

调节进气管的位置，使扩散头恰好接触量筒底部中心位置。空气导入管和流量计的连接应通过一根铜管，这根铜管至少要绕冷浴内壁一圈，以确保能在24℃左右测量空气的体积。检查系统是否泄漏，拆开进气管和出气管，并取出塞子。

2. 操作要领

1）试样的准备

制备二份试样，具体做法是：不经机械摇动或搅拌，将约200mL试样倒入600 mL烧杯中加热至$(49\pm3)℃$,并使之冷却到$(24\pm3)℃$。

2)泡沫倾向性和稳定性的测定

(1)将第一份试样倒入量筒中,使液面达到190mL刻线处。将量筒浸入24℃水浴中,至少浸没至900mL刻线处,用一个重金属环使其固定,防止上浮。当试样温度达到浴温时,塞上塞子,接上扩散头和未与空气源连接的进气管,扩散头浸泡约5min后,将出气管与气体体积测量装置连接,并接通空气源,调节空气流速为(94 ± 5)mL/min。通过扩散头的空气应该是清洁、干燥的,从扩散头中出现第一个气泡起开始计时,通气(300 ± 3)s,立即记录泡沫的体积(即总体积减去液体的体积),精确至5mL,通过系统的空气总体积应为(470 ± 25)mL。从流量计上拆下软管,切断空气源,让量筒静置(600 ± 10)s,再次记录泡沫的体积,精确至5 mL。

(2)将第二份试样倒入清洁的量筒中,使液面达到180mL刻线处。将量筒浸入93.5℃浴中,至少浸没到900 mL刻线处。当试样温度达到$(93.5\pm1)℃$时,插入清洁的扩散头,按(1)中所述步骤进行试验。分别记录在吹气及静止周期结束时泡沫的体积,精确至5 mL。

(3)用搅动的方法破坏步骤(2)试验后产生的泡沫。如果是黏性油,静止3h也不足以消除气泡,可静止更长时间,但需记录并在结果中加以注明。将试验量筒置于室温,使试样冷却至43.5℃以下,然后将量筒放入24℃的浴中继续冷却。当试样温度达到浴温后,插入清洁的进气管和扩散头,按(1)中所述步骤进行试验。分别记录在吹气及静止周期结束时泡沫的体积,精确至5mL。

对于常规试验,可以采用一种简单的试验步骤测定润滑油的泡沫倾向和稳定性。此试验步骤仅有一点与标准方法不同:空气通过扩散头,5 min之内吹入的空气总体积不用测量。这样就省去了体积测量装置和量筒之间的气密连接,但要求流量计是经校准的,并且要严格控制流量。

3. 项目报告

1)数据精密度的判断

依据重复性和再现性判断结果的可靠性(95%置信水平)。

重复性(r):同一操作者使用同一仪器,在恒定的试验条件下,对同一试样重复测定的两个试验结果之差不能超过式(8−1)、式(8−2)的值。

$$r(步骤1和步骤2)=10+0.22X \qquad (8-1)$$

$$r(步骤3)=15+0.22X \qquad (8-2)$$

式中　X——两个测定结果的平均值,mL。

再现性(R):不同的操作者,在不同的实验室对同一试样得到的两个独立试验结果之差不能超过式(8−3)、式(8−4)的值。

$$R(步骤1和步骤3)=15+0.45X \qquad (8-3)$$

$$R(步骤3)=15+0.45X \qquad (8-4)$$

式中　X——两个测定结果的平均值,mL。

2)数据处理

报告结果精确到5mL,表示为"泡沫倾向"(在吹气周期结束时的泡沫体积,mL),和"泡沫稳定性"(在静止周期结束时的泡沫体积,mL)。每个结果要注明程序号以及试样是直接测定还是经过搅拌后测定的。

当泡沫或气泡层没有完全覆盖油的表面，且可见到片状或"眼睛"状的清晰油品时，报告泡沫体积为"0mL"。

4. 项目实施中的注意事项

(1)按照量筒和扩散头的清洗要求进行清洗、吹干，否则试验结果将产生较大误差。

(2)试验中，通气的时间应严格控制在(300±3)s的范围内。

(3)第二份试样在93.5℃条件试验后，必须在泡沫消失后才可进行24℃的试验。

(4)控制好各步进行的时间：步骤(1)和步骤(3)应在前一个步骤完成后3h之内进行。步骤(2)应在试样达到温度要求后立即进行，并且要求量筒浸入93.5℃浴中的时间不超过3h。

(5)长时间储存的试样要经过高速搅拌、消泡等处理后，在3h内进行试验。

三、润滑油硫酸盐灰分的测定

(一)任务目标

(1)学会润滑油硫酸盐灰分的测定方法。

(2)能进行硫酸盐灰分测定相关仪器的操作。

(二)任务准备

1. 知识准备

1)测定依据

标准：GB/T 2433—2001《添加剂和含添加剂润滑油硫酸盐灰分测定法》。

适用范围：本标准规定了测定未经使用的、含添加剂的润滑油和用于调和润滑油的添加剂浓缩物中硫酸盐灰分质量分数的方法。本标准测定的硫酸盐灰分的质量分数下限为0.005%(质量分数)，当硫酸盐灰分小于0.02%(质量分数)时，仅适用于只含有无灰添加剂的润滑油。本标准不适用于测定用过的含铅添加剂的内燃机油，也不适用于测定不含添加剂的润滑油，对于这些油品可以采用GB 508—1985《石油产品灰分测定法》。硫酸盐灰分可以用来表明新润滑油中已知的含金属添加剂的浓度。当不含磷时，钡、钙、镁、钠、钾转变为硫酸盐，锡和锌转变为它们的氧化物，硫和氯并无干扰。但是当磷与金属添加剂同时存在时，它以金属磷酸盐的形式部分或全部保留在硫酸盐灰分中。

方法要点：点燃试样，并烧至只剩下灰分和炭为止。冷却后用硫酸处理残留物并在775℃下加热，直到炭完全氧化。待灰分冷却后再用硫酸处理，在775℃下加热并恒重，即可算出硫酸盐灰分的质量分数。

2)基本概念

(1)灰分：在规定条件下，油品经灼烧后剩下的不燃烧物质。灰分的组成一般认为是一些金属元素及其盐类。灰分对不同的油品具有不同的概念，对基础油或无添加剂的油品，灰分可用于判断油品的精制深度。对于有金属盐添加剂的油品(新油)，灰分就成为定量控制添加剂加入量的手段。国外采用硫酸灰分代替灰分。

(2)硫酸盐灰分：在规定条件下，油品被碳化后的残留物经硫酸处理转化为硫酸盐后的灼烧残留物，以质量分数表示。在内燃机油中，依据硫酸盐灰分，并结合金属元素含量等其他指标，可以判断油品添加剂的类别和质量。

2. 仪器、试剂准备

1)仪器

(1)蒸发皿或坩埚：由瓷熔合的硅或铂制成，容量为50～100mL，对于硫酸盐灰分质量分数小于0.2%的样品，使用容量为120～150mL的铂蒸发皿或坩埚。如果已知样品中含有磷等对铂有腐蚀的元素时，不应使用铂蒸发皿。

(2)煤气灯或电炉。

(3)马福炉：能加热并控制在(775±25)℃。最好在前部或后部有小孔，以便让空气缓慢地经过炉自然通风。

(4)冷却器：不含干燥剂。

(5)天平：精度为0.1 mg。

2)材料

(1)滤纸：灰分质量分数不大于0.01%。

(2)低灰分矿物油：硫酸盐灰分低于本标准检测下限的白油。

3)试剂

(1)蒸馏水：符合GB/T 6682—2008《分析实验室用水规格和试验方法》三级水要求。

(2)硫酸：分析纯，质量分数为98%。

(3)1∶1硫酸溶液：把1体积的硫酸慢慢地加到1体积水中配成1∶1的硫酸溶液。

(4)异丙醇：分析纯。

(5)甲苯：分析纯。

(三)任务实施

1. 操作准备

(1)按GB/T 4756—1998《石油液体手工取样法》规定取样。

(2)按试样的需用量选择合适容量的蒸发皿或坩埚。在775℃的马福炉中加热蒸发皿或坩埚并至少保持10min，在冷却器中冷却至室温，称重，精确至0.1mg。

2. 操作要领

(1)在蒸发皿或坩埚中称入一份按式(8-5)计算的试样量m_1，精确至0.1mg。

$$m_1=10/m_0 \tag{8-5}$$

式中　m_0——预期生成的硫酸盐灰分质量分数，%。

试样量应不超过80g，当润滑油添加剂的硫酸盐灰分质量分数不小于2%时，需用10倍试样的低灰分矿物油来稀释试样。如果发现测得的硫酸盐灰分数值与预期值之差超过2倍，则根据第一次的测定结果重新计算试样量，进行第二次分析。

(2)在煤气灯或电炉上小心地加热盛有试样的蒸发皿或坩埚，直到试样被点燃，并产生火焰，保持一定温度使试样能均匀且适度地燃烧，燃烧结束后继续缓慢地加热直至不再冒烟为止。如果试样含水过多而发泡，使试样组分从蒸发皿中损失，就应丢弃这份试样，并在新试样中加入1～2mL的异丙醇后再加热。如果结果仍不理想，就加入10mL等体积的甲苯和异丙醇混合物，并与试样充分混合，在混合物中加入几条滤纸一起加热，滤纸开始燃烧时大部分水将被除去。

(3)待蒸发皿或坩埚冷却至室温，然后逐滴加入硫酸使残余物完全润湿，将蒸发皿或坩埚放在电炉上小心地低温加热,要防止飞溅,连续加热至不再冒烟。

(4)将蒸发皿或坩埚置于温度控制在775℃的马福炉中,在这一温度下连续加热,直至碳被全部氧化。

(5)将蒸发皿或坩埚冷却至室温,加入3滴蒸馏水和10滴硫酸溶液,摇动蒸发皿或坩埚使残余物被完全润湿,将蒸发皿或坩埚放在电炉上小心地低温加热,要防止飞溅,连续加热至不再冒烟。

(6)将蒸发皿或坩埚重新放入马福炉,将温度控制在775℃,恒温保持30min,在合适的冷却器中将蒸发皿或坩埚冷却至室温。如试样中含有二烷基或二烷基芳基二硫代磷酸锌等添加剂,则可能生成部分黑色残留物,此时重复(5)和(6)的操作直至获得白色残余物为止。

(7)称量蒸发皿或坩埚和残余物的质量,精确至0.1mg。

(8)重复(6)和(7)的操作,直至两次有效称重之差不超过1.0mg为止。

3. 项目报告

1)数据处理

按式(8-6)计算试样中硫酸盐灰分A:

$$A = 100m_2/m_1 \qquad (8-6)$$

式中　m_1——试样质量,g;

　　　m_2——硫酸盐灰分的质量,g。

如果试样预期生成的硫酸盐灰分质量分数不大于0.02%,对所得的硫酸盐灰分的质量应修正,即从试样的硫酸盐灰分总量中减去硫酸所生成灰分的质量。具体的作法是:

(1)测定1mL硫酸空白产生的灰分:在已称重的铂蒸发皿或坩埚中加入1mL硫酸,加热到不再冒烟,然后在775℃的马福炉中加热30min,放于冷却器中冷却至室温,称重,精确至0.1mg。

(2)计算试验所用硫酸产生的总灰分量:将1mL硫酸空白产生的灰分质量乘以所使用的硫酸总体积。

(3)修改试样硫酸盐灰分质量:硫酸盐灰分总量减去硫酸所生成灰分的质量,即为修正后的硫酸盐灰分质量。

2)数据精密度的判断

按下述规定判断试验结果的可靠性(95%置信水平)。

重复性(r):同一操作者使用相同的仪器,在相同的操作条件下,对相同的试验材料进行测定的两个结果之差不超过下值:

当0.005%≤x≤0.100%时,有:

$$r = 0.047x^{0.85} \qquad (8-7)$$

当0.11%≤x≤25.0%时,有:

$$r = 0.060x^{0.75} \qquad (8-8)$$

式中　x——两个结果的平均值。

再现性(R):不同的操作者在不同的实验室中,对同一种试验材料进行测试所得的两个单独和独立的结果之差不能超过下值：

当0.005%≤x≤0.100%时，有：

$$R = 0.189x^{0.85} \tag{8-9}$$

当0.11%≤x≤25.0%时，有：

$$R = 0.142x^{0.75} \tag{8-10}$$

式中　x——两个结果的平均值。

3）报告

对于硫酸盐灰分质量分数小于0.02%的试样，结果应精确至0.001%，对于硫酸盐灰分质量分数大于或等于0.02%的试样，结果应精确至0.01%。

4. 项目实施中的注意事项

（1）因为硫酸锌在本方法规定的燃烧温度下缓慢分解为氧化物，所以测定含锌的样品时，除非硫酸锌完全转化为氧化物，否则可能得出变化不定的结果。

（2）如果最终得到的硫酸盐灰分是黑色的残留物，说明其中含有二烷基或二烷基芳基二硫代磷酸锌等添加剂，应当对灰分反复处理，直至得到白色残余物为止。

（3）如果试样生成的硫酸盐灰分质量分数不大于0.02%，对所得的硫酸盐灰分质量应作修正。

（4）当心硫酸有强腐蚀性和高溶解热，在涉及硫酸的操作时应穿防护服，戴手套和面罩。

第四节　其他润滑油简介

除内燃机润滑油，还有一些在特定条件下使用的润滑油，如压缩机油、冷冻机油、汽轮机油、齿轮油等。

一、压缩机油

压缩机是收集、分离或输送气体的专用机械，也是油气集输、石油化工等领域广泛使用的设备，压缩机的终压一般在300kPa（表压）以上，压缩比大于4。按照工作原理可分为往复式和离心式压缩机；按照压力的不同可分为低压、中压、高压和超高压压缩机；按照转速的不同可分为低速、中速和高速压缩机。

压缩机润滑油又称压缩机油，用于润滑压缩机的气缸、活塞、阀门等各个摩擦部位，同时起密封、防锈、冷却和防腐作用。压缩机油的黏度必须适合于压缩机的类型和工作条件。高压多级压缩机[压缩终了压力高于$(180 \sim 225) \times 10^5 Pa$]使用比普通压缩机油具有更高黏度和安定性的润滑油，这是因为它在压缩终了会出现冷凝水，附着和沉积在气缸壁上的水很容易洗去低黏度润滑油，引起活塞环与气缸壁发生半干性摩擦。当绝对压力很大时，润滑油被挤压，以致从气缸壁与活塞之间的空隙进入低压部分，降低了压缩机的工作效率。为防止产生这类现象，必须使用高黏度压缩机油；同时要求压缩机油在高温下不易分解，以免气缸结焦。

气体经过压缩机的压缩后温度升高，压缩终了的压力越高，气体温度也越高。空气被压缩后压力与温度的关系见表8-6。即使空气压缩机内有冷却装置，当空气被多级压缩后其温度也将达到200～250℃,所以在空气压缩机内工作的压缩机油不仅要在高温下工作,而且与高压空气直接接触。恶劣的工作环境会加速压缩机油的氧化:高温会使压缩机油的氧化反应加速;高压空气因氧分压增大也加速了压缩机油的氧化;此外,压缩机中有较多铜质部件,铜对润滑油的氧化反应有较强的催化作用。这些因素都促使压缩机油剧烈氧化,生成大量酸性物质和沉淀物。沉积在气缸内的沉淀物,在高温和氧的作用下进一步转化为漆膜和积炭。排气阀上的积炭,在温度达到250℃时,会发生放热反应,有可能引起爆炸事故。

表8-6   15℃常压空气被压缩后的压力与温度的关系

压缩终了压力,10^5Pa	3.5	7.0	14
压缩终了空气温度,℃	177	260	330

因此压缩机油除应具有适当的黏度外,最重要的质量要求是具备很好的抗氧化安定性。对于小于$50×10^5$Pa的压缩机来说,经精制得到的压缩机油就能满足要求;对于高压压缩机,压缩机油中需加入抗氧剂来提高其抗氧化安定性;对于超高压压缩机,需使用合成压缩机油,如双酯类和磷酸酯类等。

压缩机油长期工作在高温环境下,容易蒸发形成可燃混合气,如遇到积炭放热产生火星,则可能引起爆炸。因此为了保证安全和减少油品蒸发损失,要求在任何条件下,压缩机油的闪点应比正常压缩时产生的最高温度高40℃以上。

压缩机的工作介质不同,所选择的润滑剂也不同。输送空气、干天然气、乙炔和一般氢气的压缩机,可以使用由石油馏分精制所得的压缩机油。对于输送湿天然气的压缩机,因湿天然气被压缩后会凝析出轻质汽油,冲刷气缸壁上的润滑油,破坏液体润滑,所以必须使用加有少量动物油或植物油的高黏度润滑油,以保证在气缸壁形成附着力极强的油膜。对于压缩氧气的压缩机,绝对不能使用矿物油油料作为润滑剂,以免发生爆炸,一般采用蒸馏水或一定比例的甘油蒸馏水溶液作为气缸的润滑剂。对于氯气压缩机,由于润滑油中的烃类在一定条件下与氯反应生成氯化氢,严重腐蚀设备,因此必须采用固体润滑剂(如石墨)润滑气缸。高纯度氢气压缩机使用蒸馏水作为气缸润滑剂。空气压缩机油的质量标准见表8-7(GB 12691—1990《空气压缩机油》)。

二、冷冻机油

冷冻机油是制冷压缩机使用的润滑油,它不但起到润滑作用,同时也起到密封和冷却作用。制冷压缩机使用的制冷剂一般有氨、氟氯烷(氟利昂)、氯乙烷等,其基本工作原理是压缩制冷剂,使其液化,然后使液态制冷剂通过节流阀节流膨胀,在此过程中制冷剂降压、汽化、降温,低温的制冷剂从环境中吸收大量热量,使周围温度下降,从而达到制冷的目的。制冷压缩机的工作特点是运行中温度较低,可能有少量冷冻机油混入制冷剂中,并进入制冷系统,影响设备运行;此外要求冷冻机油的使用时间长,全封闭式压缩机中的压缩机油使用期可达十年以上。因此为了保证冷冻机正常工作,冷冻机油应具有良好的低温流动性、黏温性能以及氧化安定性,并且不含有水分。

在中低温压缩式制冷系统中,温度均低于-25℃,如果冷冻机油的低温流动性差,当它随

表8-7　空气压缩机油的质量标准

项目	L-DAA 32	L-DAA 46	L-DAA 68	L-DAA 100	L-DAA 150	L-DAB 32	L-DAB 46	L-DAB 68	L-DAB 100	L-DAB 150	实验方法
黏度等级(GB/T3141)	32	46	68	100	150	32	46	68	100	150	
运动黏度,mm²/s 40℃ 不大于	28.8~35.2	41.6~50.6	61.2~74.8	90.0~110	135~165	28.8~35.2	41.6~50.6	61.2~74.8	90.0~110	135~165	GB/T 265
100℃	报告										GB/T 265
倾点,℃ 不大于	-9				-3	-9				-3	GB/T 3535
闪点(开口),℃ 不小于	175	185	195	205	215	175	185	195	205	215	GB/T 3536
腐蚀实验(铜片,100℃,3h) 不大于			1					1			GB/T 5096
抗乳化性 54℃ 不大于		30					30				GB/T 7305
(40-37-3),min 82℃ 不大于			—							30	
液相锈蚀试验(蒸馏水) 不大于			—					无锈			GB/T 11143
硫酸盐灰分,% 不大于			报告					报告			GB/T 2433
老化特性: a. 200℃,空气　蒸发损失,% 不大于	1.5									2.0	
康氏残炭增值,% 不大于			15					—			
b. 200℃,空气,三氧化二铁　蒸发损失,% 不大于			—				20				SH/T 0192
康氏残炭增值,% 不大于		2.5							3.0		
减压蒸馏80%后残留物性质:											GB/T 9168
a. 残留物康氏残炭 不大于							0.3			0.6	GB/T 268
b. 新旧油40℃运动黏度之比 不大于								5			GB/T 265
酸值,mgKOH/g 未加剂			报告					报告			GB/T 4945
加剂后			报告					报告			
水溶性酸或碱			无					无			GB/T 259
水分,% 不大于			痕迹					痕迹			GB/T 260
机械杂质,% 不大于			0.01					0.01			GB/T 511

注:表中百分数均为质量分数。

制冷剂混入制冷系统后,就会凝结在蒸发器管壁,影响传热,增加阻力,严重时会堵塞管道,因此要求冷冻机油的凝点必须比冷冻温度低10℃以上。如果制冷剂是氟利昂,它能与油互溶,但不溶解蜡,在低温下,蜡会形成絮凝物,堵塞制冷系统管道,中断制冷剂循环。因此用于氟利昂制冷的冷冻机油不仅要求凝点很低,更重要的是低温下不得析出蜡结晶。

冷冻机油不允许含有水分,因为水会使润滑油乳化,破坏正常润滑,含水润滑油进入制冷系统后,水结晶析出,会出现冰晶堵塞管路现象;水分能与制冷剂氨作用生成氢氧化铵,引起设备腐蚀。

随着全封闭式制冷压缩机的发展,要求冷冻机油使用期限至少在10~15年以上,因此冷冻机油需经过深度精制,并添加抗氧化剂,具有良好的抗氧化安定性。GB/T 16630—1996《冷冻机油》规定了矿物油型或合成烃型冷冻机油的技术条件,该标准所属产品主要适用于以氨、氟氯烃和氢氟氯烃为制冷剂的制冷压缩机,不适用于以氢氟代烃为制冷剂的制冷压缩机,部分冷冻机油的主要技术标准见表8-8。

三、汽轮机油(透平机油)

汽轮机油主要用于汽轮发电机组和大中型水轮发电机组的润滑油循环系统和调速系统,起润滑、冷却和调速作用。所谓调速作用,即当汽轮机的负荷改变时,通过调节油压控制汽阀改变进入汽轮机蒸汽量,使汽轮机的功率与负荷相适应。目前蒸汽轮机和水轮机发电设备在电力工业中占主要地位,因而汽轮机油消费量较大。此外,汽轮机油还广泛用于大型船舶的汽轮机、汽轮压缩机、汽轮冷冻机、汽轮鼓风机、汽轮增压机以及汽轮泵等。根据汽轮机工作特点,除要求汽轮机油具有适当黏度外,还应具备良好的抗氧化、抗乳化、防锈、消泡等性能。

(一)良好的抗氧化安定性

汽轮机油是在60℃左右情况下进行循环润滑的,工作温度虽然不高,但用量大,使用周期长。在空气、水分和金属作用下,汽轮机油会氧化生成酸性物质和沉泥物,酸性物质不仅腐蚀金属,生成的有机酸盐还会影响汽轮机油的抗乳化性能;溶于油中的氧化物,使油的黏度增大,降低了润滑油的润滑、冷却和调速效果;沉淀物会堵塞润滑系统,使冷却效果下降,供油不正常。因此要求汽轮机油必须具有很好的抗氧化性质,以保证它具有较长的使用寿命,一般使用寿命不少于8~10年,通常必须加抗氧化剂以提高其抗氧化安定性。

(二)优良的抗乳化性能

汽轮机在使用中,常有冷凝水从汽轮机油轴封等处漏入润滑系统中,因而要求油和水容易分离,即要求汽轮机油具有很好的抗乳化性能,以便及时排出游离水。抗乳化性能差的汽轮机油容易与水形成乳状液,降低了润滑油的润滑性能,并促使油品氧化和腐蚀金属部件。

汽轮机油的抗乳化性能取决于油的表面张力:油的表面张力越大,油的凝聚力越强,油水分离速度就越快,油的抗乳化性就越强。当油中存在环烷酸、多环芳香烃和胶质等物质时,会大大降低油的表面张力,严重影响其抗乳化性能。因腐蚀而产生的环烷酸盐对汽轮机油的抗乳化性能影响很大,试验表明,在175s内能使油水完全分离的汽轮机油中,当加入0.005%(质量分数)环烷酸铁后,就变成经数月油水也不分离的稳定乳状液。因此汽轮机油必须经过深度精制,除去油中的天然表面活性物质,以提高其抗乳化能力。汽轮机油中含有微量悬浮状

表8-8 部分冷冻机油的主要技术标准

项 目＼品 种	质量标准														实验方法
	L-DRA/A					L-DRA/B									
ISO黏度等级(G/T 3141)	15	22	32	46	68	15	22	32	46	68	100	150	220	320	
运动黏度,mm²/s 40℃	1.35~16.5	19.8~24.2	28.8~35.2	41.4~50.6	61.2~74.8	1.35~16.5	19.8~24.2	28.8~35.2	41.4~50.6	61.2~74.8	90~110	135~165	198~242	288~352	GB/T 265
100℃										报告					
黏度指数			①							①					GB/T 2541
密度(20℃),kg/m³			①							①					GB/T 1884 / GB/T 1885
苯胺点,℃			①							①					GB/T 262
相对分子质量			①							①					GB/T 0169
闪点(开口),℃ 不小于	150	150	160	160	170	150	150	160	160	170	170	210	225	225	GB/T 3536
燃点,℃ 不小于			—							—					GB/T 3536
倾点,℃ 不大于	−35	−35	−30	−30	−25	−35	−35	−30	−30	−25	−20	−10	−10	−10	GB/T 3535
水分			无							—					GB/T 260
酸值,mgKOH/g 不大于			0.08							0.03					GB/T 7304 / GB/T 4945
硫,%										0.3					SH/T 3536
残炭,% 不大于			0.10							0.05					GB/T 268
灰分,% 不大于			0.01							0.005					GB/T 508
颜色,号 不大于	1	1	1.5	2.0	2.5	1	1	1	1.5	2.0	2.5	3.0	3.5	4.0	GB/T 6540
皂化值,mgKOH/g			—							报告					GB/T 8021
腐蚀实验(铜片100℃,3h) 不大于			1b							1b					GB/T 5096
泡沫性(泡沫倾向/泡沫稳定性,20℃),mL/mL			—							报告					GB/T 12579
机械杂质,%			无							无					GB/T 511
氧化安定性(140℃,14h) 氧化油酸值,mgKOH/g 不大于			0.2							0.05					SH/T 0196
氧化油沉淀,% 不大于			0.02							0.005					

注:(1)①指标范围由供需双方商定,并另订协议。

(2)表中百分数均为质量分数。

固态物质(如尘埃或氧化生成物)时,也会严重恶化油水分离能力,所以在运输、储存和使用中应防止汽轮机油中混入外来杂质。

对汽轮机油抗乳化性能的要求,取决于汽轮机油的循环次数。循环次数越多,油在油箱中的停留时间越短,对它的抗乳化性能要求就越高。汽轮机油抗乳化性能用破乳化时间这一指标来控制,一般要求不大于8min。

(三)良好的防锈性能

汽轮机以水蒸气为工作介质,如果轴承密封不好,水蒸气就可能进入润滑油,导致汽轮机油乳化、锈蚀金属。对于船用汽轮机来说,汽轮机油冷却器的冷却介质是海水,海水会导致冷却器锈蚀作用强烈,一旦冷却器因腐蚀发生海水渗漏,汽轮机油中会混入海水,引起金属部件严重腐蚀,所以船用汽轮机油要求具有很强的防锈性能,通常加入防锈添加剂来提高汽轮机油的防锈性。

(四)良好的消泡性能

汽轮机油在循环使用中,由于操作等原因会吸入少量空气。在汽轮机油循环过程中,因循环量大,始终处于湍流状态,如果空气不能及时释放出来,会出现大量泡沫,影响正常供油和润滑,使油路产生气阻,供油不足,减弱了润滑和冷却作用,严重时使油泵抽空和调速系统失控。通常加入消泡剂(如二甲基硅油等)来提高汽轮机油的消泡性能。

目前我国已标准化的汽轮机油有三种:L-TSA,即抗氧防锈汽轮机油,标准为GB 11120—2011《涡轮机油》;抗氨汽轮机油,标准为SH 0362—1996《抗氨汽轮机油》;舰用防锈汽轮机油,标准为国军标GJB 1601A—1998《舰用防锈汽轮机油规范》。此外,燃气轮机油也已研制生产。

GB/T 11120—2011规定了由深度精制基础油并加抗氧剂和防锈剂等调制成的L-TSA汽轮机油的技术条件,所属产品适用于电力、工业、船舶及其他工业汽轮机组、水汽轮机组的润滑及密封,具体的质量标准见表8-9。

四、齿轮油

齿轮油是传动齿轮和涡轮蜗杆传动装置的润滑剂。汽车、拖拉机的传动机构和转向机构,机械设备的传动齿轮箱等装置均使用齿轮油润滑。齿轮油的工作条件与其他润滑油有很大不同,主要特点是:

(1)齿轮的啮合部位接触面很小,接触部位承受很大压力。一般汽车和拖拉机减速器双曲线齿轮的压力高达$(20000 \sim 25000) \times 10^5 Pa$,小轿车的双曲线齿轮啮合部位顶端压力高达$(30000 \sim 40000) \times 10^5 Pa$。

(2)齿轮形状特殊,加工复杂,加工精度低,表面粗糙度高,不易形成润滑油膜。齿轮在运行时,齿轮表面互相摩擦的速度变化大,速度高(高达$3.5 \sim 5.0 m/s$)。在这样的高速度和滑动强度下,润滑油很容易被挤压出来。

(3)在传动装置中,除摩擦热外,没有其他热源,所以齿轮油温度随传动机构工作情况和气温的变化而变化。齿轮的摩擦热使齿轮油温一般为$10 \sim 80 ℃$。由于工作温度不高,所以精制深度、热氧化安定性和残炭等技术指标齿轮油没有什么意义,不作为质量标准要求。

根据齿轮油的工作特点,齿轮油应具有适当的黏度,良好的油性、极压性、防腐性、防锈性

表8-9 L—TSA汽轮机油的技术要求

项目	质量标准							试验方法
	A级			B级				
	32	46	68	32	46	68	100	
黏度等级(GB/T 3141)	32	46	68	32	46	68	100	—
外观	透明	透明	透明	透明	透明	透明	透明	GB/T 1995
色度,号	报告	报告	报告	报告	报告	报告	报告	GB/T 3535
运动黏度(40℃),mm²/s	28.8~35.2	41.4~50.6	61.2~74.8	28.8~35.2	41.4~50.6	61.2~74.8	90.0~110	GB/T 3536
黏度指数 不小于	90	90	90	85	85	85	85	GB/T 1884
倾点,℃ 不高于	-6	-6	-6	-6	-6	-6	-6	GB/T 1885
闪点(开口),℃ 不低于	186	195	195	186	195	195	195	GB/T 264
密度(20℃),kg/m³	报告	报告	报告	报告	报告	报告	报告	GB/T 4945
酸值,mgKOH/g 不大于	0.2	0.2	0.2	0.2	0.2	0.2	0.2	GB/T 511
中和值,mgKOH/g	报告	报告	报告	报告	报告	报告	报告	GB/T 260
机械杂质	无	无	无	无	无	无	无	GB/T 7305
水分(质量分数),% 不大于	0.02	0.02	0.02	0.02	0.02	0.02	0.02	GB/T 12579
抗乳化性(乳化液达3mL的时间),min　54℃,不大于	15	15	15	15	15	15	—	GB/T 12581
82℃,不大于	—	—	—	—	—	—	30	GB/T 12581
泡沫性(倾向/稳定性),mL/mL　24℃	450/0	450/0	450/0	450/0	450/0	450/0	450/0	SH/T 0565
93℃	50/0	50/0	50/0	100/0	100/0	100/0	100/0	
后24℃	450/0	450/0	450/0	450/0	450/0	450/0	450/0	
氧化安定性　1000h后总酸值,mgKOH/g 不大于	0.3	0.3	0.3	报告	报告	报告	—	G/T 11143
总酸值达2.0mgKOH/g的时间,h 不小于	3500	3500	3500	2000	2000	1500	1000	
1000h后油泥,mg 不大于	200	200	200	报告	报告	报告	报告	
液相锈蚀(24h)	无锈	无锈	无锈	无锈	无锈	无锈	无锈	G/T 5096
腐蚀实验(100℃,3h),级 不大于	1	1	1	1	1	1	1	SH/T 0308
空气释放值(50℃),min 不大于	5	8	10	5	5	5	5	

和低温流动性等。黏度对齿轮油的抗磨性影响很大：试验表明，齿轮油黏度过小，齿轮油可能被齿轮的离心力甩离齿面，使齿轮磨损严重；黏度过大，对齿轮传动的润滑有利，但黏度大会使启动困难，浪费动力，而且降低了油的传热效率，增加了齿轮的热负荷和磨损，因此应根据齿轮负荷、转速和气温选择了合适黏度的齿轴油。

油性也是齿轮油的重要性能。因为齿面在高压下高速滑动，只有具有极强的油性才能保证在齿轮摩擦点上形成牢固的边界润滑膜，以防齿轮被强烈磨损和啮伤。油性主要与油中是否含有极性物质有关，因而选择含有大量胶质、未经精制的残渣油作为齿轮油的原料。在制取受压更高的双曲线齿轮油时，还需加入增强油性的极压添加剂，如硫、磷或氯的有机化合物。

齿轮油在传动装置中，除摩擦热外，没有其他热源，受外界气温影响很大，因此齿轮油必须具有良好的低温性能。为了防止齿轮被腐蚀，要求齿轮油具有良好的抗腐蚀性等。

齿轮油主要分为工业齿轮油和发动机车辆齿轮油两大类。工业齿轮油以精制润滑油馏分为基础油，加入多种类型添加剂调制而成，主要应用于工业闭式或开式齿轮传动装置。发动机车辆齿轮油以精制润滑油馏分、合成油或二者混合油为基础油，加入多种类型添加剂配制而成，主要应用于汽车和拖拉机的转向器、变速器以及传动箱等。部分工业闭式齿轮的质量标准见表8-10(GB 5903-2011)。

复习思考题

一、填空题

1. 润滑油主要起减少_____、_____、_____的作用，同时还对摩擦面起冷却、清洗、密封、减震、卸荷、抗腐、防锈等作用。

2. 润滑剂可分为_____、_____、_____三类。

3. 润滑分为_____、_____、_____等形式，其中_____是最理想的润滑状态。

4. 衡量润滑油抗氧化安定性的指标有_____等。根据润滑油的工作状态，可以分为_____和_____两类，两者的不同之处在于_____。

5. 内燃机润滑油的腐蚀性能取决于油中含有的_____和_____。

6. 内燃机中需要润滑的部位主要是_____、_____、_____、_____、_____和_____等。内燃机的润滑靠_____来完成。

7. 内燃机润滑油的腐蚀性能取决于油中含有的_____和_____。

8. 润滑油硫酸盐灰分测定法执行的国标是_____。

9. 润滑油泡沫特性测定法执行的国标是_____。

10. 倾点是指_____。

二、简答题

1. 什么叫摩擦？产生的原因是什么？有哪些危害？

2. 润滑油的主要作用是什么？

表8-10 部分工业闭式齿轮油的质量标准

项目 品种		L-CKB（一等品）				L-CKC（一等品）							试验方法
质量等级													
黏度等级（GB/T 3141）		100	150	220	320	68	100	150	220	320	460	680	—
运动黏度（40℃），mm²/s		90～110	135～165	198～242	288～352	61.2～74.8	90～110	135～165	198～242	288～352	414～506	612～748	GB/T 265
黏度指数	不小于	90				90							GB/T 1995
倾点，℃	不大于	-8				-8						-5	GB/T 3535
开口闪点，℃	不小于	180	200			180		200					GB/T 3536
水分，%	不大于	痕迹				痕迹							GB/T 260
机械杂质，%	不大于	0.01				0.02							GB/T 511
腐蚀实验（铜片），级 121℃/3h	不大于	—				1							GB/T 5096
100℃/3h	不大于	1				—							
液相锈蚀试验 蒸馏水		无锈				无锈							GB/T 11143
合成海水		—				无锈							
氧化安定性（中和值达2.0mgKOH/g），h	不小于	750			500	—							GB/T 12581
氧化安定性 （95℃,312h)100℃运动黏度增长，%	不大于	—				10							SH/T 0024
(121℃,312h)100℃运动黏度增长，%	不大于	—				—							
沉淀值，mL	不大于	—				—							
泡沫性，mL/mL 24℃	不大于	75/10				75/10							GB/T 12579
93.5℃	不大于	75/10				75/10							
后24℃	不大于	75/10				75/10							
抗乳化性（82℃） φ(油中水)，%	不大于	0.5				1.0						1.0	GB/T 8022
乳化层，mL	不大于	2.0				2.0						4.0	
总分离水，mL	不大于	30				60						50	

3. 润滑油的组成是什么？理想组分和非理想组分是什么？

4. 汽油机是如何实现润滑的？

5. 黏度对润滑油的意义是什么？

6. 什么是润滑油的黏温性能？衡量油品黏温性能的指标有哪些？

7. 简述影响润滑油黏度和黏温性能的因素。

8. 什么是润滑油的低温性能？衡量油品低温性能的指标有哪些？其含义是什么？

9. 影响润滑油氧化的因素有哪些？

10. 简述按黏度对润滑油进行分级的情况。

11. 简述按质量对润滑油进行分级的情况。

12. 简述"SE30"、"SF/CD15W/40"的含义。

13. 简述石油倾点的测定方法。

14. 简述润滑油泡沫特性的测定方法。

15. 什么是硫酸盐灰分？如何测定？

第九章 天然气性质与参数测定

天然气可以用作工业燃料、民用燃料和化工原料等,是一种重要的化石能源。天然气是一种比较洁净的燃料,与固体燃料(煤)和液体燃料(油)相比,具有点燃容易、燃烧完全、无烟、无渣、污染轻、使用方便等诸多优点。据国家统计局数据,我国天然气消费市场持续增长,2008年天然气消费量达$807 \times 10^8 m^3$,比上年增长10.1%。据《世界能源导报》预测,我国2015年和2020年的天然气需求将增长到$1800 \times 10^8 m^3$和$2500 \times 10^8 m^3$,而相应的供应缺口分别为$650 \times 10^8 m^3$和$1000 \times 10^8 m^3$。在国家实行的节能减排发展战略中,加速天然气利用,对于改善我国能源结构具有重要作用。

天然气是指自然过程形成,在一定压力下蕴藏于地下岩层孔隙或裂缝中,由烃类和非烃类组成的混合气体,主要来源于油田气和气田气。天然气的主要成分是烃类,此外还含有少量非烃类。天然气中的烃类基本上是烷烃,通常以甲烷为主,还含有乙烷、丙烷、丁烷、戊烷以及少量己烷以上的烃类(C_{6+})。天然气中还含有少量的氮气、氢气、氧气、二氧化碳、硫化氢、水蒸气以及微量的惰性气体(如氦、氩、氖)等。天然气的组成并非固定不变,不仅不同地区油气藏中采出的天然气组成差别很大,甚至同一油气藏的不同生产井采出的天然气组成也会有所区别。我国某些油气田的天然气主要组分见表9-1。

表9-1 我国某些油气田的天然气主要组分(体积分数)　　单位:%

油气田		CH_4	C_2H_6	C_3H_8	C_4H_{10}	C_{5+}	CO_2	N_2	He	合计
油田	大庆	80.75	1.95	7.67	5.62	3.31	0.70	—		100.0
	胜利	86.60	4.20	3.50	2.60	1.40	0.60	1.10		100.0
	辽河	81.10	7.00	4.60	4.30	1.00	1.00	1.00		100.0
气田	塔里木	98.10	0.51	0.04	0.02	0.05	0.58	0.7		100.0
	陕甘宁	94.70	0.55	0.08	0.02		2.71	1.92	0.02	100.0
	川北	95.87	0.08	0.02	—	—	2.93	0.81	0.29	100.0
	川东	97.78	0.64	0.13	0.04		0.68	0.73		100.0

天然气具有密度小、黏度低、热值高、无色等特点,其在空气中浓度达到5%～15%时,遇明火即可发生爆炸。气田气的平均相对分子质量一般为16～18,油田伴生气的平均相对分子质量为20～25;天然气密度随气源的不同而变化,气田天然气的相对密度为0.58～0.62,而石油伴生气为0.7～0.85。

第一节　天然气的使用要求

天然气具有热值高、污染小、易燃烧等特点,同时天然气中也含有硫化氢、二氧化碳、水等杂质。我国国家标准GB 17820—2012《天然气》对天然气的质量标准进行了规范。

一、天然气的燃烧性能

由于天然气的化学组成不同，单位体积的天然气燃烧后放出的热量也不同，天然气的这种燃烧性能用热值来表达，天然气的热值反映了天然气的热力价值。其定义是：燃烧单位体积的天然气所发出的热量称为天然气的热值，其国际单位是J/m^3或kJ/m^3。

在应用中，将单位体积天然气燃烧时所产生水蒸气的汽化潜热也计算在内的热值称为天然气的高发热值，即在天然气燃烧时，燃烧生成的水蒸气全部冷凝成液体，放出潜热。通常情况下，由于燃烧时的排烟温度较高，燃烧产生的水蒸气并不能冷凝成液体，而是随烟气跑掉了，不包括燃烧时所产生水蒸气汽化潜热的热值称为天然气的低发热值。在工程设计、应用计算中，通常使用天然气的低发热值。天然气的发热值一般为$30\sim38MJ/m^3$，如塔里木气田天然气的高发热值为$37.5MJ/m^3$，低发热值为$33.8MJ/m^3$。

二、天然气的输送性能

天然气的输送性能是指影响天然气管道输送的性能，如黏度、含水量等。

(一)黏度

黏度是流体(液体和气体)间作相对运动时表现出的一种固有特性，是反映流体流动性好坏的指标，天然气黏度与压力、温度及组成等有关。

在低压下，压力对气体黏度的影响很小，黏度随温度的升高而增加。随温度的增加，分子的热运动加剧，分子动能增加，由于分子的运动速度增大，气层间的加速或阻滞作用也随之增加，增大了内阻力。所以，低压下气体的黏度随温度的升高而增加，这与液体的黏度随温度的升高而降低不同。

在高压下，特别是低温高压下，由于分子间距离小，分子间引力增加，气体黏度主要取决于分子间的相互吸引力。因此压力升高，分子间距离减小，分子间吸引力增大，气体黏度增大。当高压气体温度升高时，由于气体膨胀，分子间距增加，分子间引力下降，气体黏度随之下降。所以，高压气体的黏度随压力增加而增大，随温度的升高而减小，高压下的气体表现出与液体相同的特性。

在相同条件下，甲烷的黏度要高于乙烷的黏度，原因是相对分子质量小的甲烷分子更容易扩散和相互碰撞。在实际应用中，可通过工程图表查得不同温度和压力下的天然气黏度。甲烷体积含量大于85%的天然气黏度与温度、压力的关系见表9-2。

表9-2　甲烷体积含量大于85%的天然气黏度与温度、压力的关系　　单位：$\times10^6Pa\cdot s$

压力,MPa 温度,K/℃	2.0	3.0	4.0	5.0	6.0	8.0	10.0
250/-23	9.63	10.03	10.28	10.60	11.04	12.47	14.10
260/-13	10.15					12.40	13.75
270/-3	10.46					12.40	13.56
280/7	10.77					12.46	13.48
290/17	11.08					12.60	13.50

温度,K/℃ \ 压力,MPa	2.0	3.0	4.0	5.0	6.0	8.0	10.0
300/27	11.38					12.78	13.58
310/37	11.67					13.02	13.74
320/47	11.98					13.22	13.86
330/57	12.27					13.49	14.07
340/67	12.56					13.73	14.28
350/77	12.84	12.97	13.11	13.29	13.48	13.96	14.58

(二)含水量

由于天然气在地层中与地下水接触,因此天然气中一般都含水蒸气,天然气含有水分对天然气的输送、加工和利用都带来很大危害。

(1)析出的液态水与天然气中的某些组分形成固态水合物,从而堵塞管道或设备。

(2)析出的液态水会加剧管内壁的腐蚀,尤其是当天然气中含有硫化氢和二氧化碳时更为严重。

(3)如果析出的液态水太多,管道中可能会出现气液两相段塞流,这种情况在干线输气管道上是不允许出现的。

(4)水蒸气将使湿天然气的热值降低。

天然气中含水量的表示有绝对湿度和相对湿度两种方法。绝对湿度是指单位体积天然气所含水蒸气质量的多少,单位是g/m^3。随着天然气中水蒸气含量增多,水蒸气分压逐渐增大。当天然气被水饱和时,此时的天然气称饱和天然气。水蒸气分压达到天然气所处温度下的最大值,即饱和蒸气压。

相对湿度是指在相同条件下,天然气的绝对湿度与呈饱和状态时单位体积天然气含水量之比,相对湿度反映了天然气中所含水蒸气的数量接近饱和的程度。天然气中含水量的大小,与压力、温度和相对分子质量等因素有关,一般规律是:温度一定时,压力上升,含水量减少;压力一定时,温度上升,含水量增多;天然气相对分子质量越大,含水量越多。

对于含水量一定的天然气,当温度下降、压力升高并达到一定程度时,天然气中所含的水蒸气开始凝析,这时称天然气被水蒸气饱和。在一定压力下,天然气被水蒸气所饱和时的温度称为天然气的水露点。在水露点时,天然气被水蒸气饱和,刚刚开始凝析出水;当温度高于水露点时,天然气未被水蒸气饱和,所以没有液态水析出,此时称未饱和状态。GB 50251—2003《输气管道工程设计规范》中规定天然气进入干线输气管前要深度脱水,降低水露点,使水露点温度低于最低管输温度5℃。

一定压力下,降低温度时,天然气中的重烃组分也会凝析出来,把开始有液态烃凝析时的温度称为烃露点。GB 50251—2003《输气管道工程设计规范》中规定干线输气管烃露点应低于最低环境温度。

三、天然气的腐蚀性

天然气组分的腐蚀性主要体现为硫化氢和二氧化碳的腐蚀性。在天然气中的游离水尚未脱净(实际工作中不可能绝对脱净)的情况下,硫化氢是导致钢材腐蚀的根源。硫化氢的水溶液与钢材表面接触时,会发生电化学腐蚀,产生氢原子,氢原子在钢材中扩散,遇到微小裂缝、空隙、晶格层间错断、夹杂或其他钢材缺陷时,便聚集结合成氢分子。金属材料遭受硫化氢腐蚀时,可产生均匀腐蚀(UC)、点蚀(PC)、氢鼓泡(HB)、氢致开裂(HIC)、应力导向的氢致开裂(SOHIC)、氢脆(HE)、硫化物应力腐蚀开裂(SSCC)及氢诱发阶梯裂纹(HISC)等,且各种腐蚀形式相互促进,最终导致材料开裂并引发大量恶性事故。GB 50251—2003《输气管道工程设计规范》中规定天然气体中的硫化氢含量不应大于20mg/m³。

二氧化碳溶于水后形成碳酸,对金属有一定的腐蚀性。二氧化碳腐蚀主要体现在以下两方面:一是不均匀的全面腐蚀与点蚀。二氧化碳引起的腐蚀常常是一种类似溃疡状的不均匀全面腐蚀,严重时可呈蜂窝状,在金属表面形成许多大小、形状不同的蚀坑、沟槽等。几乎所有的合金在二氧化碳环境中都可以发生点蚀,并可在较短时间内完全穿透器壁。二是促进硫化氢的腐蚀作用。硫化氢腐蚀产生的硫化铁在pH值为中性时是不溶解的,并且可以在管道表面形成保护性金属膜;但二氧化碳出现后可使pH值降低,使硫化铁溶解而不能形成保护膜,金属表面更易于被腐蚀。GB 17820—1999《天然气》规定商用天然气中二氧化碳的体积含量应不大于3%。

第二节　天然气的参数测定

从气井或油井采出的天然气,由于含有多种有害组分,还不是合格的天然气,必须经过脱水、脱碳、脱硫、除杂质等多种工艺过程的处理,使之达到一定的质量标准才能出矿外输,供用户使用。我国国家标准GB 17820—1999《天然气》中按硫和二氧化碳的含量将天然气分为一类、二类和三类,其技术指标见表9-3,其中作为民用燃料的天然气,总硫和硫化氢含量应符合一类气或二类气的技术指标。在天然气的技术指标中,气体体积的标准参比条件是101.325kPa,20℃。

表9-3　天然气的技术指标

项　目	一类	二类	三类	测定方法
高位发热量,MJ/m³		>31.4		GB 11062—1998
总硫(以硫计),mg/m³	≤100	≤200	≤460	GB 11061—1997
硫化氢,mg/m³	≤6	≤20	≤460	GB 11060.1—2010
二氧化碳(体积分数),%		≤3.0		SY 7506—1996
水露点,℃	在天然气交接点的温度和压力条件下,天然气的水露点应比最低环境温度低5℃			GB 17283—1998

一、天然气中硫化氢含量的测定(碘量法)

(一)任务目标

(1)学会硫化氢含量测定所用仪器的原理和操作方法。

(2)能进行测定硫化氢含量的操作。

(二)任务准备

1. 知识准备

1)测定依据

标准:GB/T 11060.1—2010《天然气 含硫化合物的测定 第1部分:用碘量法测定硫化氢含量》。

适用范围:适用于测定天然气中硫化氢的含量,范围比较宽。

方法要点:用过量的乙酸锌溶液吸收气样中的硫化氢,生成硫化锌沉淀。加入过量的碘溶液以氧化生成的硫化锌,剩余的碘用硫代硫酸钠标准溶液滴定。

2)基本概念

硫化氢为无色气体,具有臭蛋味,易溶于水,也溶于醇类、石油溶剂和原油中。硫化氢易燃,与空气混合能形成爆炸性混合物,遇明火、高热能引起燃烧爆炸。与浓硝酸、发烟硫酸或其他强氧化剂剧烈反应,发生爆炸。气体比空气重,能在较低处扩散到相当远的地方,遇明火会引起回燃。

2. 仪器、试剂和材料的准备

1)仪器

需要的仪器为定量管、稀释器、吸收器、湿式气体流量计、自动滴定仪、温度计和大气压力计等。图9-1、图9-2、图9-3所示分别为定量管、稀释器、吸收器的结构。

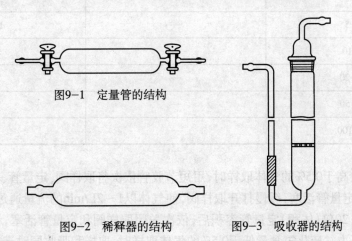

图9-1 定量管的结构

图9-2 稀释器的结构   图9-3 吸收器的结构

2)试剂和材料

(1)试剂:重铬酸钾(基准试剂)、五水硫代硫酸钠($Na_2S_2O_3 \cdot 5H_2O$)、碘、碘化钾、可溶性淀粉、无水碳酸钠、95%乙醇、盐酸、二水乙酸锌[$Zn(CH_3COO)_2 \cdot 2H_2O$]、硫酸、冰乙酸、氮气、氢氧化钾(化学纯)。

(2)材料:针型阀、螺旋夹、吸收器架。

(三)任务实施

1. 操作准备

1)取样

硫化氢有剧毒,取样时的安全注意事项按SY/T 6277—2005《含硫油气田硫化氢监测与人身安全防护规程》执行。硫化氢的吸收应在取样现场完成,每次试样参考用量见表9-4。

表9-4 试样参考用量

预计的硫化氢浓度		试样参考用量,mL
体积分数φ,%	ρ,mg/m³	
<0.0005	<7.2	150000
0.0005~0.001	7.2~14.3	100000
0.001~0.002	14.3~28.7	50000
0.002~0.005	28.7~71.7	30000
0.005~0.01	71.7~143	15000
0.01~0.02	143~287	8000
0.02~0.1	287~1430	5000
0.1~0.2	—	2500
0.2~0.5	—	1000
0.5~1	—	500
1~2	—	250
2~5	—	100
5~10	—	50
10~20	—	25
20~50	—	10
50~100	—	5

硫化氢含量高于0.5%的气体取样时,用短节胶管依次将取样阀、定量管、转子流量计和碱洗瓶连接,打开定量管活塞,缓慢打开取样阀,使气体以1~2L/min的流量通过定量管,待通过的气量达到15~20倍(体积)定量管容积后,依次关闭取样阀和定量管活塞,记录取样点的环境温度和大气压力。硫化氢含量低于0.5%的气体取样时,取样和吸收同时进行。

2)定量管容积测定

定量管容积在使用前需预先测定,测定方法是将定量管装满水,称量装入水的质量,计算定量管的容积。将定量管干燥并抽真空后,置于天平上称量(容积5~50mL的精确至0.02g,

容积100~500mL的精确至0.1g),装满(包括活塞的旋塞通道)水,关闭入口活塞,在天平室内放置2h,关闭出口活塞,用滤纸条吸干出入口玻璃管中的水,再次称量,记录装入的水质量和天平室温度。按式(9-1)计算定量管的容积,即:

$$V = m/\rho \qquad (9-1)$$

式中　V——定量管的容积,mL;

　　　m——装入水的质量,g;

　　　ρ——测定温度下水的密度,g/mL。

3)试剂配制

(1)配制氢氧化钾溶液(200g/L):称取200g的氢氧化钾,溶于1L水中,搅拌均匀。

(2)配制盐酸溶液。

①(1+2)盐酸溶液:1份体积的盐酸与2份体积的水混合而成的溶液;

②(1+11)盐酸溶液:1份体积的盐酸与11份体积的水混合而成的溶液。

(3)配制硫酸溶液(1+8):1份体积的硫酸与8份体积的水混合而成的溶液。

(4)配制乙酸锌溶液(5g/L):称取6g乙酸锌,溶于500mL水中。滴加1~2滴冰乙酸并搅动至溶液变清亮,加入30mL乙醇,稀释至1L。

(5)配制碘溶液。

①配制50g/L碘储备溶液:称取50g碘和150g碘化钾,溶于200mL水中,加入1mL盐酸,加水稀释至1L,储存于棕色试剂瓶中。

②配制5g/L、2.5g/L碘溶液:取碘储备溶液稀释配制。

(6)配制5g/L淀粉指示液:称取1g可溶性淀粉,加入10mL水,搅拌下注入200mL沸水中,微沸2min,冷却后将清液倾入试剂瓶中备用。

(7)配制硫代硫酸钠($Na_2S_2O_3$)溶液。

①配制0.1mol/L的硫代硫酸钠标准储备溶液。

a.配制硫代硫酸钠溶液:称取26g硫代硫酸钠和1g无水碳酸钠,溶于1L水中。缓慢煮沸10min,冷却,储存于棕色试剂瓶中,放置14天,倾取清液标定后使用。

b.标定硫代硫酸钠溶液:称取在120℃烘至恒重的重铬酸钾0.15g,称准至0.0002g,置于500mL碘量瓶中,加入25mL水和2g碘化钾,摇动,使固体溶解后,加入20mL盐酸溶液或硫酸溶液,立即盖上瓶塞,轻轻摇动后,置于暗处10min。加入150mL水,用硫代硫酸钠溶液滴定。接近终点时,加入2~3mL淀粉指示液,继续滴定至溶液由蓝色变成亮绿色,同时作空白试验。硫代硫酸钠标准储备溶液的浓度c按式(9-2)计算:

$$c = \frac{m}{49.03(V_1 - V_2)} \times 10^3 \qquad (9-2)$$

式中　m——重铬酸钾的质量,g;

　　　V_1——试液滴定时硫代硫酸钠溶液的耗量,mL;

　　　V_2——空白滴定时硫代硫酸钠溶液的耗量,mL。

两次标得硫代硫酸钠溶液的浓度差不应超过0.0002mol/L。

②配制0.02mol/L、0.01mol/L的硫代硫酸钠标准溶液。

取新标定过的硫代硫酸钠标准储备溶液,用新煮沸并冷却的水准确稀释配制。

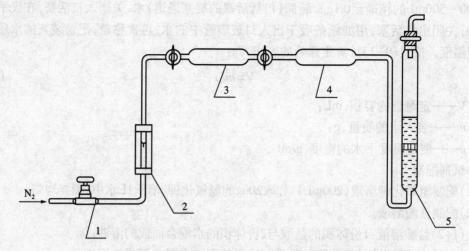

图9-4 硫化氢含量高于0.5%时的吸收装置

1—针形阀;2—流量计;3—定量管;4—稀释器;5—吸收器

2. 操作要领

1)硫化氢吸收

(1)硫化氢含量高于0.5%时的吸收装置如图9-4所示。在吸收器中加入50mL乙酸锌溶液,振动吸收器,使一部分溶液进入玻璃孔板下部的空间。用洗耳球吹出定量管两端玻璃管中可能存在的硫化氢,用短节胶管将图中各部分紧密对接,打开定量管活塞,缓慢打开针型阀,以300～500mL/min的流量通氮气20min后,停止通气。

(2)硫化氢含量低于0.5%时的吸收装置如图9-5所示。吸收器中加入50mL乙酸锌溶液,用洗耳球在吸收器入口轻轻地鼓动,使一部分溶液进入玻璃孔板下部的空间。用短节胶管将图中各部分紧密对接,全开螺旋夹,缓慢打开取样阀,用待分析气经排空管充分置换取样导管内的死气,记录流量计读数,作为取样的初始读数。调节螺旋夹使气体以300～500mL/min的流量通过吸收器,吸收过程中分几次记录气体的温度。待通过规定量的气样后,关闭取样阀,记录取样体积、气体平均温度和大气压力,在吸收过程中应避免日光直射。

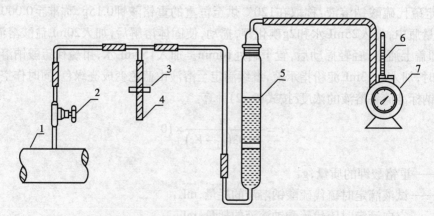

图9-5 硫化氢含量低于0.5%时的吸收装置

1—气体管道;2—取样阀;3—螺旋夹;4—排空管;5—吸收器;6—温度计;7—流量计

2)滴定操作

取下吸收器,用吸量管加入10(或20)mL碘溶液,硫化氢含量低于0.5%时应使用较低浓度的碘溶液。加入10mL盐酸溶液,装上吸收器头,用洗耳球在吸收器入口轻轻地鼓动溶液,使之混合均匀。为防止碘液挥发,不应吹空气鼓泡搅拌,待反应2~3min后,将溶液转移进250mL碘量瓶中,用硫代硫酸钠标准溶液滴定,接近终点时,加入1~2mL淀粉指示液,继续滴定至溶液蓝色消失,按同样的步骤作空白试验。滴定应在无日光直射的环境中进行。

3. 项目报告

(1)气体校正体积V_n(mL)的计算公式为:

$$V_n = V \frac{p}{101.3} \times \frac{293.2}{273.2 + t} \tag{9-3}$$

式中　V——定量管容积,mL;

　　　p——取样点的大气压力,kPa;

　　　t——取样点的环境温度,℃。

(2)流量计计量时的计算公式为:

$$V_n = V \frac{p - p_v}{101.3} \times \frac{293.2}{273.2 + t} \tag{9-4}$$

式中　V——取样体积,mL;

　　　p——取样点的大气压力,kPa;

　　　t——气体平均温度,℃;

　　　p_v——温度t时水的饱和蒸气压,kPa。

(3)硫化氢含量的计算。质量浓度ρ(g/m³)的计算公式为:

$$\rho = \frac{17.04c(V_1 - V_2)}{V_n} \times 10^3 \tag{9-5}$$

体积分数φ的计算公式为:

$$\varphi = \frac{11.88c(V_1 - V_2)}{V_n} \tag{9-6}$$

式中　V_1——空白滴定时,硫代硫酸钠标准溶液耗量,mL;

　　　V_2——样品滴定时,硫代硫酸钠标准溶液耗量,mL;

　　　c——硫代硫酸钠标准溶液的浓度,mol/L;

　　　V_n——气样校正体积,mL。

取两个平行测定结果的算术平均值作为分析结果,所得结果大于或等于1%时保留三位有效数字,小于1%时保留两位有效数字。

4. 项目实施中的注意事项

(1)由于硫化氢有毒,取样和试样的管理应严格执行标准中的规定,避免造成人身伤害。

(2)定量管必须按照规定重新进行标定,并将其中的水分用滤纸吸净。

(3)进行滴定实验时要控制滴定速度,颜色将要发生变化时要放慢速度,防止滴定试剂过量。

(4)硫化氢含量高于0.5%时,先取样后吸收,硫化氢含量低于0.5%的气体取样时,取样和吸收同时进行。

(5)在吸收过程中应避免日光直射。

二、天然气水露点的测定(冷却镜面凝析温度法)

(一)任务目标
(1)学会测定水露点的原理。
(2)能进行天然气水露点测定的操作。

(二)任务准备

1. 知识准备

1)测定依据

标准:GB/T 17283—1998《天然气水露点的测定 冷却镜面凝析湿度法》。

适用范围:适用于水含量范围(体积分数)为$(50\sim200)\times10^{-6}$或水露点范围为$-25\sim5℃$管输天然气水露点的测定,在特殊环境下,水露点范围也可能更宽。

方法要点:通过湿度计测定气相中对应的水露点来计算气体中的水含量。用于水露点测定的湿度计通常带有一个镜面(一般为金属镜面),当样品气流经该镜面时,其温度可以人为降低并且可准确测量。镜面温度被冷却至有凝析物产生时,可观察到镜面上开始结露。当低于此温度时,凝析物会随时间的延长逐渐增加;高于此温度时,凝析物则减少直至消失,此时的镜面温度即为通过仪器的被测气体的露点。

2)基本概念

水露点:在一定压力下,天然气被水蒸气所饱和时的温度。

2. 仪器、试剂准备

(1)仪器:湿度计、起泡器等。

(2)试剂:液态烃。

(三)任务实施

1. 操作准备

实验前要熟悉仪器的使用方法,并查看仪器的使用说明,推荐使用容易拆下的镜子,便于清洗。了解自动和手动露点仪的使用方法,检查镜子是否光洁,光电管、显示器和光源等是否工作正常。

2. 操作要领

操作水露点测定仪时,对镜面进行制冷,当样品气流经镜面时,其温度可以人为降低并且可准确测量。镜面温度被冷却至有凝析物产生时,可观察到镜面上开始结露。当低于此温度时,凝析物会随时间的延长逐渐增加;高于此温度时,凝析物则减少直至消失,此时的镜面温度即为通过仪器的被测气体的露点。在测试水露点的过程中,除了要了解自动和手动露点仪的使用方法外,对制冷方法、温度控制、温度测量等操作也要特别注意。

1)自动和手动露点仪

露点测定仪要满足既能在不同的时间分别对样品进行测定,也可进行连续测定。分别测定时,要求所选择冷却镜面的方法能使操作者通过肉眼观察到凝聚相的生成、变化情况。如果样品气中水含量很少(即露点很低),单位时间内流经仪器的水蒸气则很少,导致露的形成很慢,很难辨别是增加还是消失,此时可以使用光电管或其他光敏部件,对露的凝析进行观测。对制冷部件进行人工控制时,还需要一个简单的显示器。在有烃类凝析存在的情况下,使用手动操作的露点仪将很难观测到水露的形成,在此情况下,可用液烃起泡器来辅助观测。

通过使用光电管的输出信号,可在要求的凝析温度下稳定观测镜面上的凝析物,从而使整个装置完全自动化,为了连续读数或记录,自动操作必不可少。

2)镜面照射

手动装置适合用肉眼观察凝析物的生成,如果使用一个光电管,镜面将会被测定室内的一个光源所照射。灯和光电管可用多种方式安装,可以通过抛光镜面减少镜面在光源方向上所产生的散射,任何情况下,使用之前镜面必须是清洁的。

没有任何凝析物时,落在光电管上的散射光线必然减少。若将测定池内表面涂黑,则可降低测定室内表面光线的散射效应,也可通过安装一个光学系统对上述措施作进一步补充,使得只有镜面被照射,这样光电管观察到的只是镜面的情况。

3)镜面制冷及其温度控制方法

(1)溶剂蒸发法制冷是使一种挥发性液体与镜子背面接触,通入空气流使其汽化而制冷。为达到这一目的,一般用手动鼓风器,若使用可调节气源的低压压缩空气或其他合适的带压气体气源,则效果更佳。使用手动鼓风器时,若使用高效的乙烯氧化物作为挥发性溶剂,可轻易使得镜面温度下降30℃左右,如考虑到毒性危害,则可选用丙酮作为溶剂,也可使镜面温度下降20℃左右,如通入压缩空气或其他合适的带压气体,制冷效果会更好。

(2)绝热膨胀法制冷是使一种气体通过喷嘴后流过镜子背面,由于气体膨胀而使镜面冷却。通常使用小钢瓶装的压缩二氧化碳,也可使用其他气体,如压缩空气、压缩氮气、丙烷或卤化烃等。本方法至少可使镜面温度相对于所使用气体的温度下降40℃。

(3)制冷剂间接制冷法是通过热电阻将镜子与制冷器相连。通常将一支插入制冷器中的铜棒和一小片绝热材料组成的热电阻与镜子相连,镜子通过电子元件被加热,其电流强度可以控制,以便使镜面温度可以进行准确的调节。如用液氮作制冷剂,可使镜面温度下降至$-70 \sim -80$℃;用干冰和丙酮混合液作制冷剂,可使镜面温度下降至-50℃(取决于仪器的设计);用液化丙烷作制冷剂,可使镜面温度下降至-30℃左右。

(4)热电(帕尔帖)效应制冷。单级帕尔贴效应元件所能达到的最大制冷温降为50℃左右,用两级时,可获得70℃左右的制冷温降。通过改变帕尔帖效应元件中的电流,可以调节镜面温度,但此法热惯性较大。通过保持一个恒定的制冷电流,同时将镜面与一个热电阻相连,用一个可调节的电热装置来加热镜面,可快速调节镜面温度。

可用以上方法来降低和调节镜面温度。其中,溶剂蒸发法制冷和绝热膨胀法制冷要求操作人员要进行连续的观察,而这些方法不适用于自动露点测定仪。对于自动仪,可选用制冷剂间接制冷法和热电(帕尔帖)效应制冷两种方法。无论采用哪种方法,镜面的降温速度不能超过1℃/min。

4)温度测量

当镜面上有露形成时,应当尽可能准确地测量结露时的温度,为了避免镜面上的温度差异,最好选用高导热性的材料制作镜子。在进行镜面温度测量时,手动测定仪一般采用精密水银温度计,自动测定仪则采用电热探头(如电阻温度计、热敏电阻或热电偶)。

3. 项目报告

1)数据精密度的判断

对于-25~5℃的测量范围,当使用自动测定仪时,水露点测量的准确度一般为±1℃,如果多次测量超过±1℃则有问题;使用手动装置时,测量的准确度则取决于烃的含量,在多数情况下,可以获得±2℃的准确度,如果超过±2℃则有问题。

2)数据的处理

如果被测样品气中含有甲醇,用此方法测定的是甲醇和水的混合物的露点。甲醇存在下水露点的修正值见表9-5。

表9-5 甲醇存在下水露点的修正值

甲醇含量 mg/m³	压力,MPa	未修正的露点,℃			
		-10	-5	0	5
		被减去的修正值,℃			
250	1.5	1	1	0.5	0.5
250	3.0	2	1.5	1	0.5
250	4.0	3	2	1.5	1
250	5.5	4	3	2	1.5
250	7.0	4.5	3.5	3	2
400	1.5	1.5	1	1	0.5
400	3.0	3.5	3	1.5	1
400	4.0	5	4	2	1.5
400	5.5	6.5	4.5	3.5	2
400	7.0	8	5.5	4	3

4. 项目实施中的注意事项

(1)保证连接管路和设备密封良好。

(2)在水露点测定时取样管线应尽可能短。

(3)除镜面外,仪器其余部分和取样管线的温度必须高于水露点。

(4)要防止干扰物质的干扰,这类干扰物质包括固体杂质、蒸气状态的杂质等。

(5)除镜面外,管道和装置的其他部分温度必须高于凝析温度,否则水蒸气将会在最冷点发生凝析,从而使样品气中水分的含量发生改变。

(6)测量过程中要控制好平衡温度:一是在凝析温度范围内,镜面的冷却速度应尽可能小;二是在镜面温度缓慢降低的过程中,记录最初结露的温度,在镜面温度缓慢升高的过程中,记录露滴完全消失的温度。

(7)消除烃凝析物的影响。当烃的露点高于水蒸气的露点时,测量之前应尽可能捕集并除去凝析物,包括镜面及测定室中的烃凝析物。

三、天然气的组成分析(气相色谱法)

(一)任务目标

(1)学会气相色谱仪的原理和操作方法。

(2)能进行天然气组成分析的测定。

(二)任务准备

1. 知识准备

1)测定依据

标准:GB/T 13610—2003《天然气的组成分析 气相色谱法》。

适用范围:适用于天然气中如表9-6所示组成的分析,也适用于一个或几个组分的测定。

表9-6 天然气的组分及浓度范围

天然气的组分	浓度范围(摩尔分数)y,%	天然气的组分	浓度范围(摩尔分数)y,%
氦	0.01~10	丙烷	0.01~100
氢	0.01~10	异丁烷	0.01~10
氧	0.01~20	正丁烷	0.01~10
氮	0.01~100	新戊烷	0.01~2
二氧化碳	0.01~100	异戊烷	0.01~2
甲烷	0.01~100	正戊烷	0.01~2
乙烷	0.01~100	庚烷和更重组分	0.01~1
硫化氢	0.3~30		

方法要点:具有代表性的气样和已知组成的标准混合气(以下简称标气),在同样的操作条件下,用气相色谱法进行分离,将二者相应的各组分进行比较,用标气的组成数据计算气样相应的组成。计算时可采用峰高、峰面积,或二者均采用。

2)基本概念

气相色谱法是指用气体作为流动相的色谱法。由于样品在气相中传递速度快,因此样品组分在流动相和固定相之间可以瞬间达到平衡。另外加上可选作固定相的物质很多,因此气相色谱法是一个分析速度快、分离效率高的分离分析方法。

2. 仪器、试剂准备

1)仪器

(1)气相色谱仪:配备热导检测器、记录仪和色谱数据工作站。

(2)符合要求的吸附柱、分离柱。

(3)真空泵。

2)试剂

(1)载气:氦气或氢气,体积分数不低于99.99%;氮气或氩气,体积分数不低于99.99%。

(2)标准气:分析需要的标准气按GB/T 5274—2008《气体分析 校准用混合气体的制

备 称量法》制备,或从经国家认证的生产单位购买。对于氧和氮,稀释的干空气是一种适用的标准物。标准气的所有组分必须处于均匀的气态。对于摩尔分数不大于5%的组分,与样品相比,标准气中相应组分的摩尔分数应不大于10%,也不低于样品中相应组分浓度的一半。对于摩尔分数大于5%的组分,标准气中相应组分的浓度应不低于样品中组分浓度的一半,也不大于该组分浓度的2倍。

(三)任务实施

1. 操作准备

(1)仪器的准备。按照分析要求,安装好色谱柱,调整操作条件,并使仪器稳定。图9-6所示为导入负压气体管线排列。

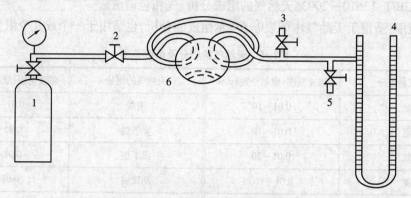

图9-6 导入负压气体管线排列
1—试样瓶;2—针阀;3—接真空泵管线;4—到泵收集瓶;5—出口;6—六通阀

(2)仪器的重复性检查。当仪器稳定后,两次或两次以上连续进标准气检查,每个组分响应值相差必须在1%以内。在操作条件不变的前提下,无论是连续两次进样,还是最后一次与以前某一次进样,只要它们每个组分相差在1%以内,都可作为随后气样分析的标准,推荐每天进行校正操作。

(3)气样的准备。如果需要脱除硫化氢,按干燥器部分处理。在实验室,样品必须在比取样时气源温度高10~25℃的温度下达到平衡。温度越高,平衡所需时间就越短(300mL或更小的样品容器约需2h)。本方法假定,在现场取样时已经脱除了夹带在气体中的液体。

2. 操作要领

(1)进样。为了获得检测器对各组分,尤其是对甲烷的线性响应,进样量不应超过0.5mL。除了微量组分,使用这样的进样量都能获得足够的精密度。测定摩尔分数不高于5%的组分时,进样量允许增加到5mL。样品瓶到仪器进样口之间的连接管线应选用不锈钢或聚四氟乙烯管,不得使用铜、聚乙烯、聚氯乙烯或橡胶管。

①吹扫法进气:打开样品瓶的出口阀,用气样吹扫包括定量管在内的进样系统。对于每台仪器必须确定和验证所需的吹扫量,定量管进样压力应接近大气压,关闭样品瓶阀,使定量管中的气样压力稳定,然后立即将定量管中气样导入色谱柱中,以避免渗入污染物。

②封液置换法进气:如果气样是用封液置换法获得,那么可用封液置换瓶中气样吹扫包括定量管在内的进样系统。某些组分(如二氧化碳、硫化氢、己烷和更重组分)可能被水或其他封液部分或全部脱除,当精密测定时,不得采用封液置换法。

③真空法进气:将进样系统抽空,使绝对压力低于100Pa,将与真空系统相连的阀关闭,然后仔细地将气样从样品瓶充入定量管至所要求的压力,随后将气样导入色谱柱。

(2)分离乙烷和更重组分、二氧化碳的分配柱操作:使用氦气或氢气作载气,利用吹扫法进气,并在适当时候反吹重组分,按同样方法获得标准混合气相应的响应。

(3)分离氧、氮和甲烷的吸附柱操作:使用氦气或氢气作载气,对于甲烷的测定,进样量不得超过0.5mL,进样获得气样中氧、氮和甲烷的响应,按同样的方法获得氮和甲烷标气的响应。如有必要,导入经精确测量压力的负压干空气或经氦气稀释的干空气,获得氧和氮的响应。

(4)分离氦和氢的吸附柱操作:使用氮气或氩气作载气,进样1～5mL。记录氦和氢的响应,按同样方法获得合适浓度氦和氢标气相应的响应。

3. 项目报告

1)数据精密度的判断

用下列准则,判断测定结果是否可信。

重复性:由同一操作人员使用同一仪器,对同一气样重复分析获得的结果,如果连续两个测定结果的差值超过了表9-7规定的数值,应视为可疑。

再现性:同一气样,由两个实验室提供的分析结果,如果差值超过了表9-7规定的数值,每个实验室的结果都应视为可疑。

表9-7 分析结果精密度的判断

组分浓度范围 (摩尔分数)y,%	重复性,%	再现性,%	组分浓度范围 (摩尔分数)y,%	重复性,%	再现性,%
0～0.1	0.01	0.02	5.0～10	0.08	0.12
0.1～1.0	0.04	0.07	>10	0.20	0.30
1.0～5.0	0.07	0.10			

2)数据处理

(1)戊烷和更轻组分的计算。

测量每个组分的峰高,将气样和标气中相应组分的响应换算到同一衰减,采用非真空法进气时,气样中i组分的浓度y_i(%)按式(9-7)计算:

$$y_i = y_{si} \frac{H_i}{H_{si}} \qquad (9-7)$$

采用真空法进气时,气样中i组分的浓度y_i(%)按式(9-8)计算:

$$y_i = y_{si} \frac{H_i H_{si}}{p_a p_b} \qquad (9-8)$$

式中　y_{si}——标气中i组分的摩尔分数,%;

　　　H_i——气样中i组分的峰高,mm;

　　　H_{si}——标气中i组分的峰高,mm;

　　　p_a——负压操作时的空气压力,kPa;

　　　p_b——负压操作时的大气压力,kPa。

(2)己烷和更重组分的计算。

测量反吹的己烷、庚烷及更重组分部分的峰面积,并在同一色谱图上测量正、异戊烷的峰面积,将所有的测量峰面积换算到同一衰减。反吹峰修正峰面积按式(9-9)计算:

$$y(C_n) = \frac{y(C_5)A(C_n)M(C_5)}{A(C_5)M(C_n)} \tag{9-9}$$

式中　$y(C_n)$——气样中碳数为n的组分的摩尔分数,%;

　　　$y(C_5)$——气样中异戊烷与正戊烷摩尔分数之和,%;

　　　$A(C_n)$——气样中碳数为n的组分的峰面积;

　　　$A(C_5)$——气样中异戊烷与正戊烷的峰面积之和,$A(C_n)$和$A(C_5)$用相同的单位表示;

　　　$M(C_5)$——戊烷的相对分子质量,取值为72;

　　　$M(C_n)$——碳数为n的组分的相对分子质量,对于C_6,取值为86,对于C_{7+},为平均相对分子质量。

4. 项目实施中的注意事项

(1)取样和试样的管理应严格执行标准中的规定,避免发生泄漏。

(2)所用的标准气可采用国家二级标准物质,并保持处于均匀的气态。

(3)干燥器必须只脱除气样中的水分而不脱除待测组分。

(4)实验前必须进行仪器的线性检查。

(5)进样时避免进入污染物。

(6)当气样中的硫化氢质量分数大于0.03%时,取样或进样时在取样瓶前连接一根装有氢氧化钠吸收剂(碱石棉)的不锈钢管子,以脱除硫化氢。

(7)气样中二氧化碳和硫化氢的含量在取样和处理的过程中易变化,由于水选择吸收酸气,所以需使用干燥的样品瓶、接头和导管。

(8)气样中产生凝析物会使气样不具代表性。所有气样应保持在露点之上,如果气样被冷却到露点以下,使用前需在高于露点10℃或更高温度下加热几小时;如果露点是未知的,应把气样加热到取样温度。

四、天然气中二氧化碳含量的测定(氢氧化钡法)

(一)任务目标

(1)学会二氧化碳含量测定的原理和操作方法。

(2)能进行天然气中二氧化碳含量的测定。

(二)任务准备

1. 知识准备

1)测定依据

标准:SY/T 7506—1996《天然气中二氧化碳含量的测定　氢氧化钡法》。

适用范围:适用于测定天然气中二氧化碳含量,测定范围0.01%～100%(体积分数)。

方法要点:用过量的氢氧化钡溶液吸收气样中的二氧化碳,生成碳酸钡沉淀,剩余的氢氧化钡用苯二甲酸氢钾标准溶液滴定。根据苯二甲酸氢钾标准溶液的消耗量计算气样中二氧化碳的含量。

2)基本概念

二氧化碳是空气中常见的化合物,其分子式为CO_2,由两个氧原子与一个碳原子通过共价键连接而成,常温下是一种无色无味的气体,密度比空气略大,能溶于水,并生成碳酸,固态二氧化碳俗称干冰。二氧化碳被认为是造成温室效应的主要来源,对人体的危害最主要的是刺激人的呼吸中枢,导致呼吸急促,烟气吸入量增加,并且会引起头痛、神志不清等症状。

2. 仪器、试剂准备

1)仪器

所需仪器为碱石棉管、溢液管、定量管、稀释器、硫化氢吸收器、二氧化碳吸收器、湿式气体流量计和滴定管等。

2)试剂和材料

(1)试剂。所需试剂及其规格见表9-8。

表9-8 所需试剂及其规格

试 剂	规格	试剂	规格
八水氢氧化钡[Ba(OH)$_2$·8H$_2$O]	化学纯	苯二甲酸氢钾	基准试剂
二水氯化钡(BaCl$_2$·2H$_2$O)	化学纯	乙酸	95%(质量分数)
五水硫酸铜(CuSO$_4$·5H$_2$O)	化学纯	碱石棉	10～20目
硫酸	化学纯	氮气	99.9%(体积分数)
正丁醇	分析纯	酚酞	指示剂

(2)材料。所需材料为针型阀、吸收器架、玻璃纤维。

(三)任务实施

1. 操作准备

1)取样

取样口的位置应选择在主管线的气体流动部位,以保证样品的代表性。取样前需用待分析气充分置换取样管线内的死气,取样过程中,取样管线内不应有凝液出现,每次试样用量的选择见表9-9。

表9-9 试样用量的选择

二氧化碳的含量(体积分数),%	试样参考用量,mL	二氧化碳的含量(体积分数),%	试样参考用量,mL
0.01～0.02	30000	2～5	250
0.02～0.05	20000	5～10	100
0.05～0.1	10000	10～20	50
0.1～0.2	5000	20～40	25
0.2～0.5	2500	40～70	15
0.5～1	1000	70～100	10
1～2	500		

取样方法为:

(1)二氧化碳含量高于1%的气体:用短节胶管依次将取样阀、定量管、转子流量计和碱洗瓶(内装20%氢氧化钠溶液)连接,打开定量管活塞,缓慢打开取样阀,使气体以1～2L/min的流量通过定量管,待通过体积等于10～20倍管容量的气体后,依次关闭取样阀和定量管活塞,取下定量管,待分析。记录取样点的环境温度和大气压力。

(2)二氧化碳含量低于1%的气体:取样和吸收同时进行。

2)溶液配制

(1)脱二氧化碳的水。量取3～5L水于烧杯中加热煮沸15min,冷至50～60℃后储存于瓶口装有碱石棉管的下口瓶中备用,碱石棉管每半年更换一次。

(2)硫酸铜溶液。称取32g硫酸铜,溶于适量水中,加入10mL硫酸和30mL乙醇,混匀并加水稀释至1L。

(3)氢氧化钡溶液。称取37g氢氧化钡和18g氯化钡,溶于5L水中,加入5mL正丁醇,混匀。于试剂瓶中密闭放置4～5天,虹吸上层清夜,储存于图9-7所示的装置中,吸量管的容量为50mL。

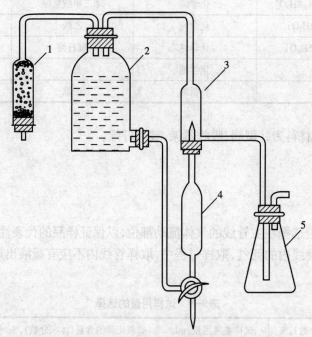

图9-7 氢氧化钡溶液储存装置
1—碱石棉管;2—溶液储瓶;3—溢液管;4—吸量管;5—废液瓶

(4)苯二甲酸氢钾标准溶液。称取(10.211±0.002)g的苯二甲酸氢钾,在100～105℃条件下干燥1h,放入1000mL容量瓶中,用新煮沸并冷却的水溶解后稀释至刻度,摇匀。溶液的有效期,夏季为7天;随着室温的降低,溶液的有效期可适当延长。溶液在使用过程中若出现悬浮物,则应弃去重配。

(5)酚酞指示液。取10g酚酞,用无水乙醇溶解并稀释至1000mL,得到浓度为10g/L的酚酞指示液。

2. 操作要领

1)二氧化碳含量高于1%的气体

(1)吸收装置如图9-8所示。在硫化氢吸收器中加入30mL硫酸铜溶液,用短节胶管依次将图中除定量管外的各部分连接,缓慢打开针型阀,让氮气以0.5L/min的流量通过稀释器和吸收器,通气5min,停止通气。取下二氧化碳吸收器,用图9-8所示的吸量管加入50mL氢氧化钡溶液,再连接回原处。将取好气样的定量管连接到图9-8中3的位置上并打开出口和入口活塞,用针型阀调节氮气流量,使之在二氧化碳吸收器中形成30～50mm高的泡沫层,继续通气,待通过10倍于定量管加稀释器总容积的气量后,降低气体流量至吸收器底部每分钟通过20～30个气泡,待滴定。

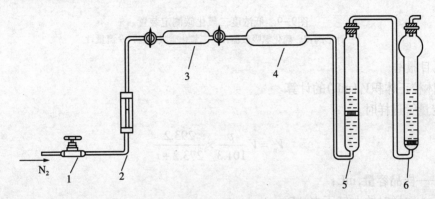

图9-8 高浓度二氧化碳测定装置

1—针形阀;2—转子流量计;3—定量管;4—稀释器;5—硫化氢吸收器;6—二氧化碳吸收器

(2)滴定。

取下二氧化碳吸收器的胶塞,加入80mL脱二氧化碳的水及3～4滴酚酞指示液,让吸收器成80°倾斜,用苯二甲酸氢钾标准溶液缓慢滴定至试液红色消失,用注射器取30mL脱二氧化碳的水,给二氧化碳吸收器的气体入口胶管缓慢注入,继续滴定至溶液红色消失,记录滴定液耗量,按同样的步骤做空白试验,重复两次空白试验消耗滴定液的差值小于0.2mL,取两次滴定液耗量的平均值为空白值,在未更换吸收液和滴定液的情况下,允许每7天做一次空白试验。在滴定的全过程中,通气速度均应小于每分钟30个气泡,应防止滴定液接触吸收器壁上的沉淀物。

2)二氧化碳含量低于1%的气体

(1)吸收。

吸收装置如图9-9所示。在硫化氢吸收器中加入30mL硫酸铜溶液,依次用短节胶管将图中各部分连接,接通氮气源,缓慢打开针形阀。以0.5L/min的流量通氮气5min,停止通气,记录流量计读数作为初始读数。用图9-9中所示的吸量管向二氧化碳吸收器中加入50mL氢氧化钡溶液,打开取样阀,适当排空后,将针形阀入口同取样阀出口连接,打开针形阀,再缓慢打开取样阀,让样品气通过吸收装置,通气速度以在二氧化碳吸收器中形成30～50mm高的泡沫层为宜,待通过规定气量后,停止通气,记录取样体积、流量计温度(始末两次读数的平均值)和大气压力,两次接通氮气源,通气2～3min,降低气速,待滴定。

(2)滴定同二氧化碳含量高于1%的气体时的滴定操作。

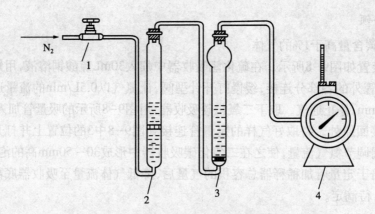

图9-9 低浓度二氧化碳测定装置
1—针形阀;2—硫化氢吸收器;3—二氧化碳吸收器;4—流量计

3. 项目报告

1)气体校正体积V_n(mL)的计算

(1)定量管进样时。

$$V_n = V \frac{p}{101.3} \times \frac{293.2}{273.2 + t} \qquad (9-10)$$

式中 V——样品容量,mL;

p——取样时的大气压力,kPa;

t——取样时的环境温度,℃。

(2)流量计计量时的计算。

$$V_n = V \frac{p - p_v}{101.3} \times \frac{293.2}{273.2 + t} \qquad (9-11)$$

式中 V——样品用量,mL;

p——取样时的大气压力,kPa;

t——流量计上部测得的气体温度,℃;

p_v——温度t时水的饱和蒸气压,kPa。

2)二氧化碳含量的计算

质量浓度ρ(g/m³)的计算:

$$\rho = \frac{44.00 c (V_0 - V_1)}{V_n} \times 10^3 \qquad (9-12)$$

体积分数φ的计算:

$$\varphi = \frac{23.89 c (V_0 - V_1)}{V_n} \times 100\% \qquad (9-13)$$

式中 V_0——空白滴定时苯二甲酸氢钾标准溶液耗量,mL;

V_1——样品滴定时苯二甲酸氢钾标准溶液耗量,mL;

c——苯二甲酸氢钾标准溶液的浓度,mol/L;

V_n——气样校正体积，mL；

23.89——20℃和101.3kPa气压下二氧化碳的摩尔体积，L/mol；

44.00——二氧化碳的摩尔质量，g/mol。

取两个平行测定结果的算术平均值作为分析结果，所得结果大于或等于1%时保留三位有效数字，小于1%时保留两位有效数字。

4. 项目实施中的注意事项

(1)由于硫化氢有毒，取样和试样的管理应严格执行相关的规定，避免人身伤害。

(2)定量管必须按照规定重新进行标定，并将其中的水分用滤纸吸净。

(3)试剂配制比较繁琐，要耐心力求准确。

(4)进行滴定实验时要控制滴定速度，颜色将要发生变化时要放慢速度，防止滴定试剂过量。

(5)二氧化碳含量高于和低于1%时，操作方法略有不同。

(6)在吸收过程中应避免日光直射。

(7)每次试验后都必须按照方法规定进行清洗。

复习思考题

1. 天然气的主要组分有哪些？
2. 天然气具有哪些特点？
3. 温度和压力是如何影响天然气黏度的？
4. 天然气中的含水量应如何表示？
5. 测定天然气中硫化氢含量用什么方法？
6. 测定天然气中硫化氢含量所用到的仪器和试剂有哪些？
7. 测定天然气中硫化氢含量时，如何取待测样？
8. 如何配置硫代硫酸钠标准储备溶液？
9. 测定天然气中硫化氢含量的过程中应注意哪些事项？
10. 测定天然气水露点用什么方法？
11. 用冷却镜面凝析温度法测定天然气水露点所对应的适用范围是什么？
12. 测定天然气水露点所用到的仪器和试剂有哪些？
13. 自动和手动露点仪的操作要领是什么？
14. 起泡器在使用过程中应注意哪些事项？
15. 镜面制冷及其温度控制方法有哪些？
16. 测定天然气水露点的整个过程中应注意哪些事项？
17. 用什么方法分析天然气的组成？
18. 分析天然气的组成所用到的仪器和试剂有哪些？
19. 分析天然气组成的过程中应注意哪些事项？
20. 测定天然气中二氧化碳含量用什么方法？
21. 用氢氧化钡法测定天然气中二氧化碳含量所对应的适用范围是什么？

22. 测定天然气中二氧化碳含量所用到的仪器和试剂有哪些？

23. 脱二氧化碳的水、硫酸铜溶液、氢氧化钡溶液、苯二甲酸氢钾标准溶液、酚酞指示液的配制方法是什么？

24. 二氧化碳含量高于1%的气体和低于1%的气体应如何分别处理？

25. 如何计算所测得的二氧化碳含量？

26. 测定天然气中二氧化碳含量的整个过程中应注意哪些事项？

第十章 常用石油添加剂

随着国民经济的发展,机械制造、交通运输等行业对石油产品质量的要求越来越高,要满足这些要求,单靠提高油品的精制深度是远远不够的。为此,石油产品在制备时广泛使用了各种添加剂。

使用添加剂,可以提高油品质量、降低成本、减少油品消耗量,并且可以满足某些单靠改进石油炼制方法无法达到的性能要求。添加剂的使用已经成为目前合理有效利用石油资源、节约能源所必不可少的技术措施。

本章主要介绍石油添加剂的定义、分类、性质等基本内容。

第一节 石油添加剂的定义与分类

一、石油添加剂的定义

石油添加剂是一类油溶性的化合物,在油中只需加入百分之几到百万分之几,就能显著改善油品的一种或几种使用性能。石油添加剂应具备以下性能:

(1)添加数量少而效果显著。

(2)副作用小,不影响其他添加剂的作用和油品的其他性质。

(3)能溶于油品而不溶于水,遇水不乳化、不水解。

(4)与油品使用条件相适应的热安定性。

(5)容易得到,且价格低廉。

二、石油添加剂的分类

1. 国内石油添加剂的分类

石油添加剂的分类标准是SH/T 0389—1992,该标准将石油添加剂按应用场合分成润滑剂添加剂、燃料添加剂、复合添加剂和其他添加剂四部分,见表10-1。对一剂多用的添加剂,按其主要作用和使用场合来划分,但这并不影响在其他场合的应用。

表10-1 石油添加剂的分组和组号

分 类	组 别	组 号
润滑添加剂	清洁分散剂	1
	抗氧抗腐剂	2
	极压抗磨剂	3
	油性剂和摩擦改进剂	4
	抗氧剂和金属减活剂	5

分 类	组 别	组 号
燃料添加剂	黏度指数改进剂	6
	防锈剂	7
	降凝剂	8
	抗泡沫剂	9
	抗爆剂	11
	金属钝化剂	12
	防冰剂	13
	抗氧防胶剂	14
	抗静电剂	15
	抗磨剂	16
	抗烧蚀剂	17
	流动改进剂	18
	防腐蚀剂	19
	消烟剂	20
	助燃剂	21
	十六烷值改进剂	22
	清净分散剂	23
	热安定剂	24
	染色剂	25
复合添加剂	汽油机油复合剂	30
	柴油机油复合剂	31
	通用汽车发动机油复合剂	32
	二冲程汽油机油复合剂	33
	铁路机车油复合剂	34
	船用发动机油复合剂	35
	工业齿轮油复合剂	40
	车辆齿轮油复合剂	41
	通用齿轮油复合剂	42
	液压油复合剂	50
	工业润滑油复合剂	60
	防锈油复合剂	70
其他添加剂	—	80

(1)润滑剂添加剂按作用分为清净剂和分散剂、抗氧抗腐剂、极压抗磨剂、油性剂和摩擦改进剂、抗氧剂和金属减活剂、黏度指数改进剂、防锈剂、降凝剂、抗泡沫剂等组别。

（2）燃料添加剂按作用分为抗爆剂、金属钝化剂、防冰剂、抗氧防胶剂、抗静电剂、抗磨剂、抗烧蚀剂、流动改进剂、防腐蚀剂、消烟剂、助燃剂、十六烷值改进剂、清洁分散剂、热安定剂、染色剂等组别。

（3）复合添加剂按油品分为汽油机油复合剂、柴油机油复合剂、通用汽车发动机油复合剂、二冲程汽油机油复合剂、铁路机车油复合剂、船用发动机油复合剂、工业齿轮油复合剂、车辆齿轮油复合剂、通用齿轮油复合剂、液压油复合剂、工业润滑油复合剂、防锈油复合剂等组别。

石油添加剂按相同作用分为一个组，同一组内根据其组成或特性的不同分成若干品种。

2. 石油添加剂的表示方法

石油添加剂产品符号由三部分组成：

（1）第一部分：用汉语拼音字母"T"表示类别，T表示石油添加剂类。

（2）第二部分：T后面第一个或前两个数字表示组别。石油添加剂的品种由3个或4个阿拉伯数字所组成的符号来表示，T后面第一个阿拉伯数字（当品种由3个数字所组成时）或前二个阿拉伯数字（当品种由4个数字所组成时）总是表示该品种所属的组别（组别符号不单独使用）。

（3）第三部分：从T后面阿拉伯数字尾数计数，最后两位数字表示牌号。

如图10-1所示，T表示石油添加剂类，为"添"字的第一个汉语拼音；1表示组别符号，为润滑剂添加剂部分清净剂和分散剂；02表示牌号名称，为中碱性石油磺酸钙。所以，T102为中碱性石油磺酸钙清净剂。

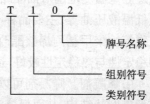

图10-1　石油添加剂型号含义

第二节　石油添加剂的性质

石油产品中使用添加剂最多的是润滑油，其次是汽油、煤油及柴油等轻质油品，石油蜡与石油沥青也用到一些添加剂，下面仅介绍使用最多的润滑油添加剂和燃料油添加剂。

一、润滑油添加剂

早在20世纪30年代，美国就在润滑油中使用了添加剂。随着机械工业的发展，特别是内燃机的更新换代，对油品的性能不断提出了更高的要求，在此期间，润滑油添加剂得到快速发展，形成了相应的添加剂产品系列。润滑油添加剂的作用，概括起来有三个方面：

（1）减少金属部件的腐蚀及磨损。

（2）抑制发动机运转时部件内部油泥与漆膜的形成。

（3）改善基础油的物理性质。

润滑油添加剂主要有金属清净剂和无灰分散剂、抗氧化剂、黏度指数改进剂、降凝剂、极压抗磨剂、防锈剂、金属减活剂及抗泡剂等。添加剂可以单独加入油中，也可将所需各种添加剂先调成复合添加剂，再加入油中。

（1）金属清净剂和无灰分散剂。金属清净剂和无灰分散剂主要用于内燃机油及船用气缸油，其作用是抑制气缸活塞环槽积炭的形成，减少活塞裙部漆膜黏结以及中和燃料燃烧后产生的酸性物质（包括润滑油本身的氧化产物）对金属部件的腐蚀与磨损。常用的是有机金属盐,如磺酸盐、烷基酚盐、烷基水杨酸盐、硫磷酸盐等。这些盐类分别制成低碱性、中碱性与高碱性,而以高碱性的居多。无灰分散剂是60年代以后发展最快的一类润滑油添加剂,其突出的性能在于能抑制汽油机油在曲轴箱工作温度较低时产生油泥,从而避免汽油机内油路堵塞、机件腐蚀与磨损,代表性化合物是聚异丁烯丁二酰亚胺。无灰分散剂与金属清净剂复合使用,再加入少量抗氧化抗腐蚀剂,可用来调配各种内燃机油。

(2)抗氧化剂。根据油品使用条件的不同,抗氧化剂大体分为:

①抗氧抗腐剂,主要用于内燃机油,既能抑制油品氧化,又能防止曲轴箱轴瓦的腐蚀。应用较广的是二烷基二硫代磷酸锌盐,它也是一种有效的极压抗磨剂,多用于齿轮油与抗磨液压油等工业润滑油中。

②抗氧添加剂,主要有屏蔽酚类(例如2,6-二叔丁基对甲酚)与芳香胺类。前者多用于汽轮机油、液压油等工业润滑油;后者在合成润滑油中应用较多。抗氧化剂的作用是延缓油品氧化,延长使用寿命。

③黏度指数改进剂。黏度指数改进剂也称增黏剂,用来提高油品的黏度,改善黏温特性,以适应宽温度范围对油品黏度的要求。其主要用于调配多级内燃机油,也用于自动变速机油及低温液压油等,主要品种有聚甲基丙烯酸酯、聚异丁烯、乙烯丙烯共聚物、苯乙烯与双烯共聚物等。聚甲基丙烯酸酯改善油品低温性能的效果好,多用于汽油机油;乙烯丙烯共聚物剪切稳定性与热稳定性较好,适用于增压柴油机油,也能用于汽油机油。

④降凝剂。降凝剂可以降低油品的凝点,改善油中石蜡结晶的状态,阻止晶粒间相互黏结形成网状结构,从而保持油品在低温下的流动性,常用的有聚甲基丙烯酸酯、聚α-烯烃和烷基萘等。

⑤极压抗磨剂。极压抗磨剂用来防止在边界润滑与极压状态(高负荷状况)下金属表面之间的磨损与擦伤,是一类含硫、磷、氯的有机化合物,有的则是其金属盐或铵盐。这些化合物的化学活性很强,在一定条件下,能与金属表面反应生成熔点较低和剪切强度较小的反应膜,从而起到减少金属表面之间磨损和防止擦伤的作用。常用的极压抗磨剂:硫化物有硫化异丁烯、二苄基二硫化物等;磷化物有磷酸三甲酚酯、磷酸酯铵盐等。极压抗磨剂主要用于齿轮油。

⑥油性剂。油性剂主要用来改善油品的润滑性,提高其抗磨能力。动植物油、高级脂肪酸、高级脂肪醇及其酯类、盐类均属此类,多用于导轨油、液压导轨油及金属加工油中。

⑦防锈剂。防锈剂用以提高油品对防止金属部件接触水分和空气产生锈蚀的能力。常用的防锈剂有石油磺酸盐、烯基丁二酸类、羊毛脂及其镁盐等。

⑧金属减活剂。金属减活剂能在金属表面形成保护膜以降低金属对油品氧化催化活性的化合物,一般常与抗氧添加剂复合使用,以有效延长油品的使用寿命。常用的金属减活剂有噻二唑及苯三唑的衍生物等。

⑨抗泡沫剂。抗泡沫剂能改变油—气表面张力,使油中形成的泡沫能快速逸出,常用的有甲基硅油和酯类化合物等。

润滑脂所用的添加剂与润滑油的大体相同,在此就不再赘述。

二、燃料油添加剂

燃料油添加剂是一种在汽油、柴油、喷气燃料油等燃料油中的一种添加剂,其主要作用是弥补燃油自身存在的质量问题和机动车机械制造极限存在的不足,达到清除积炭、节省燃油、降低排放、增强动力等目的。燃料油添加剂的种类很多,根据其功能,一般可以分为以下几类(括号内为该添加剂所使用的油种):抗爆剂(车用汽油和航空汽油)、十六烷值改进剂(柴油)、燃烧改进剂(喷气燃料)、表面燃料防止剂(车用汽油)、抗氧防胶剂(汽油、柴油和喷气燃料)、金属钝化剂(汽油、柴油和喷气燃料)、清净分散剂(车用汽油、柴油)、抗腐剂(汽油、柴油和喷气燃料)、防冰剂(航空汽油和喷气燃料)、流动性能改进剂(柴油)、重油添加剂(重油)及其他添加剂,如抗静电剂、抗泡沫剂、抗微生物剂、油性添加剂等(喷气燃料等)。

1. 抗爆剂

抗爆剂是提高航空汽油和车用汽油抗爆性(辛烷值)的添加剂。汽油抗爆剂主要是有机金属化合物和胺类化合物,使用最普遍的是四乙基铅(代号为T1101)。

四乙基铅$[Pb(C_2H_5)_4]$是无色的油状液体,20℃时密度为1.63g/cm³,沸点约为195℃,到达沸点温度后开始分解,不溶于水、稀酸和碱溶液,易溶于汽油、乙醇、乙醚等有机溶剂。它具有芳香气味,有剧毒,能通过皮肤和呼吸道被人体吸收,使人中毒,严重时可致人死亡。

工业上使用的抗爆剂先配制成乙基液(俗名铅水),乙基液由四乙基铅、导出剂(溴乙烷或二溴乙烷和α-氯萘等)、溶剂汽油和染色剂组成,因此加铅汽油都有颜色。

四乙基铅的作用是分解烃类氧化链反应中生成的过氧化合物,选择性地钝化部分生成的自由基,提高汽油的自燃点,从而防止爆震的产生。车用汽油中四乙基铅的加入量一般不大于1g/kg,航空汽油一般不超过3.3g/kg。

国外曾发展新的抗爆剂,如四甲基铅、甲基环戊二烯基锰等。四甲基铅适用于高辛烷值汽油,特别是芳香烃含量大于30%(体积分数)的汽油,其效果比四乙基铅好。含锰抗爆剂对提高研究法辛烷值很有效,其效果比四乙基铅约高一倍,对提高马达法辛烷值的效果与四乙基铅相似,它还可以提高已含四乙基铅最大添加量的汽油的辛烷值。例如,在已加有最大四乙基铅添加量的每升油中,再加入0.033~0.265g甲基环戊二烯基三羧基锰,可以再提高辛烷值1~6个单位,但它的价格很贵,应用不普遍。

金属抗爆剂的使用都存在污染环境和毒性的问题,加铅汽油已被禁止使用。

2. 十六烷值改进剂

十六烷值改进剂又叫柴油抗爆剂。柴油在柴油机中靠自燃着火,因而要求柴油具有合适的十六烷值。十六烷值过低的柴油,会引起柴油机爆震,产生大量黑烟,使发动机功率下降、耗油量增大;而十六烷值过高的柴油,因自燃点过低,来不及与空气完全混合便开始燃烧,也会引起耗油量增大、功率下降等问题。一般柴油的十六烷值以45~70为宜。

催化裂化过程生产的柴油,特别是环烷基原油生产的柴油的十六烷值过低,加入十六烷值改进剂是提高其十六烷值的一个切实可行的办法。常用的十六烷值改进剂有硝酸戊脂和2,2-二硝基丙烷。十六烷值越低的柴油,加入添加剂后效果越好;加入的添加剂量越多,柴油的十六烷值提高越多。加有硝酸戊脂的柴油,经长期储存后,添加剂会因生成沉淀而失效。

3. 燃烧改进剂

燃烧改进剂是改善喷气燃料燃烧性能的添加剂,它能增大喷气燃料的燃烧速度,使火焰稳定,燃烧完全,从而提高喷气发动机的功率。在含芳香烃高的喷气燃料中加入有机过氧化合物,可以改进燃烧,减少积炭。某些硫化物,如噻吩也可以改进燃烧过程;硼氢化铝可改进点火和燃烧;硝酸乙酯、亚硝酸乙酯等能缩短自燃迟缓期,提高火焰稳定性。这类添加剂的用量在5%(质量分数)左右。

4. 抗氧防胶剂

抗氧防胶剂的作用是抑制液体燃料在储存和使用中氧化生成酸性物质和胶质,并防止加铅汽油中四乙基铅的分解。

常用的抗氧防胶剂有酚类和胺类,如2,6-二叔丁基对甲酚(代号为T501)和N,N′-二仲丁基对苯二胺。抗氧防胶剂的分子能与传播氧化链反应的自由基反应,使其钝化,从而中止氧化反应,起到抗氧化的作用。2,6-二叔丁基对甲酚是白色结晶,氧化后呈黄色,沸点为260℃,熔点为69℃,能溶于乙醇而不溶于水,具有油溶性好、抗氧化效能高的优点。一般加入量为0.005%~0.15%(质量分数),如果加入量超过1%,油中又有水,则抗氧化剂可能会析出来。

抗氧防胶剂添加在新炼成的尚未与空气接触的油品中和已开始氧化的油品中的效果是不同的。添加剂的作用效果随加剂时油品已储存时间的增加而下降,因此必须在油品加工之后立即加入抗氧防胶剂,否则需大大增加添加剂的数量,甚至可能无效。

为了改善喷气燃料的热氧化安定性,如果添加上述抗氧防胶剂,则效果极差,因为它们在较高温度下非但不能减少沉淀生成量,本身反而会被氧化生成沉淀。用以提高喷气燃料热氧化安定性的添加剂,效果较好的有脂肪胺和烷基胺基酚,当喷气燃料中加入0.05%~0.1%(质量分数)的十五烷基胺时,可以减少85%~90%的沉淀。

5. 金属钝化剂

燃料在储存、运输和使用过程中,不可避免地要与各种金属容器、管线和设备相接触。金属对油品的氧化有催化加速作用,即使加有抗氧化剂,金属仍能促使油品氧化变质。

为了抑制金属的催化作用,常常同时使用抗氧化剂和金属钝化剂。金属钝化剂分子和金属离子生成螯合物,使金属表面失去促进氧化的活性而处于钝化状态。

常用的金属钝化剂有N,N′-工业水杨酸1,2-丙二胺(代号为T1201),通常用甲苯配成一定浓度的溶液后使用。金属钝化剂的加量一般比抗氧剂小5~10倍,约为0.0003%~0.001%(质量分数)。金属钝化剂的用量虽少,效果却很显著。例如,在炎热地区储存加有抗氧剂的汽油,一个月后就会变质,但储存同时加有金属钝化剂的汽油,储存期可延长到12个月。

6. 清净分散剂

二次加工的燃料中含有较多的不饱和烃和含氧、氮、硫的非烃类化合物等不安定组分,它们在储存中会生成不溶性有机物,如胶质、沉渣等。这些沉淀物与燃料、油泥和水混合,形成沉淀和油—水乳状液。

不同加工方法生产的燃料油和热裂化油调和时,也会出现胶状物质和沉淀物。

单纯改进加工方法,无法完全防止沉淀物的生成,而且大大增加了加工成本。通常采用适当精制和加入添加剂相结合的方法来防止沉淀物的生成。这类添加剂的作用是防止燃料生成沉淀,对已生成的沉淀也能使其分散在油中,不沉积在容器或发动机零件上,从而使油品能顺利过滤,不堵塞过滤器。试验表明,当添加0.01%~0.02%(质量分数)清净分散剂时,燃料在180℃条件下,不会出现堵塞滤网现象。

清净分散剂分为无灰清净分散剂和有灰清净分散剂两类。无灰清净分散剂主要是极性聚合物和烷基胺。极性聚合物是两类单体的共聚物,其中的非极性单体保证了添加剂在燃烧中的溶解能力,而表面活性单体则能吸引沉淀中的表面活性物质。最有效的柴油清净分散剂是甲基丙烯酸十二烷基脂和二乙基胺基甲基丙烯酸与乙基醇的共聚物。

7. 防冰剂

喷气燃料在低温下析出冰晶堵塞过滤网是引起飞行事故的重要原因之一。汽油机的汽化器节流孔板、汽油喷嘴、进气管等部位，因汽油蒸发吸收热量，汽油中水分凝聚成水滴，并因温度降低而结冰，冰结晶堵塞汽化器喉管和进气管，破坏发动机正常工作。加入防冰剂可以改善燃料的抗冰性。

防冰剂按作用机理可以分类为两类：

(1)添加剂能溶于燃料中的水生成低冰点溶液，从而防止冰结晶析出，如醇类和水溶性酰胺类。

(2)添加剂本身是油溶性表面活性剂，它能吸附在金属表面上形成薄膜，阻止已形成的冰晶黏附在金属表面上，防止冰晶长大，保证发动机正常工作。这类防冰剂如琥珀酸亚胺和磷酸醇铵盐等。

常用的防冰剂有二乙二醇甲醚(代号为T1301)和二乙二醇醚(代号为T1302)。

添加防冰剂的喷气燃料在长期储存中，因油中水分不断增加，形成游离水层，会把防冰剂萃取出来，降低防冰效果。因此应定期取样检查防冰剂的含量，及时补充防冰剂，一般防冰剂应在燃料临用前加入。

8. 抗腐蚀剂

汽油和喷气燃料中存在的微量水分，附着在发动机燃料系统的金属表面上，会引起电化学腐蚀，发生金属生锈。为防止这一现象，可加入抗腐蚀剂。

抗腐蚀剂大多是油溶性表面活性剂，能在金属表面形成薄膜，避免金属与水、氧接触，从而防止金属腐蚀生锈。常用的抗腐蚀剂有磷酸烷基脂、磷酸氨基脂、羧基酸脂的混合物和二元脂肪酸脂与磷酸脂的混合物等。

9. 防烧蚀添加剂

喷气发动机燃烧室内表面因高温燃气的气相腐蚀而形成凹"坑"，大大缩短了发动机的寿命，加入防烧蚀添加剂可以防止烧蚀现象的产生。

我国常用的抗烧蚀添加剂有33号添加剂和134号添加剂。33号添加剂是二硫化碳，纯品是无色易燃液体，熔点为$-108.6\,℃$，沸点为$46.3\,℃$，有毒，几乎不溶于水，一般添加量为$0.09\%\sim0.12\%$(质量分数)。134号添加剂是二硫醚，微毒，添加量为$0.18\%\sim0.24\%$(质量分数)。它们的作用是与燃烧室中的镍在高温下生成硫化膜，附着在金属表面上，从而防止金属烧蚀。

10. 抗静电剂

在燃料的泵送、过滤、混合和喷出过程中，特别是在机场上给喷气飞机高速加油时，都会产生静电，而燃料的导电率很低，容易发生静电聚集，当静电超过一定程度后，会发生放电现象，引起火灾。

加入抗静电剂，可以提高燃料的导电性，使静电及时导出，使油品电导率提高到规定的喷气燃料的电导率。

抗静电剂主要是有机酸的钙盐或铬盐，如单烷基和二烷基水杨酸铬盐(其中烷基碳原子数为$14\sim18$)的混合物，丁二酸与2-乙基己醇磺化脂肪酸的钙盐等。应用抗静电剂时需同时加入清净分散剂，抗静电剂添加的用量约为0.0001%(质量分数)，目前已广泛用于喷气燃料。

除上述10种燃料添加剂外,还有用于柴油的降凝剂(与润滑油降凝剂相同)、用于喷气燃料的油性剂(主要是碳氟化合物)、用于喷气燃料的防微生物添加剂(邻苯酚等)、用于航空汽油和喷气燃料的抗泡沫剂(8~30个碳的脂肪烃氟化物)以及用于加铅汽油的染色剂等,这些不再一一讨论。

复习思考题

1. 什么叫石油添加剂?
2. 石油添加剂分为几类?
3. 润滑添加剂有哪些类型?
4. 复合添加剂有哪些类型?
5. 清洁分散剂有哪些类型?
6. 清洁分散剂的作用是什么?
7. 什么是极压抗磨剂?
8. 什么是黏度指数改进剂?
9. 什么是防锈剂?
10. 什么是降凝剂?
11. 什么是抗泡沫剂?
12. 清洁剂的性能用途是什么?
13. T109表示的是什么?有什么作用?
14. T202、T203抗氧抗腐剂的性能用途是什么?

第十一章　油料的储存管理

石油和石油产品的种类繁多,使用范围广,影响面大,质量要求严格,具有容易蒸发、渗漏、易被污染而变质、极易着火、爆炸等特点。原油从油田到炼油厂,石油产品从炼油厂到消费者手中,均需经过生产、运输、储存和销售等环节,其中任何一个环节管理不善,都可能引起油品质量下降。这不仅浪费宝贵的资源,还可能因为使用变质油品而影响设备的正常工作,甚至引起恶性事故,危及人民生命财产安全。随着新工艺、新技术和新设备的不断发展,对油品的质量也要求越来越高,储运中各个环节的油料管理都是一项极为重要的、技术性很强的工作。

油料的储存管理涉及油田、炼油厂、油库和使用部门中的储存、运输、加注、使用等各个环节,都应根据不同油料的特点,进行科学管理,防止油料被污染而变质,预防油料变质和蒸发损耗以及防火、防毒害等,确保油料的质和量。本章主要讨论油料在储存中的质量管理和安全管理。

第一节　油料的性质变化及延缓措施

油料的质量在储运过程中是不断变化的,通常在运输和收发过程中,油料易出现蒸发损失、混油和被污染等问题;在油料的储存过程中,则容易出现蒸发损失和氧化变质等问题。因此掌握各种油料的性质,产生质量变化的原因及其在储存中的变化规律,可以尽量预防和延缓油料质量变化,保证供应用户良好的油料,对做好油品的质量维护与管理具有重要的意义。

一、油料在储存过程中质量变化的原因

引起油料质量发生变化的原因主要有蒸发、氧化、混油、机械杂质及水分的混入等。这些影响因素可分为两类,一是油料本身的变化,如蒸发和氧化变质等;二是非燃料本身的变化,如机械杂质、水分的混入、混油等。

(一)蒸发损耗

蒸发是液体在任何温度下都可能进行的表面汽化现象。液体燃料在储存过程中会不断蒸发,蒸发的直接结果是造成液体燃料数量上的损耗。这种因蒸发而引起的数量损耗称为蒸发损耗。蒸发损耗是油品损耗中最大的一种,在整个油品储运损耗中约占70%～80%。由于油品都具有挥发性,无论在什么温度和压力条件下,油品的蒸发时刻都在发生着,只不过温度越高,蒸发越快,油品损耗越大;压力越高,蒸发越慢,损耗越小而已。油品的蒸发损耗造成了惊人的能源浪费和对大气的污染,既破坏了生态环境,也损害了人体健康。

由于蒸发损耗损失掉的绝大部分是油料中的轻组分,所以油品蒸发损耗还会造成严重的油品质量下降,甚至使合格的油品变得不合格。例如汽油因蒸发损耗,造成启动性变差、抗爆性下降;当航空汽油的蒸发损耗达到1.2%(质量分数)时,其初馏点升高3℃,蒸气压下降20%,

辛烷值减少0.5个单位。

蒸发损耗与油品的性质、密度、储存条件、作业环境、地区位置及生产经营管理等因素有关。油品的蒸发损耗大体上可分自然通风损耗、"小呼吸"损耗、"大呼吸"损耗、灌装损耗等四种。

1. 自然通风损耗

自然通风损耗是由于罐顶有孔眼或在两个孔眼间存在高度差情况下,因混合气密度比空气密度大,致使罐内混合气从低处孔眼排入大气,外界空气从高处孔眼流入罐内。这种由于孔眼位差和气体密度的不同,引起气体自然对流所造成的油料损耗称为自然通风损耗。

自然通风损耗多发生在罐顶、罐身腐蚀穿孔或焊缝有砂眼,消防系统泡沫室玻璃损坏,呼吸阀阀盘未盖严,液压阀未装油或油封不足,量油孔、透光孔未盖好等情况下。据调查,一座5000m³油罐储存的汽油由于严重通风,一个月即损耗汽油53t,损耗率达1.5%(质量分数)左右。

造成自然通风损耗的原因既有设备问题,也有管理问题,因此只要加强管理及时维修好设备,自然通风损耗还是可以避免的。

2. "小呼吸"损耗

在油罐静止储存(没有收发作业)情况下,随着外界气温的周期变化,油罐会自动进行排出油蒸气、吸入空气的过程,这个过程叫"小呼吸",由"小呼吸"造成的油品损失称为"小呼吸"损耗,通常也称油罐静止储存损耗。

造成油罐"小呼吸"损耗的主要原因是大气温度变化。清晨,随着太阳升起,气温逐渐升高,罐内油品温度也随之变化,引起蒸发速度加快,蒸发压力提高,当压力超过呼吸阀正压额定值时,罐内油气混合气通过呼吸阀排入大气,这就是油罐的"呼气"过程;傍晚,随着日照逐渐减弱,气温开始下降,罐内油品温度也随之降低,蒸发速度逐渐减慢,罐内压力也随之降低。当罐内压力低于呼吸阀规定的负压额定值时,外界空气通过呼吸阀被吸入罐内,这就是油罐的"吸气"过程。因此,油罐的"呼气"和"吸气"过程,每天都在有规律地周期变化着。一般来说,每天的"呼气"持续时间比"吸气"持续时间要长。有关资料表明:一座5000m³拱顶罐,一昼夜"小呼吸"损耗油料可达350kg;南方某油库一座1000m³的地上拱顶金属罐,储存汽油一年,"小呼吸"损耗达11.7t,损耗之大足以影响其经济效益。

影响"小呼吸"损耗的因素很多,主要有以下几方面:

(1)与昼夜温差变化大小有关。昼夜温差变化越大,"小呼吸"损耗越大;反之,昼夜温差变化越小,损耗也越小。

(2)与油罐所在地的日照时间有关。日照越长,"小呼吸"损耗越多,反之则损耗越少。

(3)与储罐大小有关。储罐越大,截面积越大,蒸发面积越大,"小呼吸"损耗也越大;反之,储罐越小,蒸发面积越小,"小呼吸"损耗也越小。

(4)与大气压有关。大气压越低,"小呼吸"损耗越大,反之则损耗减少。

(5)与油罐装满程度有关。油罐装满,气体空间容积小,"小呼吸"损耗就少;反之,损耗就大。例如,在相同温度和密闭条件下,储存同一种汽油,装油量为油罐容积20%时的蒸发损耗比装油量为95%时大8倍。

(6)与油品性质有关。油品越轻,饱和蒸气压越大,"小呼吸"损耗也越大。

3. "大呼吸"损耗

所谓"大呼吸",是指油罐收发油时的呼吸。油罐收油时,由于油面逐渐升高,气体空间随之减小,油罐内压力增大。当压力超过呼吸阀正压额定值时,呼吸阀自动开启,混合油气排出罐外;而当油罐发油时,罐内油面逐渐降低,气体空间随之增大,油气压力减小,油气浓度降低,油品不断蒸发以保持一定的平衡。当罐内气体空间压力低于呼吸阀负压额定值时,呼吸阀自动打开,外界空气被吸入罐内。

油罐每次收发油操作中的一次"吸入"和"呼出"称为一次"大呼吸"。"大呼吸"次数越多,油料蒸发损耗越大,尤其对轻质油品和原油的影响更为显著。例如,在气温6~8℃、原油温度为40℃、油罐内部空间温度为30℃的情况下,当油罐以1000×10³kg/h流速进油时,油蒸气损耗达500kg/h,占进油的0.05%(质量分数)。据统计,在东北输油管线上的17个中间泵站中,因"大呼吸"每天损失的原油蒸气达12×10³kg,每年达4300×10³kg。

如果油品是在两个油罐之间输转(倒罐或向高架罐输油),则发油罐液面不断下降,气体空间增加,负压值不断增大,直至吸入空气;而收油罐液面不断上升,气体空间减小,压力增大,直至油气排出。因此在油品输转时,"大呼吸"损耗在两个油罐同时发生,通常也可用"输转损耗"来表示。

影响"大呼吸"损耗的因素也很多,主要的有以下几方面:

(1)与油品性质有关。油品的密度越小,轻质馏分越多,损耗越大;蒸气压越高,损耗越小;沸点越低,损耗越大。

(2)与收发油快慢有关。进出油速度越快,损耗越大;反之损耗越小。

(3)与罐内压力等级有关。常压敞口罐"大呼吸"最大。

(4)与油罐周转次数有关。油罐收发越频繁,则"大呼吸"损耗越大。如在收发汽油时,油罐"大呼吸"损耗每次约为1.08~1.65kg/(t·次),最大达2.4kg/(t·次)。

除此以外,"大呼吸"损耗还与油罐所处地理位置、大气温度、风向、风力、湿度及油品管理水平等诸多因素有关。按照作业性质,油库中常把这类损耗叫做收油损耗或输转损耗。

4. 灌装损耗

油品由罐区经栈桥(或油码头)装油鹤管(胶管或输油臂)装入罐车(或油船)时,经装油管嘴灌入油桶,由于流速高,压力大,油品发生剧烈冲击,喷溅、搅动,都会有大量油气逸出而损耗,这种损耗叫灌装损耗。按作业性质,通常分为装车(船)损耗和灌桶损耗。

影响油品灌装损耗的因素主要是油品性质,油温、装油压力大小,装油流速、装油方式及气候条件等。一般来说,轻质油灌装损耗大,重质油损耗小;油温高,压力大,流速快,油品损耗大;高位喷溅,灌装损耗大,低位液下灌装损耗少。据有关资料介绍,汽油喷溅高位装车,单耗最大为3kg/t,低位液下装车损耗则为0.4~0.8kg/t;同样采取低位液下装车方式,煤油损耗为0.21~0.24kg/t,柴油为0.03~0.06kg/t。

(二)油品氧化变质

油料在储存中难免与空气中的氧接触,特别是在温度较高和有金属催化作用的情况下,更容易发生氧化反应,引起油料氧化变质,使油品很多性质发生变化。例如在储存中,汽油、喷气燃料和柴油会生成胶质和沉淀,使油的颜色变深,实际胶质和酸度(值)增大;加铅汽油还会生成白色沉淀;润滑油的酸值增大;润滑脂的游离碱含量减少,出现游离酸;电器用油氧化后会使绝缘能力(击穿电压)大幅度下降等。

燃料严重氧化会给使用带来很大危害。氧化生成的胶质沉积在油箱中,会使新加入的燃料迅速变质。燃料中胶质过多会堵塞燃料滤清器,破坏燃料的正常供给。黏稠的胶质沉积在油管、喷油嘴、化油器等部位,会严重影响燃料的供应和混合气的形成。沉积在进气阀上的胶质,受热后形成十分黏稠的胶状物,使气阀出现黏着现象,甚至使进气阀关闭不严,产生漏气,严重时甚至将气阀烧坏或将其完全黏住,使发动机无法工作。此外,氧化生成的酸性物质会增强燃料的腐蚀性,缩短发动机的寿命等。

引起油品氧化的内因是它的化学组成。油品中各种烃类的抗氧化能力不同,芳香烃、烷烃、环烷烃的安定性好,而不饱和烃、非烃化合物安定性差。当油品中含有不安定组分(如不饱和烃,特别是二烯烃以及各种含硫、氮和氧等非烃类化合物)时,很容易和空气中的氧反应生成酸性物质和胶质,并进一步缩合成沉淀。

储存条件如温度、日光、金属、与氧接触面的大小、水分等是促使油品氧化的外因。温度升高,会大大加速氧化反应的进行;日光照射会引起氧化的链反应,并引起四乙基铅的分解。例如,在亚热带地区进行桶装车用汽油的储存试验,半年后,在山洞里存放的车用汽油,实际胶质由3.4mg/100mL增加到6.2mg/100mL,在露天存放的车用汽油,实际胶质由3.4mg/100mL增加到8.2mg/100mL,露天存放汽油的胶质增长速度几乎为山洞存放的2.6倍。许多试验证明,当储存温度增高10℃,胶质生成速度增加2.4~2.8倍。金属对油品氧化有催化加速的作用,不同金属的催化作用也不同,铜最大,铅次之,铁也有催化作用。有资料研究,铜能使汽油胶质生成量增大6倍。有的氧化产物本身也有催化作用,会加速油品的氧化,这是因为氧化生成的胶质中含有很多不稳定的过氧化物,过氧化物分解可以引发氧化链反应,加速氧化。油品与氧的接触面积越大,氧化反应越严重。油品表面积大、容器剩余空间大、大小呼吸次数多等因素都会促使油品与空气接触机会增多,加速燃料氧化。水分也会加速油品的氧化。有水存在时,水能将燃料油中的抗氧防胶剂溶解出来,降低油品的安定性,促进胶质、酸度的增长。水分对汽油生成胶质的影响见表11-1。

表11-1　水分对汽油生成胶质的影响

储存条件	储存中汽油的实际胶质,mg/100mL			
	开始	1月后	3月后	6月后
无水时	4	4	6	8
有水时	4	6	11	22

总之,为了延缓油品的氧化,需要提高油品自身的性质,并且注意外界因素对其氧化的影响,采取相应的有效措施,延缓油品的氧化,做好质量管理工作。

(三)水分和机械杂质的混入

水分和机械杂质混入主要发生在运输、收发油过程中,由于油品所接触的设备、管线洗刷不净或保护不妥当造成的。油品中有水分、机械杂质等混入,会导致油品质量下降,因此保证油品良好的洁净度是油料质量管理的重要内容。

油品中的水分来自外界混入的雨雪或其他方面,也可能是烃类自动从大气中吸收得到的,组成油品的各种烃类,对水都有一定的溶解度。油品能从大气中吸收微量水分,引起油品质量下降,这对航空燃料(如航空汽油和喷气燃料)的影响最为严重。航空燃料含水能使其结晶点或冰点升高,低温性能变差;汽油、煤油和柴油含水,油中的低分子酸等会溶于水,引起设备严重腐蚀;电气用油中混入微量水分,会使其绝缘性能大幅度下降,以致无法使用。水分还会溶解油品中的某些添加剂,如汽油中的抗氧剂,铅水中的溴乙烷导出剂等,从而大大降低了它们的作用。钠基润滑脂吸水后会乳化变稀,失去润滑脂结构形态而报废。

影响吸水的内因是油品的组成,不同烃类对水的溶解度不同,芳香烃最强,烷烃最弱。一般来说,当其他条件相同时,汽油吸水的数量最多,喷气燃料次之,柴油最少。影响吸水的外界因素是温度和空气湿度,温度越高,烃类对水的溶解度越大。表11-2列举了两种喷气燃料在不同温度下对水的溶解度(相对湿度100%)。空气湿度越大,油品吸收水分的速度越快。在我国南方潮湿地区储存油品时,夜间气温下降,油罐内空气中的水汽会在罐壁凝结成水滴,落入油中,使油中水分增多,甚至出现游离水层。

表11-2　国产喷气燃料在不同温度下对水的溶解度

温度,℃	大庆喷气燃料	新疆喷气燃料	温度,℃	大庆喷气燃料	新疆喷气燃料
10	0.0055	0.0050	40	0.0144	0.0142
20	0.0067	0.0064	50	0.0186	0.0174
30	0.0110	0.0100			

机械杂质是指油品中所有不溶于油和规定溶剂的沉淀和固态悬浮物,它是燃料洁净度下降的主要原因之一。机械杂质混入油品中,会增加设备磨损,甚至引起摩擦面拉伤等事故。机械杂质在轻质油中容易沉降除去,但在润滑油中,特别是黏度大的润滑油中,难以沉降分离。如果混入半固态的润滑脂中,是无法分离出来的。

(四)混油

混油主要发生在收发油作业过程中,如阀门开错或关闭不严、接收油料品种牌号弄错、原来盛装的油料品种没弄清、用同一管线输送不同油料时的管线存油没放净等。

混油后会使油品质量下降,甚至不合格。当润滑油或柴油中混入少量汽油或溶剂油时,其闪点大大下降,严重时还会影响黏度;汽油中混入其他燃料后,会使馏出温度升高、辛烷值降低,从而导致汽油燃烧不良;不同牌号的汽油相混合,会使高牌号汽油的辛烷值下降;柴油中混入汽油后,会使发火性变坏,馏出温度和闪点降低,黏度变小;不同牌号的柴油相混合,会使低牌号的柴油凝点升高,低温性变坏;溶剂油中如果混入汽油,会使馏程变宽,并增加其毒害性;含硫量高的油品与相同牌号含硫低的油品相混,或低硫原油和高硫原油混装、混输,都会使含硫量低的油品或原油质量降低;轻质原油与重质原油(稠油)、低凝油和高凝原油的混输,也会使优质的低凝油和轻质原油质量下降,价格下降。因此,在储存、收发油料时,必须防止不同品种、不同牌号的油料相混,造成不应有的经济损失。

二、油料在储存过程中质量变化的规律

(一)汽油

汽油在储存中引起质量变化的原因主要是蒸发损失和氧化,最容易发生变化的质量指标是实际胶质、酸度、馏程和蒸气压。加铅汽油的辛烷值和四乙基铅含量也容易变化。储存中,

汽油的质量变化规律是"三增三降一变",即馏程、酸度及胶质增高,饱和蒸气压、辛烷值及四乙基铅(如果含有)下降,颜色变深。

表11-3列出了某车用汽油在露天、带呼吸阀的金属油罐中,储存过程的质量变化情况。数据表明汽油储存11个月后,其实际胶质从0.4mg/100mL增加到80.6mg/100mL,增加了约200倍,酸度增大近20倍,馏程的10%馏出温度升高约10℃。这些变化是由于汽油储存在有呼吸阀的金属罐中,温度变化大。油罐的"小呼吸"使油罐内部空间的氧气浓度经常处于较高的水平,加上有时温度较高以及金属催化作用,使汽油很易氧化,生成酸性物质,并进一步氧化缩合,生成胶质,结果使油品的酸度和实际胶质大大提高。在储存开始的3个月,由于氧化反应处于氧化链反应的引发和氧化物积累阶段,酸度稍有增加,实际胶质没有变化。随着存储时间的增长,氧化反应速度越来越快,酸度和实际胶质也迅速增加。

表11-3　某车用汽油储存过程中的质量变化情况

存储条件	存储时间 月	10%馏出温度 ℃	实际胶质 mg/100mL	酸度 mgKOH/100mL
温度为7~48℃, 夏天,有呼吸阀的金属罐	质量标准	≤79	≤5	≤3
	出厂	65.5	0.4	0.28
	3	73	0.4	0.31
	6	74	10.4	0.35
	8	74	74.0	2.80
	11	75	80.6	5.44

汽油馏程的10%馏出温度随存储时间的变化与氧化变质有所不同,它是由于温度高、温差大、油罐"小呼吸"造成汽油中轻组分的蒸发损失所引起的。汽油的蒸发主要发生在存储初期,表11-3中数据表明,最初3个月汽油的10%馏出温度升高了7.5℃,继续存储3个月后,仅再升高1℃。汽油中轻组分减少,使汽油蒸气压和辛烷值都会有所降低。

航空汽油由直馏汽油、催化裂化汽油加高辛烷值组分调和而成,或由催化裂化汽油加氢后,再加高辛烷值组分调和而成,所以其安定性好于车用汽油。引起它变质的主要原因是轻组分的蒸发和四乙基铅的分解,使航空汽油的10%馏出温度升高和辛烷值降低,但航空汽油质量的变化要比车用汽油小得多。

(二)柴油

柴油馏分较重,在储存中不易蒸发损失,引起质量变化的主要原因是氧化变质。柴油加工生产方式的不同,会影响柴油的储存安定性。催化裂化馏分的轻柴油,不饱和烃的含量较大,同时含硫、氮、氧的非烃类化合物含量也较高,氧化变质较快。如有的油库储存-10号轻柴油,入库时是淡黄色,一年后就变为深黄色,甚至变为褐色。有的-10号轻柴油,入库时实际胶质为48mg/100mL,储存半年后实际胶质达到68mg/100mL,同时罐底沉淀物较多。

(三)喷气燃料

喷气燃料蒸发性较汽油小,储存中不会因蒸发引起明显的质量变化,同时喷气燃料一般是经过严格精制的直馏产品或加氢产品,烯烃或非烃化合物含量都很少,氧化安定性好,储存中不易氧化变质,一般来讲,喷气燃料长期储存过程中质量变化很小,只是酸度略有增高,实际胶质含量略有增加,颜色略微变深。喷气燃料的质量变化主要是铜片腐蚀、变色、悬浮物等问题。

(四)燃料油

燃料油馏分较重,蒸发性较小,安定性较好,引起质量变化的主要原因是水分、机械杂质等的混入,因此在储存、保管和运输中要重点防止水分和机械杂质的混入。

(五)润滑油

润滑油是直馏馏分油(或合成油)经各种精制后得到的,并加有多种添加剂。因而在常温下精心储运管理,其质量可经数年而无明显的变化,可能的变化仅仅是轻微氧化引起酸值稍有增加。由于润滑油馏分重,蒸发损失小,不易着火,所以储存安全性较好。

储存润滑油的质量管理重点是防止混油和防止水分、机械杂质的混入。由于润滑油种类繁多,质量要求严格,成本和价格比燃料油高数倍,因而储运中要特别注意不要出现混油及发错油料等事故,以免影响使用和造成浪费。

润滑油的黏度都较大,混入水分和机械杂质后,难以分离除去,而水分和机械杂质对润滑油的使用性能影响很大。特别是在储运变压器油、电容器油等电气用油时,必须用干净的甲级容器密封装运,严禁水分和杂质侵入,以免严重影响油品的电气性能。

(六)原油

原油储运中质量管理的重点是防止轻油蒸发和混入大量水分。在油田中未经脱气、稳定的原油,储运过程中蒸发损失极为严重,蒸发出来的油蒸气还会污染环境,因而应尽可能在油田先经过脱气和稳定处理,这样既能减少原油的蒸发损失,又可回收有价值的天然气和气体汽油。稳定后的原油在储运过程中仍需采取减少蒸发损失的措施。

原油在储运过程中如混入少量水分和机械杂质,对原油质量影响不大,如果混入大量的水分和机械杂质,就会明显降低原油质量,增加炼油厂脱水装置的负荷,并使重油和焦炭质量下降。另外,由于储运大量无用的水分,将增加储运设备的负荷和成本,使经济效益下降。

三、延缓油品质量变化的措施

针对油品质量变化的内因是本身的组成,因此改进油品组成、加工工艺和精制深度,提高油品质量是防止油品质量变化的根本方法。对于已生产出来的油品,则应采取有效的措施,加强油料管理,延缓油品变质速度,以延长其储存时间。

(一)降低储油温度,减少温差

储油温度高、温度变化大会加速油品蒸发和氧化变质,因而必须采取降温和减少温差的措施。

(1)合理选择储存地点,避免阳光曝晒。易蒸发和易氧化的油料,应存放在温度低、温差小的地下、半地下油库、洞库或库房中;露天存储的油桶等小容器,应放在背光、隐蔽之处或在地下坑道内。存放汽油等易蒸发油品的露天油罐,其外壁应涂银白色反光漆,以防罐内油温上升。试验表明,在相同条件下储存汽油,黑色油罐中的油温为30℃时,涂银白色反光漆的油罐中油温仅为11.5℃,相差18.5℃。存放地点对汽油实际胶质增长的影响见表11-4。由表中数据可以看出,在山洞内存放汽油,其效果要比露天存放汽油好得多。

表11-4 存放地点对汽油实际胶质增长的影响

存放地点	出厂	山洞	树荫下	露天
实际胶质,mg/100mL	3.3	6.2	8.2	15.8

注:储存条件为桶装、亚热带气候,储存时间为半年。

(2)尽量采用灌装,避免或减少桶装。油罐储油容积大,储油多,油温受气温影响比桶装小。单位容积油料与金属接触表面积也比桶装小,减弱了金属催化作用,有利于延缓油料氧化变质。

(3)炎热季节淋水降温。炎热季节,对存放易蒸发油品的露天金属油罐,采用罐顶淋洒冷水降温;桶装油料盖篷布后淋水降温。油罐淋水降温必须连续进行,以避免因温度变化频繁,反而增加了油罐的"小呼吸",加快油料蒸发,促进质量下降。

(4)利用气候特点,因地制宜采用通风降温措施。如气温低时,打开油库门窗通风,气温高时及时关闭油库门窗。

(5)罐外壁涂隔热涂料。目前油罐外壁大多使用银粉漆,有一定反射阳光、降低油罐温度的效果。近年来开发的隔热涂料,与普通涂料相比,在同样条件下能使油温降低几摄氏度甚至十几摄氏度。

(二)油罐应尽量装满至安全容量,减少气体空间

若油罐内空间大,会增大蒸发损失和加速氧化变质。曾实验用2000m³的油罐装200m³汽油,每昼夜损失汽油达1000kg,当装满安全容积后汽油损失量降到60kg。汽油装满程度对其氧化变质程度的影响见表11-5。

表11-5 汽油装满程度对其氧化变质程度的影响

装满程度	酸度增长量,mgKOH/100mL	实际胶质增长量,mg/100mL
200L满桶	0.43～0.47	8
200L半桶	2.3～2.5	13.2～14.2

为减少上述影响,油罐应尽量装到安全容积,并适时合并装油不满的油罐,在零星发油时,应发完一罐后再发另一罐,以减少罐内气体空间。

(三)减少与空气接触,采用合适的密封储存

采用密封方法长期储存油料,可以减少蒸发损失,延缓油料氧化变质,避免水分和机械杂质混入以及防止油罐锈蚀等。这对于柴油、润滑油、润滑脂较为合适;对于蒸发性强的汽油,应根据储油容器的具体情况,采取密封或相对密封措施。实验表明,1000m³的油罐密封储存航空汽油,每年可减少蒸发损失985kg;储存喷气燃料,每年可减少损失137kg,同时大大减轻了油罐的锈蚀程度。

在油库中,根据油罐类型、罐位及油品的品种等具体条件,采取相应的措施进行密封储存,但应注意在采用密封措施前必须仔细检查储油设备,并核算其耐压强度等,采用相应的安全措施,以避免引起不必要的生产事故。

(四)减少油料与金属接触,防止金属催化作用

金属(特别是铜)能大大加速油料氧化变质。铜能使汽油胶质生成量增6倍,因而储油设备不应采用铜制部件。为防止油料与金属接触,可在油罐、油桶或汽车油箱内壁涂防锈层,以减缓油品氧化速度和防止金属腐蚀。防锈层对汽油氧化的影响见表11-6,由表可见,防锈涂层对减缓油品氧化的效果是十分显著的。目前广泛采用生漆和环氧树脂作涂料,效果较好。

表11-6 防锈层对汽油氧化的影响

质量指标	酸度,mgKOH/100mL			实际胶质,mg/100mL	
储存条件	油罐,有呼吸阀,涂料为生漆			密封式汽车油箱,涂料为环氧树脂	
储存时间	开始	6个月	9个月	开始	13个月
有涂层	0.05	0.33	0.45	1.6	3.6~4.6
无涂层	0.05	0.42	0.72	1.6	165~222

(五)严防水分、机械杂质混入

避免风沙、雨雪气候里,在无防护措施情况下装卸油料,防止露天堆放桶装油品等,避免混入水分和机械杂质。

(六)加强质量管理,严守规章制度

在收发、储存、运输油料过程中,应严格遵守有关质量管理制度。定期检查各种油品的易变质量指标,掌握所储油料的质量变化情况;坚持"先进先出","存新发旧""优质后用"的原则,合理发放油品;针对油库地区自然条件变化规律、油库具体条件以及油品的性质,采用有效措施,进行科学管理。

第二节　油料的质量检验

油料在储存和运输过程中,质量变化是个渐变的过程。在一定储存条件下,质量变化程度随储存时间的增大而增大。在油料储存初期,其质量变化不大,仍能满足质量标准;随着时间的延长,油品的质量逐渐变差,油品可能由合格变为不合格。例如某车用汽油,在储存的最初三个月,仍是合格产品,当储存时间达到6个月时,汽油已变成不合格的产品。因此要求储运工作者在认识油料变化规律的基础上,进行科学的管理,同时定期抽样检查,及时掌握所存油料质量变化的程度和趋势,合理安排油料储存期限,必须在油料合格的情况下,及时发出使用。油料的质量检验是做好油料质量管理的前提。

为了维护油品质量、加强质量管理,各级储运部门应根据需要建立、健全相应的质量检验机构和化验室,负责对所管油料的质量检验把关,指导质量检验。油料质量的一切检验工作,必须遵循国家标准(GB)、中国石油化工集团公司部标准(SY)或专业标准(ZBE),确保检验工作结果准确可靠。质量检验包括外观检验和定期检验。

一、外观检验

外观检验具有简单、易行、快速的特点,外观检验周期短,一旦发现异常情况,即应采样检验。各类油品的外观检查参考项目见表11-7。

表11-7　各类油品的外观检查参考项目

油料类别	检查项目
汽油、煤油、柴油、溶剂油	透明度、水分、机械杂质、色度
各种润滑油	水分、透明度、乳化情况、机械杂质、色度、气味
各种润滑脂	色度、光泽、纤维情况、软硬程度、气味、杂质、析油、乳化情况

二、定期检查

为及时掌握油料的质量情况变化,各种油品进入油库时应进行验收。验收化验的质量参考项目见表11-8;储存中的油品必须定期取样检验,不同油品的检验周期和重点检验项目,分别见表11-9、表11-10。启用储油时,也应进行检验。

表11-8　各种油料进库验收化验的质量参考项目

油料名称	化验项目	油料名称	化验项目
原油	水分、密度、凝点	机械油	黏度、腐蚀
车用汽油	馏程、蒸气压、闪点、实际胶质	轧钢机油、压缩机油、气缸油	黏度、闪点
轻柴油	馏程、凝点	汽轮机油	黏度、破乳化时间
农用柴油	馏程、凝点	变压器及其他润滑油	黏度
溶剂油	馏程、油渍试验、外观	润滑脂	滴点、锥入度、腐蚀

表11-9　储存中各种油料的检验周期

储存条件		检验周期	
		一般油品	质量要求严格的商品
桶装	室内	6个月	3~6个月
	露天	3~6个月	—
灌装	土油池	3~6个月	—
	钢罐	6~12个月	3~6个月
	地下钢罐	≥1年	≥6个月

表11-10　各种燃料油储存中的重点项目

油料类别	检查项目
原油	水分、密度、凝点、硫含量、蜡含量
汽油	馏程、蒸气压、闪点、实际胶质、腐蚀、酸度、水溶性酸或碱
轻柴油	实际胶质、腐蚀、酸度、水溶性酸或碱、凝点

油料类别	检查项目
溶剂油	馏程、油渍试验、外观、腐蚀、酸度、水溶性酸或碱
汽轮机油	黏度、破乳化性
各种润滑油	黏度、酸值、水溶性酸或碱、腐蚀
电气用油	电气性能、水溶性酸或碱、凝点、闪点
润滑脂	滴点、锥入度、腐蚀

第三节 油料储运的安全管理

油料具有易蒸发、易燃、易爆、受热易膨胀、易产生静电,并具有一定的毒性等特点。在油料管理的收发、储存和运输等各个环节中,都有可能出现各种危险,一旦失控,就将导致火灾、爆炸和人员中毒等事故的发生,甚至由于缺乏必要的安全技术知识以及采取措施不力等还可造成或加大事故的损失程度。为了保证油料在储运过程中的作业安全,严防各类事故的发生,本节将重点介绍油料储运过程中的危险有害因素识别与防护及防止人员中毒等安全知识。

石油、石油产品等液体油料及天然气由于状态的不同,在储运过程中导致燃烧、爆炸及中毒等危险因素发生的原因也会有所不同,必须加以识别,避免事故的发生。

一、液体油料储运过程中危险因素的识别与防护

(一)火灾危险因素的识别与防护

1. 火灾危险因素识别

物质按其燃烧性分为不可燃烧物、难燃烧物和可燃烧物三类。石油及其产品的主要成分是碳氢化合物及其衍生物,属于可燃性物质,可燃性物质分为可燃物和易燃物两种。凡闪点不大于45℃的油品为易燃易爆物品,如汽油、煤油;闪点大于45℃的油品为可燃物品,如重质油品。

1)易燃性

石油及其轻质产品,在常温下蒸发性强,极易与空气形成可燃气体。可燃气体密度约为空气的1.6~4倍,不易在空气中迅速扩散,如遇到明火,极易着火。油气的燃烧速度快,火焰极易在可燃气体中传播。例如汽油燃烧时,火焰沿油面传播速度可达2~4m/s,油面在燃烧过程中,氧化分解量最高可达8mm/s。加之油品又具有流动性,因此油品一旦着火,氧气供给难以控制,很容易造成更大的危险性。

油品的热值一般较高,为30000~48000kJ/kg,约为煤的2倍。油品燃烧时,释放大量热能,据测定,当油面为394m²敞口容器中的轻柴油燃烧时,10s内离油面5m处的火焰温度高达1100℃,容器内油品上部温度达400℃左右。大量热量的传导、对流和辐射,不仅加快了燃烧中油品的蒸发和燃烧速度,还容易危及附近物体,扩大燃烧范围。

闪点是鉴定石油产品发生火灾危险程度的重要标准。根据石油产品的闪点不同,把油品

火灾危险性等级分为甲、乙、丙三个等级,其中甲类是最危险的油品,在储存和运输过程中应特别加以防护。一般认为,在低于闪点17℃的条件下进行油品作业才是安全的。石油及石油产品危险等级分类见表11-11。

表11-11 石油及石油产品危险等级分类

危险等级		闪点范围,℃	油品
甲类		<28	原油、汽油、石脑油、轻质溶剂油、苯类
乙类		28~60	喷气燃料、灯用煤油、轻柴油、军用柴油
丙类	丙A	60~120	重柴油、重油
	丙B	>120	润滑油、100号重油

2)易爆性

如果大量的油品在短时间内发生剧烈燃烧,在极短时间内释放出大量的能量,温度及压力急剧增加,这个过程称为爆炸。

衡量油品发生燃烧爆炸的一个重要指标是爆炸极限。所谓爆炸极限,是指可燃气体或可燃性液体的蒸气与空气或氧气混合后,在某一浓度范围内,遇到火源将引起爆炸,此浓度范围称为混合气体的爆炸极限。能够发生爆炸的最低浓度和最高浓度,分别称为爆炸下限和爆炸上限,这两者有时也称为着火下限和着火上限。在低于爆炸下限时不爆炸也不燃烧;在高于爆炸上限时不会发生爆炸,但会燃烧。这是由于前者的可燃物浓度不够,过量空气的冷却作用阻止了火焰的蔓延;而后者则是空气不足,导致火焰不能蔓延的缘故。但可燃气的浓度高于爆炸上限时,也是十分危险的,因为高浓度的混合气中一旦补充进空气就具备了发生爆炸的条件。

油品的爆炸极限范围越宽、爆炸下限越低,油品的火灾危险性就越高。许多油品的爆炸浓度下限很低,尤其是轻质油品,油品易挥发,生成的油品蒸气易积聚、飘移,波及范围大,浓度在爆炸极限范围内的可能性很大,只要有足够能量的引爆源存在,便可发生爆炸。

2. 火灾的防护

火灾对油料的储运安全威胁极大,油品储运过程中必须切实加强防火防爆的工作。根据发生燃烧爆炸的条件,控制住火源和引爆源,妥善处理好可燃物,减少油品蒸气积聚等是油库做好防火防爆工作的基本措施。

1)控制火源

(1)控制明火源。

所谓明火源,是指整个经营管理过程中的加热用火、维修用火及其他火源。在油库及输油场所进行电焊、气焊、铸锻等明火作业时,必须严格按规章制度进行。在动火作业前要申请用火票,妥善处理用火现场,严格落实有关的防火措施,经批准后,方可用火。

在动火作业中,现场应有专人进行消防值勤和动火现场监督。作业结束后,要仔细清理现场,彻底消除火源,并关闭电源等。经检查无误后,人员方可离去。

汽车和拖拉机等进库前必须戴防火罩,停车后立即熄灭发动机,并严禁在库内检修车辆,也不准在作业过程中启动发动机,以防火星飞出,引起可燃混合气体燃烧爆炸。

铁路机车入库时,要加挂隔离车,关闭灰箱挡板,并不得在库区清炉和在非作业区停留。

油轮停靠码头时,严禁使用明火,禁止携带火源登船。

进入油库不准携带火种,如火柴、打火机等;更不准在库内吸烟;不准穿铁钉鞋进入油库,特别是攀登油罐、油轮、油罐车和踏上油桶。

(2)防止金属摩擦与撞击火花。

金属零部件以及工具间的相互摩擦与撞击而产生的火花,也能引起油品的燃烧或爆炸。因此应避免和防止金属间的摩擦和撞击,如清罐或扫槽车底油时,不能直接用金属刷清扫,要用木质材料清扫。各类油泵、电动机等运转机械的轴承要及时加油,保持良好润滑,防止干摩擦产生火花,并经常消除附着在轴承上的可燃污垢。

在火灾爆炸危险区域拆装维修设备时,应使用铜制防爆工具,严禁敲打作业。搬运油桶等金属容器时应避免互相碰撞,不得抛掷、撞击、震动,更不准在水泥地面上滚动无垫圈的油桶。

油品在接卸作业中,要避免接卸鹤管在插入和拔出槽车口或油轮舱口时碰撞。凡是有油气存在的地方,都不能使用非防爆工具碰击钢质金属。

严格执行出入库和作业区的有关规定,不准穿铁钉鞋进入油库,特别是攀登油罐、油轮、油罐车和踏上油桶。

(3)防止电火花。

电器设备由于老化、短路或操作时触头分合等原因也会引起火花,同样可以引起油品的燃烧爆炸。因此油库及一切作业场所使用的电气设备,都必须符合场所的防火防爆要求,安装也应符合有关的安全技术要求,严禁有破皮、露线等可能导致短路现象的存在。

严禁任何级别电压的架空线路跨越储油区和桶装轻油库房、收发油作业区以及油泵房等的上空,并不得随意拉接临时线路。

通入油库的铁轨,必须在进入油库铁路大门以前的钢轨接缝处安装绝缘隔板,以防止外面的杂散电流进入油库。

(4)防雷击和静电。

雷击和静电放电产生火花也会导致油品燃烧爆炸,有关知识将在后面介绍。

2)正确处理可燃物

在油料的储运过程中,可燃物的正确处理主要注意以下几点:

(1)严防油品的跑、冒、滴、漏。

油品储运工作中,跑、冒、滴、漏等现象往往导致油品在作业场所扩散,它是发生火灾爆炸事故的重要原因之一。工作中操作人员要精心操作,加强设备维护,提高设备完好率,发现泄漏部位要及时修复。油品输转作业中,要坚持巡回检查,随时注意输油泵出口压力表和入口真空表的读数变化,防止管道损坏等原因导致跑油事故的发生。对在装卸油品作业中发生的跑、冒、滴、漏油品,应及时予以清除处理。油罐、罐车等储油容器收装油品时,要密切注意油面上升情况,不得超高,严防冒油。近来,一些油库采用了压敏式或光导式液位计量仪表,基本上可以避免冒油事故的发生。

此外,严禁将油污、油泥、废油等倒入下水道或明渠排放,应收集于指定地点,妥善处理、达标后排放。

(2)减少油品的蒸发。

油库中,由于受设备的作业条件限制,油品不可避免地会蒸发,形成爆炸性混合气体,依靠一次防护措施是达不到要求的,必须采取二次防护措施,以弥补一次防护措施的不足。

目前减少油品蒸发的主要措施是:尽可能使油罐或油桶满装,防止油品泄漏,降低油罐内的温差,采用内浮顶油罐,进行油气回收,改进设备及操作等。

(3)防止可燃气体积聚。

油品蒸发后与空气形成爆炸性混合气体,容易在低洼、不通风的场所积聚,这些积聚的爆炸性混合气体,是发生火灾爆炸事故的重大隐患之一,因此要防止可燃气体在房间、坑洞等场所积聚。目前许多油库的泵房等易积聚可燃气体的工作部位,已经安装了可燃气体报警仪等安全监控设备,一旦发现油蒸气浓度超过安全规定时,应及时查明原因,并认真妥善地加以处理。对于泵房和库房等易于积聚油气的场所应采取机械通风,以排除油蒸气。

未经洗刷的油桶、油罐及其他储油容器,严禁修焊。

(4)通风和惰化。

清洗含硫油罐沉积物或其他含硫、磷等具有自燃能力的物质时,要防止其产生自燃,可针对不同情况而采取通风、散热、淋水降温等措施来防止其自燃和爆炸的发生,或采取隔绝空气、充入惰性气体进行保护。油抹布、油棉纱等也极易自燃并可引起火灾,应装入专用的金属箱桶内,放置在安全地点并及时清除,切勿堆放在不通风的地方。

(5)做好可燃物质的隔离。

油品一般均有较好的流动性,因此要防止储油容器破裂后油品流散或火灾蔓延。地上油罐应修筑防火堤和水封井,平时应关闭其排水井出口管道上的阀门。

储油区、库房、泵房、装卸区等建筑物附近,要清除一切可燃物,如树叶、干草和杂物等。

(二)静电危险因素的识别与防护

危险储运油料安全的另一危险是静电引起的着火爆炸。

1. 静电危险因素的识别

静电由两种不同物质相互摩擦而产生,其电荷存在形式是相对静止的。静电并不是绝对静止的电,而是指电荷在空间移动稍为缓慢,其磁场效应同电场的作用相比可以忽略的电。由静电场引起的各种现象称为静电现象。

油库储存着大量的石油产品,各作业场所又时刻弥漫着爆炸性混合气体。静电的存在对可能出现的爆炸、火灾是一种潜在的危险。据有关资料介绍,火灾爆炸事故约有10%属于静电事故。

1)静电的产生和积聚

油库产生静电的场合很多,例如用油清洗化纤衣服油污或用化纤碎布清洗设备油污而造成的摩擦起电;小水滴吸附空气中负离子而带负电;绝缘体与固体摩擦带电;油品在管道中流动带电,汽车发油时油蒸气带电,人体穿戴化纤衣服鞋帽产生人体静电等。

油品的电阻率大多高于$10^{10}\Omega\cdot m$,属于静电非导体,即具有易积聚静电的特性。而静电荷积聚多少与材料的绝缘性能有关,即与电荷在介质内流散的规律有关。油品在储运过程中,其静电的产生和积聚量的大小,还与管道长度、附件多少、油品位差及收发油速度等有关。

2)静电放电引燃条件

带电体上的静电荷总是要释放掉的,电荷的释放有两个途径,即自然逸散和不同形式的放电。静电放电是电能转换成热能的过程,能将可燃物引燃,成为引起燃烧或爆炸的火源之一。

静电放电以静电积聚为前提,而被积聚的静电只有同时具备以下条件时才能构成放电危害,即:

(1)积聚起来的电荷能形成具有足以引起火花放电的静电电压;

(2)有适宜的放电间隙;

(3)放电达到能够点燃可燃性气体的最小能量;

(4)放电必须在爆炸性混合物的爆炸浓度范围内发生。

由于石油产品具有较高的电阻率,故产生静电电荷积聚和静电放电的几率很高,至于能否引燃可燃性油蒸气,主要取决于放电能量是否大于油蒸气的最小引燃能量和油蒸气的浓度是否在爆炸范围内。一般认为,对存在油蒸气的场所,当具有金属突出物时,油面电位不超过8~10kV是安全的,接近20kV时危险程度很高。因此,轻质油品装油过程中的安全油面电位值规定为12kV。

3)静电放电类型

静电放电一般是电位较高、能量较小、处于常温常压条件下的气体击穿。电极材料可以是导体或绝缘体,电场多数是不均匀的,其放电类型按放电的位置可分为空间放电和沿面放电两种情况,放电形式有电晕放电、火花放电、刷形放电和沿面刷形放电4种。

2. 静电危险因素的防护

1)防止静电灾害的条件

要避免火灾事故发生,只要消除静电放电4个条件中的任何一个或几个就可以了,即防止或减少静电的产生;设法导走或中和产生的电荷,使它不能积聚;防止产生高电场,没有足够能量的静电放电;防止爆炸性混合气体的形成。

油品内的杂质是其起电的重要因素,然而使油品达到高精度是困难的,也是不经济的。因此防止石油静电灾害,不是完全消除静电电荷的产生,而是从工艺或设备管理上控制静电的各项指标,不至于达到危险程度,避免发生事故,如控制产生的电荷量或电荷密度;控制积聚电荷产生的电位或场强的大小;控制放电形式与能量;控制爆炸性混合气体的浓度;尽可能消除放电间隙等。

2)工艺的控制

(1)流速的控制。

资料表明对同一种油品,其流速越高,管径越大,则静电生成量也越大。如罐车装油试验表明:当平均流速为2.6m/s时,测得油面电位为2300V;当平均流速为1.7m/s时,油面电位为580V,可见控制流速是减少静电荷产生的有效措施。因此,规定汽车罐车浸没装油最大线速不应超过7m/s;铁路罐车用大鹤管装油,流速不得大于5m/s,目的是为了减少静电的产生。

当初始装油或油品中带有水分时,更易产生静电危险,因此必须将初速限制在1m/s。如铁路槽车和汽车油罐车装油时鹤管未浸没前的初速、油罐进油时进油管未淹没前的初速、内浮盘未起浮前的油品流速都必须限制在1m/s以下,然后才能逐渐提高流速。

(2)加油方式的控制。

由于油罐、油罐车、油轮等从顶部喷溅装油时,油品必然冲击罐壁,搅动罐内液体,同时加速油品蒸发、雾化和泡沫,使容器内油品的静电量急剧增加,因此要求油罐、油轮装油时应从底部进油,油槽车进油时鹤管应伸到距槽罐底部距离不大于200mm处。

（3）油面空间混合气体的控制。

为防止爆炸性混合气体的形成，不少场合可采用正压通风的办法，但对油面空间一般不宜使用，而往往采用充惰性气体的办法。一般要求在空间内含氧量不超过8%（体积分数），这时即使有火源也因氧气不足而不会被引燃。

（4）避免不同性质的物质相混。

油品与水、空气及不同性质油品相混，静电产生量将增大。不同油品相混也容易引起静电危险，油品相混一般出现在混合、切换或两条管道同时向油罐输送不同油品的时候。压缩空气同油品接触必须有一定的措施，以限制静电危害。在油品作业时，严禁用空气清扫油舱底油和甲、乙类输油管道。

3）消静电装置

（1）接地与跨接。

静电接地是指将储油容器、管道及其他设备通过金属导线与大地连通而形成等电位体，并有最小电阻值。跨接是指将金属设备以及各管道之间用金属导线相连造成等电位体。显然，接地与跨接的目的在于人为地与大地造成一个等电位体，不致因静电电位差造成火花而引起灾害。

储存甲、乙、丙A类油品的钢质油罐，不论是地上、地下、半地下或是山洞中，也不论油罐的结构、形状如何，都应作防静电接地装置，原则上都要作重复接地。

甲、乙、丙A类油品的汽车油罐车和油桶灌装设备，应作防静电接地。装卸油码头，应设有为油船跨接的防静电接地装置，此接地装置应与码头上装卸油品设备的防静电接地装置或泵船上的防静电接地装置不作连接。

（2）消静电器。

消静电器是直接消除油品内流动电荷的器件。它安装在管道末端，不断地向管中注入与油品电荷极性相反的电荷而达到中和的目的。油库使用最多的是管道感应注入式消静电器，又称消静电管。消静电管的基本结构主要由接地钢管、高绝缘介质管和集流放电针等组成。

（3）抗静电添加剂。

抗静电添加剂的工作原理是通过加入微量抗静电添加剂增加油品的电导率，使其电荷得不到积聚，而又不影响油品的质量。抗静电添加剂种类很多，如油酸盐、环琮酸盐、铬盐、合成脂肪酸盐等。

4）限制作业条件

为了避开油面最大静电电位，防止静电事故的发生，对刚进油和运输后的容器进行检测作业时，油品需静置一段时间，以保证容器内静电荷的泄漏。规定油品静止时间的依据是油品电导率和容器容积，见表11-12。

因此，在油罐及其他容器的静置时间内，严禁检尺、测温、采样等作业，铁路罐车和汽车罐车的检尺和测温必须在装完油且静置一定时间后方能进行，金属材质的测温盒和采样器，必须使用导电性材质的绳索，并与罐体进行可靠的接地，不准使用导电性能不同的两种物质的工具进行检尺、测温和采样。

油罐进油要尽量避免突然开泵或停泵，因突然开停泵会造成瞬间冲击压力和流速过高，使静电涌起，往往造成事故。较合理的是利用小泵—大泵开启，而后用大泵—小泵停止的操作顺序，起到很好的防护作用。当采用顶部装油方式时，进油管必须插到底部。

表11-12　油品电导率与静置时间的关系

油品电导率,s/m	容器容积,m³			
	<10	10~50	51~5000	>5000
	静置时间,min			
10^{-8}	1	1	1	2
10^{-12}~10^{-8}	2	3	10	30
10^{-14}~10^{-12}	4	5	60	120
10^{-14}以下	10	15	120	240

5) 人体防静电

(1) 人体静电类型及电位变化。

人体穿着的内外衣,由于材料不同,穿、脱时所产生的静电也有差异。化纤品或毛织品产生的静电较高,在穿、脱时形成的蓝色火花,引燃引爆油蒸气的机会较多。因此,在油库泵房、灌油间、发油台等岗位工作的人员和从事装卸作业的人员应避免穿化纤衣服,应穿棉织品的内外衣和防静电鞋,也勿用化纤和丝绸类纱布去擦拭油泵、油罐口、量油口、油船舱口。

(2) 人体防静电措施。

① 人体接地:在特殊危险场所的作业人员,如司泵员、计量员及卸槽工,为了避免人体带电后对地放电所造成的危害,一般情况下作业人员应先接触设置在安全区内的金属接地棒,以清除人体电位,然后再操作,如油罐计量人员上罐时用手握一下盘梯下部裸露的扶手。

② 穿防静电工作服:在易燃易爆场所的作业人员应穿防静电服及防静电鞋。

③ 危险场所严禁脱衣服:在危险场所作业时,不准脱衣服。因为脱衣服时,人体和衣服上产生的静电可能达到数千伏的高电位,相应形成火花放电而点燃可燃性混合气体而发生爆炸。

④ 工作地面导电化:最简单的办法是向地面上洒水或采用导电地面,以便有效地消除人体静电。

(三) 常见油品的危险因素分析

不同油品因其性质不同,产生的安全风险也不同,一旦燃烧或爆炸后,处理的方法也不同。

1. 汽油

(1) 燃烧性:易燃。

(2) 闪点:-43℃。

(3) 自燃温度:255~390℃。

(4) 爆炸极限:1.4%~7.6%(体积分数)。

(5) 危险因素分析:汽油蒸气与空气形成爆炸性混合物,遇明火、高热极易燃烧爆炸,与氧化剂能发生强烈反应,引起燃烧或爆炸。其蒸气比空气重,能在较低处扩散到相当远的地方,遇明火会引着回燃。若遇高热,容器内压增大,有开裂和爆炸的危险。

(6) 灭火方法:泡沫、CO_2、干粉、沙土,用水灭火无效。

(7)禁忌物:强氧化剂。

2. 柴油

(1)燃烧性:易燃。

(2)闪点:50℃。

(3)自燃温度:257℃。

(4)爆炸极限:0.6%～5.0%(体积分数)。

(5)危险因素分析:遇明火、高热或氧化剂接触,有引起燃烧爆炸的危险。若遇高热,容器内压增大,有开裂和爆炸的危险。燃烧分解产物一氧化碳、二氧化碳。

(6)禁忌物:强氧化剂。

(7)灭火方法:泡沫、二氧化碳、干粉、1211灭火器、沙土。

3. 液化石油气

(1)燃烧性:易燃。

(2)闪点:-74℃。

(3)爆炸极限:2.25%～9.65%(体积分数)。

(4)引燃温度:426～537℃。

(5)危险特性:极易燃,与空气混合能形成爆炸性混合物,遇热源和明火有燃烧爆炸的危险。其与氟、氯等接触会发生剧烈的化学反应。其蒸气比空气重,能在较低处扩散到相当远的地方,遇明火会引着回燃。

(6)灭火方法:切断气源。若不能立即切断气源,则不允许熄灭正在燃烧的气体。条件具备情况下,尽可能将容器从火场移至空旷处。

(7)灭火剂:雾状水、泡沫、二氧化碳。

二、天然气储运过程中的危险因素识别与防护

(一)天然气储运过程中的危险因素识别

天然气集输过程中,涉及众多的场站,如压气站、分输站、清管站、清管分输站、配气站等。场站间又通过四通八达的天然气管网连成一体,并通过城市燃气管网送到千家万户。保证场站和天然气管网的安全运行是关乎社会稳定、经济发展的重要课题。

天然气的主要成分是甲烷,其危险性主要表现在易燃、易爆、易扩散、有毒(窒息性气体)、热膨胀性、可压缩性等方面。

天然气极易燃烧,其闪点很低(-190℃),仅需要很少点火能量即可点燃,而且燃烧速率很快,是燃烧危险性很大的物质。因此,在静电火花、雷电、明火火源、电器火花、机械火花及爆炸事故等因素的诱发下,均有发生火灾及爆炸的可能。

天然气具有易扩散性。天然气的密度比空气小,当系统密封不严时,天然气极易发生泄漏,泄漏后天然气不易留存在低洼处,极易随风四处扩散,有较好的扩散性。天然气的泄漏不仅会影响系统的正常运行,还会污染周围的环境,甚至使人中毒,更为严重的是遇到明火极易引起火灾或爆炸,增加了火灾爆炸的危险性。

天然气具有热膨胀性。天然气的体积会随着温度的升高而膨胀,当管道或容器遭受曝晒或靠近高温热源,天然气受热膨胀造成管道或容器损坏,导致天然气泄漏,引发次生灾害。

天然气是可压缩的,因而输气管的输送压力要较输油管高,超压运行或管道、设备存在缺陷可能会产生物理爆炸。

(二)天然气储运过程中的危险防护措施

根据天然气燃烧爆炸特性,防止天然气发生火灾爆炸事故的基本原则是:

(1)控制可燃物和助燃物的浓度、温度、压力及混合接触条件,避免物料处于燃爆的危险状态。

(2)消除一切足以导致起火爆炸的点火源。

(3)采取各种阻隔手段,阻止火灾爆炸事故灾害的扩大。

天然气火灾爆炸事故的原因是多方面的,实际工作中应从以下几个方面做好防范:

(1)完善防火安全规章制度。建立群众性的消防组织,制定防火规章制度和消防方案,划分消防区域,规定火警信号,定期组织防火教育和消防演习,熟练使用消防器材。

(2)加强管理,严禁携带火种进入防火禁区,机动车辆进入防火禁区需戴防火帽等。

(3)防止金属撞击产生火星,严禁穿铁钉鞋进入作业区,在有天然气的场合进行维护、搬运等作业时,严禁金属之间的撞击。

(4)在有天然气的场合,应使用防爆型电气设备。

(5)遇雷雨天气时,尽量减少天然气放空作业等操作。

(6)防止天然气泄漏扩散,避免日光曝晒,要有良好的通风措施,减少天然气的聚积,使天然气达不到燃爆所需要的数量、温度、浓度,从而消除发生燃爆的物质基础。

(7)采用先进的工艺(密闭设备系统、惰性气体保护等),减少天然气与空气、氧气或其他氧化剂接触,或者将它们隔离开来,即使有点火源作用,也因为没有助燃物掺混而不致发生燃烧、爆炸。

(8)要有完善的消防设施,各车间、岗位要配备足够的灭火器材。

(9)设置阻火装置或阻火设施,阻止火势蔓延,阻止火焰或火星窜入有燃烧爆炸危险的设备、管道或空间,阻止火焰在设备和管道中扩展,或者把燃烧限制在一定范围内不致向外传播。减少火灾危害,把火灾损失降到最低限度。

(10)在工艺设备或高压容器上设置防爆泄压装置(安全阀、防爆片),限制爆炸波扩散,防止压力突然升高或爆炸冲击波对设备、容器的破坏和对人员的伤害。

(11)设置可燃气体检测报警系统,按易燃或有毒源泄漏点设置可燃气体检测仪表,以确保及时发现气体泄漏情况,防止火灾和爆炸事故的发生,确保装置及人员安全。

(12)设置火灾自动报警系统,对站内的火灾情况进行早期检测、显示、报警和事故记录等。

三、消防安全

(一)灭火方法

可燃物质发生燃烧和燃烧传播必须同时具备几个条件,缺一不可。灭火就是为了破坏已经产生的燃烧条件、抑制燃烧反应所采取的措施。根据燃烧原理和灭火实践,灭火的基本方法主要有冷却法、窒息法、隔离法和负催化抑制法4种。实际灭火中应根据火灾的特点,采取相应的灭火方法,一般是2种或3种方法相结合进行。

1. 冷却灭火法

冷却灭火法就是将灭火剂直接喷洒在燃烧的物体上,将可燃物质的温度降到燃点以下,终止燃烧,它是扑救火灾的常用方法。二氧化碳冷却灭火效果较好,固体二氧化碳温度很低,从灭火机喷出后迅速汽化,吸收大量的热量,从而降低燃烧区的温度,达到灭火目的。

2. 窒息灭火法

窒息灭火法就是阻止或隔绝空气进入燃烧区域的措施,或用不助燃的惰性气体冲淡空气,使燃烧物质隔断氧的助燃而熄灭。这种灭火方法适用于扑救封闭房间、容器或生产设备内的火灾。

采用窒息法灭火时,可以用石棉被、湿棉被、湿帆布等不燃或难燃材料覆盖燃烧物或封闭孔洞,用水蒸气、惰性气体(如二氧化碳、氮气等)充入燃烧区域等。

3. 隔离灭火法

隔离灭火法是将燃烧物与附近的可燃物隔离或疏散开,使燃烧停止。这种灭火方法是扑救火灾比较常用的一种方法,适用于扑救固体、液体及气体火灾。

采用隔离灭火法的具体措施有:将火源附近的可燃、易燃、易爆和助燃物质从燃烧区转移到安全地点;关闭阀门,阻止可燃气体、液体流入燃烧区;拆除与火源相连的易燃建筑物,形成阻止火势蔓延的空间地带等。

4. 负催化抑制灭火法

负催化抑制灭火法,就是使灭火剂参加到燃烧反应过程中去,抑制燃烧反应继续进行,使火焰熄灭。采用这种方法的灭火剂有干粉、"1211"等,并一定要有足够数量的灭火剂准确地喷射在燃烧区内,以使其充分参与燃烧反应,否则将不能完全抑制燃烧反应的进行,达不到灭火的目的;同时,还要采取必要的冷却降温措施,防止复燃。

(二)油库灭火系统

油库灭火系统是油库消防系统最重要的组成部分,为控制及扑灭油库火灾提供了有效的保障。油库灭火系统一般由报警系统、供水冷却系统和泡沫灭火系统组成。

火灾报警系统有固定式报警系统和人工手动报警系统等形式;供水冷却系统有固定式冷却系统和移动式冷却系统等形式;泡沫灭火系统有固定式泡沫灭火系统、半固定式泡沫灭火系统和移动式泡沫灭火系统等形式;烟雾灭火系统有罐内式烟雾灭火系统、罐外式烟雾灭火系统等类型。

1. 常用灭火器材的性能

油库常用消防器材主要有手提式干粉灭火器、推车式干粉灭火器、手提式泡沫灭火器、推车式泡沫灭火器、手提式二氧化碳灭火器、手提式1211灭火器等,它们的规格性能见表11-13。

2. 常用灭火器材的使用方法

1)干粉灭火器的使用方法

干粉灭火器又称粉末灭火器,它内装一种干燥、易于流动的微细固体粉末,一般借助于专用灭火器或灭火设备中的气体压力,将干粉从容器中喷出,以粉雾的形式灭火。

手提式干粉灭火器使用时,应先将干粉灭火器颠倒数次,使筒内干粉松动,然后提起拉环,使氮气或二氧化碳动力气体进入筒内,干粉在二氧化碳作用下喷出。

表11-13　常用灭火器材的规格性能

序号	器材名称	型号	灭火剂量,kg	喷射时间,s	射程,m
1	手提式干粉灭火器	MF8	8	>12	5
2	推车式干粉灭火器	MFT70	70	>25	>9
3	手提式泡沫灭火器	MP8	9	>60	>8
4	推车式泡沫灭火器	MPT100	100	>100	>10
5	手提式二氧化碳灭火器	MT7	7	>12	2.2～2.5
6	手提式1211灭火器	MY4	4	>9	>4.5

推车式干粉灭火器的使用方法与手提式干粉灭火器相同。

2)泡沫灭火器的使用方法

能够与水混溶,并可通过化学反应或机械方法产生灭火泡沫的药剂称为泡沫灭火剂。按照泡沫生成机理,泡沫灭火剂可分为化学泡沫灭火剂和空气机械泡沫灭火剂两大类。油库常用的泡沫灭火器为化学泡沫灭火器,化学泡沫灭火器包括手提式和推车式两类。

手提式化学泡沫灭火器在使用前,应将灭火器平稳地提到火场10m以外,颠倒筒身,略加摇晃,即可喷出泡沫。

推车式泡沫灭火器使用时,一人逆时针转手轮,另一人施放皮管,双手握住喷枪对准燃烧物,开启瓶胆室,倒放泡沫灭火器,上下摇晃数次,拖杆着地,扳开阀门,喷射灭火。

泡沫灭火器在使用时还应注意喷管不能对准人,操作人员应站在上风向,沿火苗根部,渐渐推进扑灭。

3)二氧化碳灭火器的使用方法

二氧化碳是无色无味、不燃烧、不助燃、不导电、无腐蚀性的惰性气体,灭火用的二氧化碳一般是以液态灌装在钢瓶内,依靠二氧化碳的蒸发作用喷射出雪花状固体颗粒的干冰。

二氧化碳灭火器有手提式和推车式两类,其中最常用的手提式二氧化碳灭火器又可分为鸭嘴式和手轮式两种结构型式。鸭嘴式二氧化碳灭火器使用时要拔去保险销,将鸭嘴压下即可喷出二氧化碳。使用二氧化碳灭火器时要特别注意,不能手握金属杆以防冻伤,不能逆风使用,室内灭火完毕应迅速撤离火场。

4)1211灭火器的使用方法

1211灭火器是卤代烷灭火器中的一种,"1211"是一种无色、稍带芳香气味的气体,其灭火机理是:"1211"在火焰高温中分解产生的活性游离基Br、Cl等参与物质燃烧过程中的化学反应,消除维持燃烧所必需的活性游离基,生成稳定的分子及活性较低的游离基,从而使燃烧过程中的化学链锁反应的链传递中断而灭火。

1211灭火器包括手提式和推车式两类。手提式1211灭火器由筒身和筒盖两部分组成,它的使用方法是先拔出安全销,再压下把手,1211灭火剂即可喷出灭火,放松手把,喷射停止。推车式1211灭火器由推车、钢瓶、阀门、喷射胶管、手握开关、伸缩喷杆、喷嘴等组成。使用时应取下喷枪,展开胶管,开启钢瓶上的阀门,拉出伸缩杆导管,握紧手握开关压把,将药剂喷向火源根部,如放松手握开关压把,喷射将停止。推车式1211灭火器应设在保护场内,便于取用,避免日晒、火烤和腐蚀。需要注意的是,1211灭火器由于对环保影响较大,已逐渐淘汰。

5)石棉毯的使用方法

石棉毯使用时,走近敞口容器上风向,下部罩住上风向容器外壁,上部用两手顺势将火苗盖住,待火熄灭后取下。

(三)油库火灾的常规扑救方法

熟悉常规火灾的扑救方法,目的是一旦发生火灾,可以缩短必要的准备时间,充分利用消防设施的作用,提高灭火效率,尽可能使损失限制在较小的范围内。

1. 油罐火灾

扑救不同形式的油罐火灾,要根据油品燃烧时,其盛装容器的破坏状况、油品种类以及油罐上的灭火设备是否完整、可靠等情况采取相应的灭火措施。

1)稳定燃烧的油罐火灾

(1)火炬型燃烧。

油罐发生的火灾,可能是油罐出现的孔洞,如在破裂的缝隙处,呼吸阀、量油孔、采光孔等处形成稳定的火炬型燃烧。稳定的火炬型燃烧可采用水流封闭法和覆盖法灭火。水流封闭法是根据火炬直径的大小、高度,组织数个射击小组,用水流将火焰和还未燃烧的油蒸气分隔开,造成瞬时可燃烧气体的供应中断,使火焰熄灭;也可使用数支水枪同时由下向上移动,将火焰"抬走",使火焰熄灭。

覆盖灭火就是使用覆盖物盖住火焰,造成瞬时油气与空气的隔绝,致使火焰熄灭,这是扑救火炬型燃烧的有效方法。在覆盖之前,需用水流对覆盖物及燃烧部位进行冷却,并掩护扑救人员自上风方向靠近火焰,用覆盖物盖住火焰,使火焰熄灭。若油罐上洞孔较多,同时形成几个火炬燃烧时,应用水流冷却油罐整个表面,使油品气体压力降低,然后从上风方向逐个将火焰覆盖扑灭。扑救火炬型燃烧的覆盖物可用浸湿的棉被、麻袋、石棉被和海草席等。

(2)无顶盖油罐稳定性燃烧。

如果油罐发生爆炸,罐盖被掀开,液面上形成稳定性燃烧。此时必须准备充足的灭火剂、水源和移动式泡沫灭火设备。一般是对油罐进行可靠的冷却,先集中冷却燃烧罐,不使罐壁变形、破裂;同时冷却危险范围内的邻近罐,特别是下风方向的油罐。用石棉被、湿棉被等把附近罐上的呼吸阀、量油孔覆盖起来,防止邻罐的油蒸气被引燃或爆炸,并启动未损坏的固定灭火设备。

在一般情况下,低液位油罐发生火灾,可采取科学冷却方法,降低油罐壁的温度。使用一般空气泡沫灭火装置,也能达到理想效果。

(3)油罐罐盖塌陷燃烧。

油品发生爆炸燃烧,多数情况下是一部分罐盖掉进油罐内,另一部分在液面上。罐顶凹凸不平,火焰能将液面上的罐盖烧得很热,对泡沫有破坏作用。此外罐顶凸凹不平,泡沫不易覆盖住被罐盖遮挡的那一部分火焰,影响灭火速度。此时如果条件允许,可以提高油面液位,使罐盖高出液面部分被液体淹没,形成水平的液面,然后用泡沫扑灭火焰。提高油液面需很短时间内完成,否则不宜采用这种方法。

如果一切方法都不能将油罐内火灾扑灭,就要设法将罐内油品通过密封管道输出;同时继续冷却油罐,让少量剩余油料烧尽,以保全金属油罐和防止火灾蔓延。

2）油罐油品外溢火灾

油罐爆炸，油品流散，在防火堤内形成大面积的火灾，给扑救工作带来很大的困难，应根据具体情况，采取相应的措施。

当油罐周围都是燃烧的油品，灭火人员不能接近油罐灭火。这时，即使固定泡沫灭火设备没有破坏，也不能用油罐上的泡沫灭火设备灭火，更不能用其他灭火设备扑救油罐火灾。

根据火灾的特点和灭火力量的情况，首先应组织扑救堤内的流散液体火焰，然后再扑救油罐内的火灾。防火堤内有较大的燃烧面积时，应采用堵截包围的灭火战术，集中足够的泡沫管枪或泡沫炮，布置在防火堤外面，对燃烧区实行全面包围。先用干粉、1211等灭火剂控制火焰，再用氟蛋白泡沫从防火堤边缘开始喷射泡沫，逐渐向防火堤中心流动，覆盖燃烧液面，扑灭罐外的火灾，然后迅速扑救罐内火灾。

如果防火堤内油品温度较高，灭火人员很难接近油罐时，可采用云梯、曲臂梯等登高设备，使泡沫管枪手接近油罐，居高临下向罐内喷射泡沫或采用泡沫炮，扑灭罐内火灾。

在扑救火灾的同时，应注意油品流散状况，防止油品流出防火堤，使火灾扩大，必要时应及时加高、加固防火堤，提高防火堤的阻油效能。当防火堤内的油品和冷却水积存较多时，应通过堤外水封井、隔油池导走油品，把火焰堵截在水封井和隔油池外口，必要时也可采用下水道或临时铺设管道，将油品排到安全的地方。

3）沸溢油品储罐火灾

重油和原油一般都含有水分，燃烧过程中会发生沸溢火灾。

正确的灭火方法，首先是控制火势。沸溢性油品储罐发生火灾后，在未发生沸溢之前，应集中力量对燃烧油罐进行积极冷却或排出罐底积水，防止发生沸溢。如果已发生油品沸溢时，应采用建筑堤方法，阻止油品向四周无限制地流散，将燃烧控制在一定范围内。

对于包围圈内的燃烧油品，应采取堵截包围，从不同方向分进合击，缩小包围圈，为扑救罐外火灾创造条件。

扑救油罐沸溢性火灾，宜采用液下喷射灭火方法。常规扑救时，要防止冷却水进入油罐内，或在即将沸溢前往罐内打入泡沫，以免导致油品提前沸溢，一般在起火后30min内扑灭火灾。在泡沫进攻之前，可向罐内打入少量冷油，降低油品温度，然后打入泡沫，防止沸溢。总之，沸溢油罐火灾是油罐火灾中最危险的，扑救时要十分重视，认真对待。

4）隐蔽性油罐火灾

地下和洞库油罐由于通道地形狭窄，通风不良，氧气浓度分布不均匀及砼顶炸裂崩塌等原因，妨碍扑救工作。

对于洞库内小型火灾，可用小型灭火器材及早扑灭。洞库内若有大量固体可燃物着火，烟雾弥漫，有毒气体浓度大，可喷射水冷却扑救。消防人员必须做好个人防护，彻底消灭阻燃。洞库油罐较大火灾可采用窒息法，如密闭洞库孔道或输入高倍数泡沫灭火。

地下、半地下油罐着火，火柱贴近地面，热辐射强，须在水雾掩护下将邻罐呼吸阀、计量孔等可靠覆盖，才能进行扑救灭火。

2. 油泵房火灾

油泵房火灾多数是由于油泵房中的油蒸气及泵的填料函漏油、泵管破裂，形成爆炸或燃烧所致。

一般油泵房内，配置有简易的零星灭火器材，如泡沫灭火器、二氧化碳灭火器、干粉灭火器或1211灭火器设备。发生火灾后,首先应切断电源,切断来油并停止油泵运转,用灭火器或石棉被等灭火器材及早扑灭。

3. 铁路油罐车火灾

铁路油罐车在装卸过程中,往往由于铁器碰击、静电、雷击或杂散电流等原因造成罐口燃烧的火灾。在铁路运行中,还会出现由于撞车、翻车等现象而导致的大面积火灾。

1)油罐车罐口火灾

铁路油罐车罐口火灾,一般形成稳定性燃烧。通常罐体无损坏,火焰仅在罐口部位,可采用石棉被覆盖住罐口,或利用油罐车盖,使其关闭严密,空气和油蒸气隔绝,熄灭火焰;也可采用干粉、1211灭火器向罐口射击,扑灭火焰。如果火焰较大,可采用数支直流水枪,从不同方向交叉射击,组成水幕,将油气和空气隔开,扑灭火灾。

2)罐车油品溢流火灾

油罐车脱轨倾倒,油罐破裂,随着油品的流散,形成较大面积的复杂火灾。此时,火焰辐射热较大,人很难接近火源,油品不断流散,对灭火人员也有一定威胁。因此,应首先冷却燃烧罐车及其邻近油罐车,防止油罐车进一步破坏。冷却同时,组织泡沫或喷雾水流,先扑灭流散油品的火灾,再采用泡沫管枪、泡沫炮和喷雾水枪,扑灭油罐车火灾。

3)大面积油品流散的油罐车火灾

油罐车颠覆造成数个或数十个油罐车起火,火灾现场极为复杂,这时应先将未燃烧的机车、油罐车与着火的油罐车脱钩,开到安全地点,防止火势扩大;然后用沙土堤拦油,缩小燃烧范围,将流散液体火灾控制在一定范围内。用泡沫扑灭流散液体火焰后,再用泡沫或直流水枪扑灭油罐车火灾,也可用喷雾水流、沙土等扑救地面火灾,但应有防止复燃措施。

4. 汽车油罐车火灾

汽车油罐火灾的扑救方法类同于铁路油罐车。应注意必须将汽车罐车开到安全地带,才能进行有效的扑救工作。如果收发油品时罐口着火,可首先用石棉被将罐口盖上闷死,还可使用随车携带的灭火器对准罐口将油火扑灭,也可使用其他覆盖物堵严罐口将油火扑灭。

5. 油品管道渗漏火灾

由于输油管道腐蚀、管垫层损坏而导致漏油时也容易发生火灾。火灾发生后,首先停止油泵运转,关闭着火管道两端的阀门;然后采取挖坑筑堤的方法,防止喷出油品流散,火灾蔓延。独立的输油管道发生火灾,可采用直流水枪、泡沫、干粉等扑灭火灾,也可用沙土等掩埋扑灭火灾。

6. 电气设备火灾

电气设备由于过热、漏电、短路、过负荷运行、绝缘破坏或产生的火花、电弧等原因引起火灾或爆炸,电气火灾在油库中比例约占10%,造成的损失不单是设备直接损失,还迫使设备停工,间接损失也很大。

一般来说,凡有电气设备的场站都应配备干粉、1211或二氧化碳等小型灭火器。因为这些灭火剂电阻率很大,击穿电压很高,使用这些灭火剂带电灭火也不会发生触电。但最安全的方法是采取断电灭火,有时因生产需要,断电会产生其他灾害或无法断电,灭火需要动力等情况下,就必须进行带电灭火。

7. 人身上的油品火灾

当人身上沾上油火时,如衣服能撕脱下来,就尽可能迅速地脱下,浸入水中或用脚踩灭,或用灭火器、水扑灭。如果衣服来不及脱,可就地打滚,把火窒息。倘若附近有河渠、水池时,可迅速跳入浅水中。烧伤过重,则不能跳水,防止细菌感染。如果有两个以上的人在场,未着火的人要镇定沉着,立即用随手可以拿到的麻袋、衣服、扫帚等朝着火人身上的火点覆盖、扑打、浇水或帮他脱下衣服。但要注意,不能用灭火器直接向人身体喷射,以免扩大伤势。

当人身体上沾上油火时,往往由于惊慌失措或急于找人解救,拔脚就跑。如果人一跑,着火的衣服得到充足的新鲜空气,火就会更猛烈地燃烧起来。另外,着火的人一跑,势必将火种带到经过的地方,有可能扩大火灾。因此,当人身体沾上油火时,一定要镇静,切忌快速跑动,并把火带入作业区。

油库火灾各有特点,灭火方法也各不相同,应根据火灾的特点,在常规灭火方法的基础上,灵活地采取相应方法,才能有效地扑灭火灾。

四、油料的毒性与防护

(一)油料的毒性

石油、石油产品以及天然气等油料均为烃类混合物,均属低毒性物质。对人体造成的危害主要是通过吸入、皮肤吸收等途径。

当油品蒸气侵入人体后,会引起人体中毒,主要表现是:对中枢神经系统有麻醉作用。轻度中毒症状有头晕、头痛、恶心、呕吐、步态不稳;高浓度吸入出现中毒性脑病,极高浓度吸入引起意识突然丧失、反射性呼吸停止,可伴有中毒性周围神经病及化学性肺炎,部分患者出现中毒性精神病。液体吸入呼吸道可引起吸入性肺炎;溅入眼内可致角膜溃疡、穿孔,甚至失明;皮肤接触可导致急性接触性皮炎,甚至灼伤。

长期接触低浓度油品蒸气者会引起慢性中毒:头痛、头晕、易疲劳;神经衰弱综合症、植物神经功能紊乱等。

油料的毒性还体现在大部分油料中含有的硫化氢对人体的损害。

硫化氢是一种无色、有恶臭的剧毒气体,在空气中最高允许浓度为$10mg/m^3$,主要是通过吸入途径对人体造成危害。硫化氢是强烈的神经毒物,对黏膜有强烈的刺激作用。硫化氢急性中毒的主要表现是:短期内吸入高浓度硫化氢后出现流泪、眼痛、眼内异物感、胸闷、头痛、头晕、乏力、意识模糊等;部分患者可有心肌损害,重者可出现脑水肿、肺水肿。极高浓度($1000mg/m^3$以上)时可在数秒钟内突然昏迷,呼吸和心跳骤停,发生闪电型死亡。高浓度接触会使眼结膜发生水肿和角膜溃疡。长期低浓度接触会引起神经衰弱综合症和植物神经功能紊乱。

(二)防毒措施

1. 泄漏应急处理

迅速撤离泄漏污染区人员至安全区,并进行隔离,严格限制出入。切断火源,建议应急处理人员戴自给正压式呼吸器,穿消防防护服。尽可能切断泄漏源,防止进入下水道、排洪沟等限制性空间。小量泄漏,用沙土、蛭石或其他惰性材料吸收,或在保证安全的情况下就地焚烧;大量泄漏,构筑围堤或挖坑收容,用泡沫覆盖,降低蒸气灾害。用防爆泵转移至槽车或专用收集器内,回收或运至废物处理场所处置。

2. 防护措施

(1)呼吸系统防护:一般不需要特殊防护,高浓度接触时可佩戴自吸过滤式防毒面具(半面罩)。

(2)眼睛防护:一般不需要特殊防护,高浓度接触时可戴化学安全防护眼镜。

(3)身体防护:穿防静电工作服。

(4)手防护:戴防苯耐油手套。

(5)其他:工作现场严禁吸烟,避免长期反复接触。

3. 急救措施

(1)皮肤接触:立即脱去被污染的衣服,用肥皂水和清水彻底冲洗皮肤,就医。

(2)眼睛接触:立即提起眼睑,用大量流动清水或生理盐水彻底冲洗至少15min,就医。

(3)吸入:迅速脱离现场至空气新鲜处,保持呼吸道通畅。如呼吸困难,需输氧;如呼吸停止,应立即进行人工呼吸,就医。

(4)食入:饮牛奶或用植物油洗胃和灌肠,之后就医。

复习思考题

一、填空题

1. 油品的蒸发损耗大体上可分_____、_____、_____和_____等四种。

2. 影响油品灌装损耗的因素主要是_____、_____、_____和_____等。

3. 引起油品氧化的内因是_____,外因是_____。

4. 物质按其燃烧性分为_____、_____和_____三类。

5. 汽油的闪点是_____℃,爆炸极限是_____,发生火灾后的灭火方法有_____、_____、_____、_____等。

6. 柴油的闪点是_____℃,爆炸极限是_____,发生火灾后的灭火方法有_____、_____、_____、_____等。

7. 常见的灭火方法有_____、_____、_____、_____等。

8. 石油、石油产品以及天然气等油料均属_____毒性物质,对人体造成的危害主要是通过_____、_____、_____等途径。

9. 硫化氢是一种_____气体,在空气中最高允许浓度_____。主要是通过_____途径对人体造成危害。

二、简答题

1. 简述油料在储存过程中质量变化的原因。

2. 什么叫"小呼吸"? 影响"小呼吸"损耗的因素有哪些?

3. 什么叫"大呼吸"? 影响"大呼吸"损耗的因素有哪些?

4. 简述油品氧化变质的原因。

5. 在油料储运过程中,水分和机械杂质是如何混入的?

6. 简述汽油、柴油在储存过程中的质量变化规律。

7. 降低储油温度,减少温差有哪些具体措施?

8. 简述按闪点对油品进行火灾危险程度等级划分的情况,并说明石油、汽油、柴油等油品的危险等级。

9. 什么叫爆炸极限? 如何根据爆炸极限判断油品火灾危险性?

10. 简述油库防火防爆工作的具体措施。

11. 静电放电的条件是什么? 防静电的具体措施有哪些?

12. 防止天然气发生火灾爆炸事故的基本原则是什么?

13. 简述干粉灭火器的使用方法。

14. 简述泡沫灭火器的使用方法。

15. 简述油罐油品外溢火灾的灭火措施。

16. 简述油罐火灾发生火炬型燃烧时的灭火措施。

17. 简述油泵房火灾的灭火措施。

18. 简述油品管道渗漏火灾的灭火措施。

19. 简述电气设备火灾的灭火措施。

参 考 文 献

[1] 王从岗,张艳梅. 储运油料学. 2版. 北京:中国石油大学出版社,2009.

[2] 龙安厚,张树文,王志华. 油气储运工程实验. 北京:石油工业出版社,2010.

[3] 白世贞. 石油储运与安全管理. 北京:化学工业出版社,2004.

[4] 竺柏康. 油品储运. 北京:中国石化出版社,2006.

[5] 周亚松. 石油加工与油料学. 北京:石油工业出版社,2008.

[6] 侯振鞠. 石油产品分析. 北京:石油工业出版社,2010.

[7] 付梅莉,于月明,刘振和. 石油加工生产技术. 北京:石油工业出版社,2009.

[8] 熊云,许世海,刘晓. 油品应用及管理. 北京:中国石化出版社,2008.

[9] 王宝仁. 油品分析. 北京:高等教育出版社,2011.

[10] 徐春明,杨朝合. 石油炼制工程. 4版. 北京:石油工业出版社,2009.

[11] 廖克俭. 天然气及石油产品分析. 北京:中国石化出版社,2006.

[12] 严铭卿. 天然气输配技术. 北京:化学工业出版社,2006.

[13] 梁平. 天然气操作技术与安全管理. 北京:化学工业出版社,2006.

[14] 李刚,王世泽,郭新江. 天然气常见事故预防与处理. 北京:中国石化出版社,2008 .

[15] 王遇冬,何宗平. 天然气处理与安全. 北京:中国石化出版社,2008.

[16] 天然气分析测试技术及其标准化编写组. 天然气分析测试技术及其标准化. 北京:石油工业出版社,2000.

[17] 宋德琦,等. 天然气输送与储存工程. 北京:石油工业出版社,2004.

[18] 苏建华,许可方,宋德琦. 天然气矿场集输与处理. 北京:石油工业出版社,2004.

[19] 李长俊. 天然气管道输送. 2版. 北京:石油工业出版社,2008.

[20] 付国忠,陈超. 我国天然气供需现状及煤制天然气工艺技术和经济性分析. 中外能源, 2010,15(6):28-33.

[21] 孔昭瑞. 石油气储运事故分析及预防. 油气储运,1999,18(3):41-44.